現場のPython
Webシステム開発から、機械学習・データ分析まで

[監修] 株式会社ビープラウド
[著] altnight、石上晋、delhi09
鈴木 たかのり、斎藤 努

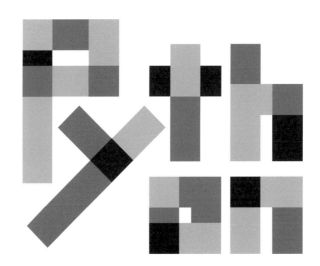

技術評論社

本書は、小社刊『WEB+DB PRESS』での連載「現場の Python」に加筆・修正・更新を行い、書籍化したものです。連載は『WEB+DB PRESS』Vol.117（2020年6月刊行）〜Vol.136（2023年8月刊行）に掲載されました。

本書に記載された内容は、情報の提供のみを目的としています。したがって、本書を用いた運用は、必ずお客様自身の責任と判断によって行ってください。これらの情報の運用の結果について、技術評論社および著者はいかなる責任も負いません。

本書の情報は2024年4月のものを記載していますので、ご利用時には変更されている場合があります。

本書に記載されている会社名・製品名は、一般に各社の登録商標または商標です。本書中では、TM、Ⓒ、Ⓡマークなどは表示しておりません。

上記をご承諾いただいたうえで、本書をご利用願います。これらの注意事項をお読みいただかずにお問い合わせいただいても、著者・出版社は対処しかねます。あらかじめ、ご承知おきください。

はじめに

『現場のPython』を手に取っていただき、ありがとうございます。私たちビープラウドは2008年からPythonを使用して開発してきました。そして、実際のプロジェクトの開発をしているうちに、現場で培ったノウハウや実践的な知識が増えてきました。今回、私たちはそれらを共有するために本書を執筆しました。

本書は雑誌『WEB+DB PRESS』に連載していた「現場のPython」の記事をまとめ、2024年4月時点での最新バージョンに更新し、一部加筆した内容となっています。

本書の対象読者

本書の対象読者は次のような方です。

- 脱初心者を目指す方
- Pythonの入門を終えた中級者の方
- すでに趣味の開発ではPythonを使っており、実務レベルにステップアップしたい方
- Pythonがソフトウェア開発の業務にどのように使えるのかを知りたい方
- 経験2、3年目で基本的なコードを書けるようになっているが、その先に進む方法がわからない方
- エキスパートな内容は難しいと感じるが、入門よりは難しい内容を知りたい方

本書の構成と読み方

本書は3部構成となっており、各部や各章が独立した内容になっているため、気になる箇所から自由に読み進められます。また、実務で必要になったときや迷ったときに、つまみ食いのような形での活用もできます。

第1部　基礎編

第1部では、Python開発の基礎を固めるための情報をお伝えします。最

新の Python 環境構築から始まり、型ヒントと mypy によるコード品質の向上、pytest を使ったテストの書き方、structlog を使った効率的な構造化ログの出力方法、そしてリリース管理の方法までをカバーします。

▌第2部　Webシステム開発編

第2部では、実際の Web アプリケーション開発で必要となるスキルを身に付けることができます。Web システム開発に焦点を当て、アプリケーションの品質向上のための技術、Django や FastAPI を用いた API 開発、GraphQL の基礎、そして Django ORM の速度改善やトラブルシューティングについて詳しく解説します。

▌第3部　機械学習・データ分析編

第3部では、機械学習とデータ分析に関連する技術を取り上げます。データ分析プログラムの品質改善、データ分析レポートの作成、pandas を使った処理の高速化、日本語の形態素解析のための Janome と SudachiPy の利用方法、データ分析のためのテスト入門、そして数理最適化について学びます。

▌ビープラウドについて

ビープラウドは、主に Web システムの開発や運営を行っている企業です。受託開発の割合が大きいですが、IT 勉強会支援プラットフォームの connpass やオンライン Python 学習サイトの PyQ、システム開発者向けドキュメントサービスの Tracery といった、自社サービスの運用も手掛けています。また、開発者が多く在籍し、日々コードの読み書きを行っています。私たちが手がける Web システムには、大量のトラフィックをさばく必要があるコンシューマ向けのものや、ビジネス向けの業務システムなどもあります。ほかにも、データ分析や数理最適化といった分野もカバーしています。

本書がみなさんの Python スキルの向上に貢献し、より良い開発ができることを心より願っています。それでは、現場の Python の世界へ、ようこそ。

目次 ■ **現場のPython** Webシステム開発から、機械学習・データ分析まで

はじめに... iii

第1部
基礎編

第1章

最新Python環境構築
シンプルでコーディングしやすい環境を整える 2

1.1	Pythonのインストール	3
1.2	ライブラリのインストール	7
1.3	コーディング環境を整える	11
1.4	漸進的型付けと静的型チェック	17
1.5	開発支援ツールを一括実行──tox	21

第2章

型ヒントとmypyによるコード品質の向上
型チェックの基本から、既存コードの改善プロセスまで............24

2.1	型ヒントの役割と型チェッカーの活用	25
2.2	型ヒントの使い方──基本編	30
2.3	型ヒントの使い方──発展編	36

v

第 **3** 章

pytestを使って品質の高いテストを書く
parametrize・フィクスチャ・pytest-covの活用 44

3.1 テストの品質向上のポイント 45

3.2 pytestによるテストの書き方 46

3.3 pytestでテストを書くときに押さえるべき基本 48

3.4 サンプルコードのテストを作成しよう 50

3.5 pytestを使いこなしてテストコードを改善しよう 54

3.6 テストの品質をチェックしよう 61

第 **4** 章

structlogで効率的に構造化ログを出力
横断的に検索や解析のしやすいログのしくみを整えよう 64

4.1 ログはなぜ必要なのか 65

4.2 構造化ログはなぜ便利なのか 66

4.3 Python標準モジュールのみで
構造化ログを実現しよう 67

4.4 structlogでより便利に構造化ログを出力しよう 71

4.5 django-structlogで
リクエストとレスポンスログを拡張しよう 74

4.6 ログを活用する 79

第 5 章

リリースを管理して開発効率を高める
towncrierとGitHub Actionsによるリリースの自動化 84

5.1　リリースを管理しよう 85

5.2　リリースを管理する方法 86

5.3　GitHub Actionsでリリースを自動化する 95

第 2 部

Webシステム開発編

第 6 章

Djangoアプリケーションの品質を高める
単体テストと運用時の監視 106

6.1　Djangoとアプリケーション品質 107

6.2　サンプルアプリケーションの作成 108

6.3　標準モジュールを使った単体テスト 112

6.4　単体テストを効率化するライブラリ 116

6.5　運用に役立つロギングと監視 123

vii

第 **7** 章

DjangoでAPI開発
初めてのDjango REST framework 126

7.1 Django REST framework（DRF）とは 127

7.2 サンプルアプリケーションの準備 129

7.3 シリアライザ 131

7.4 APIビュー 139

第 **8** 章

Django×StrawberryによるGraphQL入門
GraphQLの基礎から実際のプロダクトへの導入まで 146

8.1 GraphQL──自由で過不足の少ないAPI 147

8.2 Strawberryとは 151

8.3 Django×Strawberryで
GraphQLサーバを立ち上げてみよう 152

8.4 ミューテーションの実装──カテゴリ登録APIの実装 157

8.5 子ノードと子孫ノードを取得しよう
──リゾルバチェインズ 159

8.6 N+1問題とどう向き合うか──データローダパターン 163

8.7 エラー対応
──開発者用のエラーとユーザー用のエラーを使い分ける 168

8.8 GraphQLにおけるユニットテストの考え方 172

第**9**章

FastAPIによるWeb API開発
型ヒントを活用したAPI仕様中心の開発手法 178

9.1 FastAPIの特徴 179

9.2 FastAPIの開発環境をセットアップしよう 180

9.3 API仕様とモックを作成しよう 182

9.4 DBに接続する処理を追加し、
API実装を完成させよう 190

9.5 バリデーションとエラー処理を追加しよう 195

9.6 FastAPIの強み 198

第**10**章

Django ORMの速度改善
クエリ発行の基礎、計測、チューニング 200

10.1 作成するサンプルアプリケーション 201

10.2 DjangoアプリケーションのSQL発行ログの確認 206

10.3 Django ORMのクエリ発行タイミング 209

10.4 親子モデルの情報の取得を改善する 211

10.5 大量レコードの作成・更新を改善する 216

ix

第11章

Django ORMトラブルシューティング
ORMにまつわる問題を解決するための型を身に付けよう..... 220

11.1	ORM利用の3つの基本	221
11.2	SQLを確認する	222
11.3	意図しないタイミングでのSQL発行を避ける	226
11.4	理想のSQLからORMを組む	233

第3部

機械学習・データ分析編

第12章

データサイエンスプログラムの品質改善
5つのステップで製品レベルの品質へ 240

12.1	PoCフェーズのあとに必要なこと	241
12.2	ステップ1:単体コマンドとして実行できるようにする	242
12.3	ステップ2:回帰テストを行えるようにする	246
12.4	ステップ3:パフォーマンス対策をできるようにする	251
12.5	ステップ4:コードの可読性を向上する	255
12.6	ステップ5:コードの保守性を向上する	258
12.7	まとめ──限られた時間で最大の効果を	258

第 **13** 章

データ分析レポートの作成
JupyterLab＋pandas＋Plotlyでインタラクティブに 260

13.1 環境構築 261

13.2 表にスタイルを適用する——pandasのStyling機能 263

13.3 動的なグラフを描画する——Plotly Express 275

13.4 レポートを出力する——ノートブックのHTML化 277

第 **14** 章

pandasを使った処理を遅くしないテクニック
4つの視点でパフォーマンス改善 280

14.1 なぜpandasによるデータ処理が
遅くなってしまうのか 281

14.2 遅い機能を使わないようにしよう 282

14.3 「Pythonの遅さ」に対処しよう 287

14.4 アルゴリズムやデータ構造の効率化を考えよう 292

14.5 マルチコアCPUを使い切ろう 294

14.6 まとめ——チューニングは必要になってから 298

第 **15** 章

JanomeとSudachiPyによる日本語処理
フリガナプログラム作成で学ぶ自然言語処理の流れ 300

15.1 日本語の処理とは 301

15.2 Janomeで形態素解析 303

15.3 SudachiPyで形態素解析 308

第16章

データサイエンスのためのテスト入門
pandasやNumPyのテスト機能を使って快適に実験 324

16.1 データサイエンスにおけるテスト 325

16.2 仮想環境の作成 326

16.3 assert文による簡単なチェック 327

16.4 pandasのテスト機能——pandas.testingモジュール 330

16.5 NumPyのテスト機能——numpy.testingモジュール 336

16.6 Pythonモジュールに切り出し、
pytestでテストの実行を自動化 339

第17章

Pythonで始める数理最適化
看護師のスケジュール作成で基本をマスター 344

17.1 数理最適化とは——数理モデルによる最適化 345

17.2 ライブラリを使った数理モデルの作成 347

17.3 数理最適化で看護師のスケジュールを作成 351

17.4 StreamlitによるWebアプリケーション化 360

索引 363

第 1 部

基礎編

第 1 部では Python で開発する際に全般的に必要と
なる要素を説明します。開発を進めやすくするため
の実行環境を整え、コードの品質を担保するための
リンターや型、コードを実行したあとにデバッグす
るためのログ設定をします。また、リリース時のド
キュメントについても説明します。

第**1**章

最新Python環境構築

シンプルでコーディングしやすい
環境を整える

プログラミングを始めるには環境構築が必要です。しかし、環境構築は簡単なようでいて思うようにすんなりいかず、その結果プログラミングに取り組む時間が減ってしまうことがあります。だからといって環境構築を疎かにすると、コードフォーマットや型付けが統一できず、コードの品質低下やそれに伴うデバッグ時間の増加を招いてしまいます。本来やりたいことに注力するには、なるべく品質の高いコードの状態を保つのがよいでしょう。また、普段Pythonを使っている人も、定期的に最新の環境構築方法を押さえることは難しいかもしれません。

そこで、本章ではPythonの環境構築で必要となるPythonのインストール方法、ライブラリ導入方法、コードフォーマット、型付けについて説明します[注1]。

本章で使用する言語とライブラリのバージョンは以下です。

- Python：3.12.2
- pip：24.0
- poetry：1.8.2
- black：24.3.0
- ruff：0.3.4
- mypy：1.9.0
- tox：4.14.2

1.1

Pythonのインストール

まずはPythonのインストール方法とインストールに伴う諸問題についての考え方を説明します。

注1 サンプルコードは本書サポートサイトからダウンロードできます。
https://gihyo.jp/book/2024/978-4-297-14401-2/support

第**1**章　**最新Python環境構築**
シンプルでコーディングしやすい環境を整える

インストール方法のお勧めは?

結論からいうと、以下の2つの方法がお勧めです。

- **OSが提供するPython+venv**
- **公式Dockerイメージ(venvは使用しない)**

これらはそれぞれが単機能でしくみの理解が簡単で、セキュリティ更新
が適用しやすい組み合わせです。

次項以降では、なぜこの結論になったかを説明します。

インストーラでの導入──簡易的な導入手段

python.orgがインストーラを提供しています[注2]。OSと使用するマシンの
CPUアーキテクチャに合わせたインストーラをダウンロードし、インスト
ーラに従いインストールします。

複数バージョンのPythonを自前でビルドする必要があるか

複数バージョンのPythonを独自にビルドしてパスを切り替えて管理する
方法もありますが、コードと同じように、環境構築もなるべく複雑性を減
らすほうがトラブルが発生する可能性が下がります。

また、Pythonは基本的に後方互換性が長く保たれています。たとえば、
Python3.11では動くがPython 3.12では動かないというコードは少ないでしょ
う。メジャーバージョンが更新されるごとにいくつか破壊的変更があります
が、その前に段階的に非推奨の警告を出すようになっています。そのため、
だいたい最新のバージョンが使えればよいという場面も多いでしょう。

もしバージョンを切り替えたいときも、Python仮想環境(venv)を作成す
るときにPythonのバージョンを固定するだけで十分です。

仮想環境と標準モジュールのvenv

Pythonのバージョンとライブラリの管理方法として、Pythonでは仮想環
境(*Virtual Environment*)を作成できます。仮想環境を使用すると、1つのマ

注2　https://www.python.org/downloads/release/python-3122/

4

シン上で複数のPython環境を作成できます。また、仮想環境を作成するときに使用したPythonが仮想環境内で使用され、その中でライブラリを管理できます。

仮想環境を作成するにはPythonの標準モジュールのvenvを使用します。また、ここでは仮想環境の名前としてもvenvを使用します。

```
# python3.XX<バージョン> -m venv <仮想環境名>
altnight@mmbp3 $ python3.12 -m venv venv
```

Python3.12を使用するvenvという名前の仮想環境が作成できました。

仮想環境の切り替え──activate/deactivate

カレントシェルで使用する仮想環境を切り替える方法を説明します。bashやzshで仮想環境に入る場合はactivateコマンド、出る場合はdeactivateコマンドを実行します。以下はMacのzshで仮想環境を切り替える操作の例です。

```
# カレントシェルで仮想環境を有効にする
altnight@mmbp3 /tmp % source venv/bin/activate
# このように括弧でくくられる
(venv) altnight@mmbp3 %
# カレントシェルで仮想環境を無効にする
(venv) altnight@mmbp3 /tmp % deactivate
# このように括弧がなくなっている
altnight@mmbp3 /tmp %
```

また、activateコマンドは主にパスを操作しています。そのため、仮想環境内のPythonのパスを直接指定しての実行もできます。

```
altnight@mmbp3 ~ % /tmp/venv/bin/python
# venv作成時に使用したPython3.12が使用されている
Python 3.12.2 (v3.12.2:6abddd9f6a, Feb  6 2024, 17:02:06)
 [Clang 13.0.0 (clang-1300.0.29.30)] on darwin
Type "help", "copyright", "credits" or "license"
 for more information.
```

Dockerイメージ──複数人開発でより扱いやすい方法

次に紹介するのがDockerを使用する方法です。Dockerについての詳細は省きますが、簡単に説明すると、コンテナという仮想環境を統合的に扱

うプラットフォームです。アプリケーション実行に必要なファイルを指定のパスに配置し、実行環境となるベースイメージを作成します。そのベースイメージをもとにコンテナを実行するため、影響をコンテナ内部にとどめられます。

近年、Dockerは各種アプリケーションの実行環境として使用されることが増えています。ここではDockerを開発に使用する利点について説明します。

利点1──開発マシン環境との分離

開発マシンとコンテナでプログラムの実行環境を分離できます。1つの開発マシンで複数のプロジェクトを扱う場合、開発に必要なC拡張ライブラリなどがコンフリクトしてしまう可能性がありますが、コンテナであれば影響をそのイメージ内に限定できます。

利点2──環境構築の冪等性

DockerはDockerfileというDockerイメージ構築用の手続きを記述したファイルをもとにイメージを作成します。DockerfileにPythonライブラリの導入やC拡張ライブラリなどを含めたプログラムの動作環境を記述します。Dockerイメージの再作成は実施しやすく、Dockerイメージは冪等性を保つことが容易です。そして、DockerコンテナはDockerイメージから環境を立ち上げます。その結果、必要最小限な環境でアプリケーションを実行できます。

このDockerfileを共有することで、自身の開発マシンだけでなくほかの開発者、そして本番環境でも使用できます。これにより、各種実行環境での差異による問題を回避できます。

また、Dockerに対応したサービスも多くあり、デプロイに関わる諸問題を回避した効率的な方法をとれるため、開発工数や運用工数を減らせます。

利点3──Dev Containers

近年は開発環境をまるごと仮想化するDevelopment Containers(*Dev Containers*)も使われるようになってきました。これは数行の設定ファイルを記述するだけで、Dockerコンテナで開発環境を立ち上げるしくみです。開発メンバー全員がローカル環境の差異に縛られず、同じ環境で開発を行

ライブラリのインストール 1.2

えるようになります。

Python の Docker イメージ

　基本的に Docker Hub 公式のイメージを使用するとよいでしょう。公式の Docker イメージにもいくつか種類がありますが、標準的な構成として、ここでは `library/python:3.12.2`（省略して `python:3.12.2`）の Docker イメージを使用した例を示します。

```
$ docker run --rm -it python:3.12.2

Python 3.12.2 (main, Mar 12 2024, 08:01:18)
[GCC 12.2.0] on linux
Type "help", "copyright", "credits" or "license"
for more information.
>>> print('hello')
hello
```

　次節以降ではライブラリをインストールするためにシェルに入ります。シェルに入る際のコマンドは以下のとおりです。

```
$ docker run --rm -it python:3.12.2 bash
root@9ad982230981:/#
```

1.2

ライブラリのインストール

　Python のインストール後、実際の開発では各種ライブラリを使用したくなるでしょう。本節ではライブラリのインストールについて説明します。

とりあえず何を使えばよい?

　基本的に Python 標準の pip を使用すれば問題ありません。そのうえでより安全にライブラリを管理し、プロジェクト間での標準化も視野に入れている場合、Poetry の使用をお勧めします。

pip──標準かつ簡単な方法

まずはPythonが標準で提供している**pip**コマンドを使用した方法を説明します。

pip install──ライブラリのインストール

pip installコマンドでライブラリをインストールできます。以下が例です。ここではAWS（*Amazon Web Services*）のPython用SDKである**boto3**をインストールします。また、これからの作業はDocker環境で仮想環境を作成せずに行っているものとします。

```
# pip install <ライブラリ名>
root@9ad982230981:/# pip install boto3
```

ライブラリのインストールのログが流れ、インストールが完了しました。

pip freeze──使用ライブラリの出力

pip freezeコマンドで現在のライブラリのインストール情報を出力します。以下が例です。

```
root@5472df591122:/# pip freeze
boto3==1.34.79
botocore==1.34.79
jmespath==1.0.1
python-dateutil==2.9.0.post0
s3transfer==0.10.1
setuptools==69.1.1
six==1.16.0
urllib3==2.2.1
wheel==0.43.0
```

ライブラリのインストール情報が出力されました。このインストール情報は次項で使用します。

pip install -r──ファイルをもとにしたインストール

-r(**--requirement**)オプションを指定すると、指定のファイルをもとにライブラリを指定してインストールできます。通例として**requirements.txt**というファイル名を使用します。先ほどの**pip freeze**の結果を**requirements.txt**に記載し、インストールする例が以下です。

```
# ライブラリのバージョンをファイルに出力
root@9ad982230981:/# pip freeze > requirements.txt
# 説明用に仮想環境を作成しなおす
root@9ad982230981:/# python3 -m venv venv
root@9ad982230981:/# source venv/bin/activate
# ファイルをもとにライブラリをインストール
(venv) root@9ad982230981:/# pip install -r requirements.txt
```

　最低限のライブラリ管理としてはこの方法で問題ありません。ただし、この方法ではいくつか問題が起こる場合があります。解決方法を次項で説明します。

Poetry——より安全に管理するなら

　ライブラリ管理ツールのPoetry[注3]と、Poetryのようなツールが必要とされる背景について説明します。

複数人開発でのよくある問題

　簡易的なライブラリのバージョン管理の場合は、先ほど説明した`pip freeze`と`pip install -r requirements.txt`のみを使用する運用で問題ありません。しかし、それだけではいくつかの問題が発生することがあります。

　1つ目は、複数のプロジェクトを扱うときにファイルの命名規則や更新手順が異なることがあることです。依存関係のファイルを分ける場合、基本で必要な`requirements.txt`と開発に使用する`requirements-dev.txt`などに分けることが多いですが、命名規則が異なったり、ファイルがたくさん増えてしまったりすると、とりまわしづらいことがあります。

　2つ目は、`pip freeze`だと依存関係すべてのライブラリを出力してしまうため、アプリケーションとして指定したいバージョンではないものも含まれてしまうことです。たとえば、DjangoというWebフレームワークのライブラリのバージョンのみを意図して`django==4.2`と記述したとしても、実際にはSQLフォーマッターの`sqlparse==0.4.4`も同時に出力されます。

　3つ目は、複数の`requirements.txt`を扱う場合、ライブラリのバージョンが結果的にコンフリクトしてしまうことがあります。すべての依存関係を含めたライブラリが、最終的にどのバージョンでインストールされれば

注3　https://python-poetry.org/

よいのかを常に考慮するのは面倒です。

　Poetryはこれらのよくある問題に対して有用なコマンドや設定を用意しています。そのため、より安全にライブラリを管理できます。

Poetryのインストール

　Poetryのインストール方法は以下のとおりです。ここでは公式ドキュメントに記載されている **curl** コマンドを使用した方法を紹介します。紙幅の都合で割愛しますが、Poetry自体がPythonで記述されているため、自前で仮想環境を作成し、その中にインストールすることも可能です。

```
root@238bebb85ca6:/# curl -sSL https://install.python-poetry.org | python3 -
root@238bebb85ca6:/# ~/.local/bin/poetry -V
Poetry (version 1.8.2)
```

　デフォルトでは **$HOME/.local/bin** にインストールされます。パスを変更する場合はコマンド実行時の環境変数 **POETRY_HOME** で指定できます。

Poetryの使い方

　Poetryが提供する各種コマンドを使用することで、ライブラリの記述を安全に操作できます。ここでは初期化からライブラリの追加を行います。

```
# 対話形式で入力し、初期化する
root@74ba66774cc2:/# ~/.local/bin/poetry init
# pyproject.tomlファイルが作成されている
root@74ba66774cc2:/# ls
pyproject.toml
# Dockerを想定してvenvを無効化
root@74ba66774cc2:/# ~/.local/bin/poetry config
 virtualenvs.create false
# ライブラリの追加（例: boto3）
root@74ba66774cc2:/# ~/.local/bin/poetry add boto3
# 開発用ライブラリの追加（例: ipython）
root@74ba66774cc2:/# ~/.local/bin/poetry add ipython
 --group dev
```

　上記コマンドで作成された **pyproject.toml** の内容は以下のようになっています。また同時に **poetry.lock** というライブラリのバージョンのロック情報のファイルも作成されます。

```
pyproject.toml
# poetry initで生成されたpyproject.toml
[tool.poetry]
name = "webdbproj"
version = "0.1.0"
description = ""
authors = ["Your Name <you@example.com>"]
readme = "README.md"

[tool.poetry.dependencies]
python = "^3.12"
boto3 = "^1.34.79"  # poetry addで自動的に追記された

[tool.poetry.group.dev.dependencies]
ipython = "^8.23.0"  # poetry addで自動的に追記された

[build-system]
requires = ["poetry-core"]
build-backend = "poetry.core.masonry.api"
```

pyproject.tomlをもとに、ライブラリをインストールできます。また、ロック情報の更新もできます。

```
# pyproject.tomlをもとにインストール
$ ~/.local/bin/poetry install
# pyproject.tomlをもとにpoetry.lockファイルを更新
$ ~/.local/bin/poetry update
```

紙幅の都合により使い方の詳細は説明できませんが、pip と venv を統合したようなツールとして、ライブラリのバージョン管理をより安全に行えます。

1.3

コーディング環境を整える

ここまででPython とライブラリのインストールが済み、最低限プログラムの実行ができる状態になりました。次に、コードの品質を一定以上に保つため、コーディングスタイルの設定をしましょう。

とりあえずどこまでやるべき？——最低限の品質保証

コーディングスタイルのチェックはなくてもコードを書き進められますが、最低限の品質保証として本節で紹介する内容をそのまま使うとよいでしょう。

PEP 8——コーディング規約

PythonではPEPがあります。PEPとはPython拡張提案（*Python Enhancement Proposal*）の略語です。PEPにPython標準のコーディングスタイルについて記載されたPEP 8[注4]があります。一例を挙げると、以下のような規約があります。

- インデントはソフトスペース4つ
- 1行の文字数は80文字
- クラス名はPascalCase（例：UserInfo）

そのほかに改行やモジュール名の規約などもあります。コードを書く際に常にこれらのスタイルを気を付けることは、自分自身のみであれば問題ないかもしれません。しかし、プロジェクトに関係するすべての開発者に守ってもらうには労力がかかります。そのため、コードスタイルの統一をツールで自動化しましょう。

black——PEP 8の自動適用

PEP 8のコーディングスタイルを自動適用できる、blackの使用方法について説明します。blackはLintツールの中でも、設定できる項目が意図的に少ないツールです。コーディング規約は人の好みが出やすい話題ですが、blackはそのような議論を避けるために、自動整形のルールを固定しています。そのため、blackを使うとコードのスタイルが統一されます。

blackのインストール

インストール方法は以下のとおりです。blackを指定します。

注4　https://peps.python.org/pep-0008/

コーディング環境を整える 1.3

```
root@8c6b7cb24370:/# pip install black
```

blackの実行

以下のようなコードがあったとします。改行やスペースなど、PEP 8に準拠していない箇所が多々あります。このコードを整形してみます。

`1_1_black.py`
```
import boto3 # サードパーティライブラリが上位に記述されている
import os # インポート文と関数の間に改行がない
def sum(a,b): # 引数の間にスペースがない
  """ aとbを足す """ # docstringの前後にスペースがある
  return a+b # +演算子の前後にスペースがない
```

以下のコマンドでblackを実行します。<path>にはファイルまたはディレクトリを指定します。

```
# black <path>
$ black 1_1_black.py
reformatted 1_1_black.py

All done!
1 file reformatted.
```

実行後は、以下のようにインポート文と関数の間に適切に改行が入り、インデントが2から4になり、カンマや演算子の間にスペースが挿入され、PEP 8に従ったコードに整形されました。

`1_2_black.py`
```
import boto3
import os


def sum(a, b):
    """aとbを足す"""
    return a + b
```

blackの注意点——意図的に制約を外す

PEP 8で定めているコードの80文字制限は、現在のディスプレイ環境では短すぎることが多々あります。blackのデフォルトは88文字ですが、それでも短く感じるかもしれません。そのため、100～120文字前後に変更す

13

ることが多いです。変更する場合は以下のように設定ファイルに指定でき
ます。何文字を許容するかはプロジェクト全体で決めるとよいでしょう。
ここでは100文字に制限してみます。

```pyproject.toml
[tool.black]
line-length = 100
```

　また、設定文字数によってはblackが整形する改行が気になる場合があり
ます。たとえばテストケースのコードや複数のデータの記述を、人間が読
みやすいようにそろえたいことがあります。その場合、`fmt: on`と`fmt: off`
でブロックを囲むか、`fmt: skip`で1行単位で意図的にフォーマットを無視
することもできます。ただし、blackの利点が設定の自由度の低さによるも
のでもあるため、プロジェクト内で節度を守って適用しましょう。

ruff——高速なインポート順の整列とPEP 8のチェック

　ruffはRust製の高速なシンタックスチェッカーです。Pythonでは同様の
処理をするツールとして`isort`と`flake8`が長らく使用されていますが、ruff
はこれらの機能を内包しています。ruffは比較的最近に作成されたツール
で発展途上ですが、筆者は実プロジェクトでも使用しており、問題ないと
思われるため紹介します。

ruffが内包する機能——isortでやっていたこと

　`isort`コマンドはインポート文をPEP 8に従い自動でソートします。こ
れは、blackでは適用されないPythonのモジュールのインポート順序に関
するPEP 8のルールを適用するために必要です。

　インポート文の整頓は以下のルールがあります。また、isortではインポー
ト対象をアルファベット順にそろえます。

- **標準ライブラリ**
- **サードパーティライブラリ**
- **アプリケーション内モジュール**
- **相対インポート**

コーディング環境を整える 1.3

ruffが内包する機能——flake8でやっていたこと

flake8コマンドはPEP 8のチェックを行います。blackとやや役割が重複しますが、flake8はシンタックスチェック以外にもmccabeによる循環的複雑度のチェックや、pycodestyleとpyflakesによるコーディング規約のチェックなど、blackでは行わないチェックを行います。

ruffのインストール

インストール方法は以下のとおりです。ruffを指定します。

```
root@8c6b7cb24370:/# pip install ruff
```

ruffの実行

以下のようなファイルがあったとします。インポート順の上部にサードパーティライブラリのboto3が記述され、その下に標準ライブラリであるosが記述されています。

```
2_1_ruff.py
import boto3
import os


def show_doc():
    # 本書用に何らかの形でライブラリを使用する
    print(boto3.__doc__)
    print(os.__doc__)
```

ruffコマンドのパスを指定すると、エラーが表示されます。また、--fixオプションを指定すると自動整形できます。

```
# ruff check <path> (--fix)
root@8c6b7cb24370:/# ruff check 2_1_ruff.py  # 差分を表示
2_2_ruff.py:1:1: I001 [*] Import block is
 un-sorted or un-formatted
Found 1 error.
[*] 1 potentially fixable with the --fix option.
$ ruff check 2_1_ruff.py --fix # 自動整形
Found 1 error (1 fixed, 0 remaining).
```

自動整形の結果は以下のとおりです。

15

第**1**章 **最新Python環境構築**
シンプルでコーディングしやすい環境を整える

```
2_2_ruff.py
import os  # 標準ライブラリが上位に配置された

import boto3


def show_doc():
    print(boto3.__doc__)
    print(os.__doc__)
```

ruff──設定

ruffコマンドで適用するオプションをpyproject.tomlに記述することで設定できます。オプションにはさまざまな項目があるので、プロジェクトによってどの項目を採用するかを決めるとよいでしょう。詳細は公式ドキュメント[注5]を参照ください。ここではisortとflake8をほぼデフォルトの状態で適用した場合のオプションを紹介します。

また、コードでのインポート順に関して、自身が作成したモジュールを指定します。この指定がないとisortでのインポート順整列処理で、意図しない配置がされてしまいます。ここではデフォルト値のsrc = ["."]を指定していますが、ディレクトリ構成により値を変更してください。

```
pyproject.toml
[tool.ruff]
lint.ignore = ["E501"]
lint.select = ["C9", "E", "F", "W", "I"]
line-length = 100
src = ["."]
```

注5 https://beta.ruff.rs/docs/configuration/

漸進的型付けと静的型チェック　　1.4

1.4

漸進的型付けと静的型チェック

　本節ではコードの品質を担保するために型とその活用方法について説明します。詳細は次章（第2章「型ヒントとmypyによるコード品質の向上」）で扱うため、ここでは環境構築時に知っておきたい要素に絞った、簡易的な説明にとどめます。

どこまで対応すればよいか？──とりあえずType Hintingを書く

　漸進的型付けが可能なため、簡易的な対応としては自身が不安になる箇所のみ Type Hinting（型ヒント）を記述するのでもよいでしょう。その結果、ひとまず IDE（*Integrated Development Environment*、統合開発環境）などで型の支援を受けられます。そのあと、より詳細な型の記述をしたり、mypyでの静的型チェックをCIに組み込んだりすると、より品質を保証できます。

漸進的型付け──あとから型を付けられる

　Pythonでは3.5からType Hintingが採用されました。Pythonは動的型付き言語のため、コード記述時の型の指定は非必須ですが、あとから型を記述できます。型を記述することで静的解析が可能となり、以下の利益が得られます。

- エディタやIDEでの補完がより効きやすくなる
- docstring内の型情報を省略できる
- リファクタリングが比較的容易になる
- クラスや関数の責務が明確になりやすい

　また、あとから型を付けられることの利点は、コード上、明らかに自明な箇所で型を省略できることです。型の記述そのものが定型的で冗長になると、人間が読む際にノイズになります。しかし、コードの一部に記述した型をもとに推論をすることで、より少ない記述でより多くの箇所で型の

17

チェックができます。そして、使い捨てのスクリプトやテストコードでは、型の記述がないほうが情報量が減って簡潔になり、読みやすく感じられるでしょう。このように柔軟な方針でコードが書けます。

Type Hinting

Type Hintingの書き方について説明します。

基本的な指定──プリミティブ

Type Hinting の基本的な記述方法を説明します。変数の後ろに型を：
<type>で記述します。listやdictのようなコレクションの場合、要素を[]で囲みます。また、デフォルト引数は型のあとに指定します。関数の戻り値は -> <type> で指定します。これらの要素を組み合わせたコード例は以下のとおりです。

```python
# 3_1_type_hinting.py
def display_with_repeat(v: str, n: int,
                        double: bool = False) -> str:
    if double:
        n = n * 2
    return v * n

def to_list(d: dict[str, int])\
        -> list[tuple[str, int]]:
    return list(d.items())
```

簡易的なコード例となっていますが、型は特にコレクションで有効です。リストや辞書などのコレクションをforループやif文などで変形する処理はよくありますが、処理が増えていくと内部の構造がわからなくなりがちです。

複合型──Union

Union(|)を使用すると複数の型を指定できます。また、何らかの値とNoneを返す複合型をOptionalといいます。以下はintまたはNoneを返す関数の例です。

```python
# 3_2_type_hinting.py
def find_user_id_by_name(name: str) -> int | None:
    users = {"altnight": 1, "susumuis": 2}
    return users.get(name)
```

発展的な指定——型を作る

コードの複雑性を制御するため、型を自分で作成すると便利です。dataclassを使用すると、ユーザー定義のデータを取り扱う型を簡単に記述できます。詳細な説明は省きますが、immutable（不変）なオブジェクトの定義にも便利です。以下はUserという型を作成し、それを引数に取る関数の例です。

```
3_3_type_hinting.py
import dataclasses
@dataclasses.dataclass
class User:
    id: int
    name: str

def print_user(user: User) -> None:
    print(user.name)
```

ちなみに、固定の種類の値を表す場合はenumでクラスを定義し、そのクラスを型として指定するとよいでしょう。

mypy——型のチェック

Type Hintingで記述した内容を静的にチェックできます。静的型チェックはプログラムを実行する前に実施が可能で、意図しない型の衝突があるかどうかを検出でき、より早期のデバッグに役立ちます。ここではmypyを使用した静的型チェックの方法について説明します。

mypyのインストール

インストール方法は以下のとおりです。mypyを指定します。

```
root@8c6b7cb24370:/# pip install mypy
```

実際のプロジェクトでは、ライブラリごとの型定義ファイル（スタブ）をインストールすることも多いです。

mypyの実行

以下のような、引数nameに文字列を指定し、対応するID（int）を取得するという意図の関数があるとします。

第**1**章　**最新Python環境構築**
シンプルでコーディングしやすい環境を整える

```
4_1_mypy.py
def find_id_by_name(name: str) -> int:
    users = {"altnight": 1, "susumuis": 2}
    return users.get(name)
```

　対象のファイルを指定して**mypy**コマンドを実行します。すると、以下のようなエラーが発生します。

```
root@8c6b7cb24370:/# mypy 4_1_mypy.py
mypy_sample.py:3: error: Incompatible return value type
 (got "int | None", expected "int")  [return-value]
Found 1 error in 1 file (checked 1 source file)
```

　このエラーは**int**を期待しているのに**int | None**が返却されているという内容です。Python辞書の**.get()**メソッドはキーが存在しなかった場合**None**を返却します。

　このコードの修正方法は2通りあります。1つ目は辞書から値を取得するときに**int**のみを返却する方法で、2つ目は関数の戻り値に**int | None**を指定する方法です。どちらの対応が望ましいかは場合によります。ここでは意図しない値が渡された場合に**KeyError**として例外を送出させることを優先し、1つ目の方法にします。

```
4_2_mypy.py
def find_id_by_name(name: str) -> int:
    users = {"altnight": 1, "susumuis": 2}
    return users[name]
```

　修正後、**mypy**コマンドを実行します。エラーが発生しないことを確認します。

```
root@8c6b7cb24370:/# mypy 4_2_mypy.py
Success: no issues found in 1 source file
```

1.5
開発支援ツールを一括実行
——tox

　toxは効率的なテストのためのツールです。この「テスト」にはblackやruff、mypyといった開発支援ツールも含まれます。toxによってコマンド1つで複数のテストを実行できます。toxではテストごとに仮想環境が作成されるので、ほかのツールから影響を受けずに実行できます。

　本書執筆時点では、Pythonやライブラリの複数環境でのテストや、テストで実行したいコマンドをひとまとめにするツールはほかの手段がありますが、ここでは本書のほかの章で使用するため紹介します。

toxのインストール方法

　インストール方法は以下のとおりです。toxを指定します。

```
root@8c6b7cb24370:/# pip install tox
```

toxの設定例

　設定はtox.iniに書く場合とpyproject.tomlに統合する場合があります。ここではpyproject.tomlに統合した書き方にします。以下が設定例です。

```
pyproject.toml
[tool.tox]
legacy_tox_ini = """
    [tox]
    skipsdist = True
    env_list =
        black
        ruff
        mypy

    [black]
    deps = black
    commands = black .

    [ruff]
    deps = ruff
```

第**1**章 最新Python環境構築
シンプルでコーディングしやすい環境を整える

```
  commands = ruff check .

  [mypy]
  deps = mypy
  commands = mypy .
"""
```

skipsdistは、アプリケーション開発の場合はTrueに設定しておきます。ライブラリ開発の場合はFalseとなります。

depsにインストールするパッケージ名、commandsに実行コマンドを書きます。

ここでは記述していませんが、[<環境名>:<ツール名>]のうち<環境名>で指定したセクションは継承できます。そのため、1つの設定をほかで使いまわしたいときに記述を簡略化できます。

toxの実行と実行結果

設定が完了したら、toxコマンドを実行します。

```
!! cmd
root@8c6b7cb24370:/# tox
```

実行結果を見ると、env_listに設定した順序で実行されていることがわかります。

```
!! cmd
root@f0ffe06ffcd4:/# tox
black: install_deps> python -I -m pip install black
black: commands[0]> black .
(...略...)
black: OK ✓ in 2.12 seconds
ruff: install_deps> python -I -m pip install ruff
ruff: commands[0]> ruff check .
(...略...)
ruff: exit 1 (0.02 seconds) /> ruff check . pid=401
ruff: FAIL ✘ in 1.48 seconds
mypy: install_deps> python -I -m pip install mypy
mypy: commands[0]> mypy .
(...略...)
mypy: exit 1 (0.28 seconds) /book/sample> mypy . pid=428
  black: OK (2.12=setup[2.01]+cmd[0.11] seconds)
  ruff: FAIL code 1 (1.48=setup[1.46]+cmd[0.02] seconds)
  mypy: FAIL code 1 (2.94=setup[2.66]+cmd[0.28] seconds)
  evaluation failed :( (6.56 seconds)
```

開発支援ツールを一括実行——tox 1.5

toxのテストを個別で実行

-eオプションにテスト環境名を指定することで、テストを個別で実行できます。ユニットテストを書いていない段階で静的コード解析だけ実行したい場面などに有効です。もちろん、ユニットテストも単体で実行できます。

```
root@8c6b7cb24370:/# tox -e black
```

※

本章では、Pythonの開発環境で一般的に必要な事柄について、最新情報を紹介しました。個人／企業を問わず、Pythonでの開発事例は増えている昨今ですが、ぜひご自身に合った必要十分な方法を実践してください。

第 **2** 章

型ヒントとmypyによる
コード品質の向上

型チェックの基本から、
既存コードの改善プロセスまで

ある程度以上の規模のプログラムを開発し、継続的に保守するためには
コードの品質が重要です。mypyと型ヒントを活用することで実装時の型チェックができ、コード品質を向上できます。本章では前章（第1章「最新
Python環境構築」）に引き続き、本書執筆時点での最新版Python 3.12で取り入れられる情報をもとに、互換性の情報を踏まえながら最新の型ヒントについて取り上げます[注1]。

2.1

型ヒントの役割と型チェッカーの活用

Pythonは変数の型を宣言せずに使える動的型付き言語です。しかしプログラムを利用する人やIDE（*Integrated Development Environment*、統合開発環境）のために、型を注釈するアノテーションを記述できます。型ヒントと呼ばれる文法を使って、変数や関数の引数、戻り値の型を示すことができます。2015年にリリースされたPython 3.5で導入され、Pythonのバージョンアップを重ねるごとに改善されてきました。

型ヒントがある場合・ない場合

型ヒントがある場合とない場合で、どんな違いがあるのか説明します。

型ヒントがない場合

まず型ヒントがない場合を考えていきます。次のmain.pyファイルがあったとき、save_image関数にはどのような引数が渡せるでしょうか。

`main.py`
```
from utils import save_image

（中略）
save_image(data, path)
```

注1 サンプルコードは本書サポートサイトからダウンロードできます。
https://gihyo.jp/book/2024/978-4-297-14401-2/support

第**2**章　**型ヒントとmypyによるコード品質の向上**
型チェックの基本から、既存コードの改善プロセスまで

　第1引数の**data**はファイルオブジェクトでしょうか、それともファイル名を記述した文字列でしょうか。第2引数の**path**は文字列を期待しているかもしれないですし、**Path**オブジェクトかもしれません。ここで**save_image**関数の中身を確認すると次のようになっていました。

```
utils_before.py
import base64

def save_image(data, path):
    """バイト文字列で渡されたdataをpathに保存する"""
    with open(path, "wb") as f:
        f.write(base64.decodebytes(data))
```

　第1引数の**data**はバイト列を期待しています。第2引数の**path**は文字列でも**Path**オブジェクトでも動作しますが、機能改修で**path**に対する操作を行おうとすると**Path**オブジェクトとして扱いたくなるかもしれません。
　Pythonは実際に処理が実行されたときにオブジェクトの型を判定します。そのため、オブジェクトの型が間違った関数の呼び出しをしても、実行時にエラーが起こるまで気付けません。

型ヒントがある場合

　そこで役立つのが型ヒントと呼ばれる注釈情報です。実際に**save_image**関数に型ヒントを記載すると次のようになります。

```
utils_after.py
import base64
from pathlib import Path

def save_image(data: bytes, path: Path) -> None:
    """バイト文字列で渡されたdataをpathに保存する"""
    with open(path, "wb") as f:
        f.write(base64.decodebytes(data))
```

　型ヒントでは、コロン : を変数や関数の引数の後ろに付けて型を示します。また、戻り値の型は -> の後ろに書きます。
　こうして型ヒントを充実させていくことで特にチーム開発をしている場合、関数にどの型が引数や戻り値として指定されているかがわかり、レビューの効率も上がります。もし型が書けない、または型が複雑すぎる場合、コードが複雑すぎないか見なおすきっかけにもなります。

26

型ヒントを活用する方法

周辺のツールと組み合わせることで、型ヒントの機能をより活用できます。

型チェッカーの種類

Pythonでの型の記述はオプショナル（必須ではない）なメタデータなので、記述した型が適切かを確認するには型チェッカーが必要です。現在Pythonの型チェッカーで代表的なものがmypy[注2]です。ほかにもMicrosoftが提供するPyright[注3]、Facebookが提供するPyre[注4]などがあります。本章ではmypyを紹介します。

静的型チェッカー mypyの導入

mypyを動作させるための仮想環境を作成し、有効化しましょう。Python標準ライブラリのvenvを使用します。本章で利用したバージョンはPythonは3.12.2、mypyは1.9.0、OSはmacOSを使用しています。これ以降は仮想環境が有効になっていることを前提として進めます。Pythonの実行コマンドはWindowsとmacOS/Linuxで異なるので、適時読み替えてください。

```
$ python3 -m venv venv  仮想環境の作成
$ source venv/bin/activate  仮想環境の有効化
(venv) $ pip install mypy
```

実際のプロジェクトでは、Pythonのバージョンを常に最新にしているとは限りません。そこで本章ではPEP560[注5]で型ヒントとtypingモジュール[注6]の扱いが言語コアによるサポートとなったPython 3.7以降についても、補足しながら説明していきます。

mypyをより便利に設定する

mypyの設定はコマンドライン引数または設定用ファイル（`mypy.ini`または`setup.cfg`、`pyproject.toml`）に記述します。以下はDjangoを採用したプ

注2 https://mypy.readthedocs.io
注3 https://github.com/microsoft/pyright
注4 https://pyre-check.org/
注5 https://docs.python.org/ja/3/whatsnew/3.7.html#whatsnew37-pep560
注6 https://docs.python.org/ja/3/library/typing.html

第2章 型ヒントとmypyによるコード品質の向上
型チェックの基本から、既存コードの改善プロセスまで

ロジェクトで実際に使われている設定ファイルです。

```mypy.ini
[mypy]
ignore_missing_imports = True ──❶
check_untyped_defs = True ──❷

[mypy-*.migrations.*,settings.*]
ignore_errors = True ──❸
```

❶は「型ヒントがないモジュールのインポートで発生するエラーを無視する」設定です。標準ライブラリ、サードパーティライブラリを問わず、型ヒント対応パッケージと非対応パッケージがあります。mypyはデフォルトでは、型ヒントに対応していないパッケージがインポートされるとエラーを出します。対処法としては次の5つが考えられます。

- **標準ライブラリの場合**
  - mypyを更新する
  - mypyにバグレポートあるいはPull Requestを出す
- **サードパーティライブラリの場合**
  - パッケージを更新する
  - 型ヒントに対応した拡張機能を導入する
  - 型ヒントを書いたファイル（スタブファイル）を作って型ヒントに対応させる

しかし使用するすべてのパッケージについて型ヒント対応を行うのは現実的ではないので、`ignore_missing_imports`を有効にしておきましょう。

❷は「型ヒントがない関数も型チェックするフラグ」設定です。`check_untyped_defs`を有効にすると、型ヒントがない関数の内部に対して型チェックを実行します。可読性やコードの安全性の観点から型ヒントを書くことが理想的ですが、見落とされている関数があることを考慮すると、この設定は有効化しておくべきです。

❸は指定したモジュールに対する設定です。`[mypy-mycode.foo.*]`のようにモジュールを指定し、それに対して有効な設定を追加できます。この場合は`mycode.foo`モジュール以下のファイルが対象となります。Djangoを採用したプロジェクトでは`[mypy-*.migrations.*,settings.*]`と書くことで、自動生成されたコードを対象とした設定を追加できます。ここでは型

チェックのエラーを無視する`ignore_errors`を、データベースのマイグレーションファイルと自動生成されたコードに対して設定しています。

設定についての詳細はmypy公式ドキュメント[注7]を参照ください。

エディタやIDEとの連携

Visual Studio Code[注8]のPython拡張やPyCharm[注9]は、型ヒントを記述すると、コード補完やインスペクション、コードインサイト機能が活用できます。PyCharmの場合、コード上の要素を選択して型ヒントを追加するショートカットもあります。

図2-1-1は実際にPyCharmを使用して、先ほどの「型ヒントがある場合」で使用した`utils_after.py`を編集しています。IDEと連携することでリアルタイムに型情報を解析して、型が正しく使われているかチェックできます。コードの安全性を保つだけでなく、コードの作成を便利にするためにも積極的に型ヒントを活用していくとよいでしょう。

図2-1-1　PyCharmでの活用例

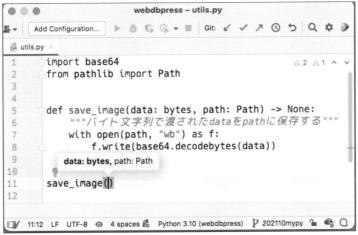

注7　https://mypy.readthedocs.io/en/stable/config_file.html
注8　https://code.visualstudio.com/
注9　https://www.jetbrains.com/ja-jp/pycharm/

第**2**章　型ヒントとmypyによるコード品質の向上
型チェックの基本から、既存コードの改善プロセスまで

2.2

型ヒントの使い方
——基本編

　ここからは型ヒントをどのように記述していくか、それぞれのケースを
見ていきます。

変数

　変数名の後ろに：（コロン）と型を付与することで型アノテーションを記
載できます。

```
age: int = 1
name: str

# 代入をあと回しにしてもよい
child: bool
if age < 18:
    child = True
else:
    child = False
```

関数

　関数の引数や戻り値にも型ヒントが書けます。戻り値がない場合は ->
None を記載します。

```
# 関数の型付け
def stringify(num: int) -> str:
    return str(num)

stringify(1)  # ok
stringify("one")  # type error!

# 戻り値がない場合は-> Noneを付ける
def print_name(name: str) -> None:
    print(name)
```

　ここで先ほどmypy.iniに記載したcheck_untyped_defs = Trueが有効で
す。mypyはこのオプションが付与されていない場合、戻り値の型がない関

数は型付けされていないと認識するので、エラーチェックが有効になりません。戻り値がない関数でも忘れずに付与しましょう。

ジェネリック型

複数のデータをひとまとめに扱えるコレクションは、オブジェクトの操作対象の型を記述できます。組込み型のコレクションにはリスト、集合、辞書、タプルがあります。

```python
# Python 3.7と3.8ではfutureモジュールをimportする
from __future__ import annotations

names: list[str] = ["Alice", "Bob", "Charlie"]
user_dict: dict[str, str] = {
    "name": "Alice",
    "email": "alice@example.com",
}
color_set: set[str] = {"Red", "Green", "Blue"}
```

上記は、ジェネリック型と呼ばれるものの一例です。ジェネリック型には1つ以上の型パラメータがあり、任意の型を記述できます。1種類の型を取るリストや集合の場合は型名[要素の型]、辞書の場合はdict[キーの型, 値の型]のように2種類の型を取ります。型指定では[](ブラケット)を使用します。

以前はコレクションの型ヒントを記載するとき、typingモジュールをインポートして大文字のListを使用する必要がありました。Python 3.9以降ではなるべく実際にプログラミングで使用する型を用いたり、抽象基底クラスを使う方針に変わりました。

実際にプログラミングで使用する型を用いたり、抽象基底クラスを使うようになったジェネリック型は次のものがあります。型ヒントを記載するときに実装コードと同じ構文を使用できるようになりました。

- **リストや辞書、タプルや集合などのコレクション**
  list、dict、tuple、set
- **collectionモジュールのコンテナデータ型**
  collections.deque、defaultdictなど
- **collections.abcモジュールのコレクションの抽象基底クラス**
  collections.abc.Iterable、Sequenceなど

第**2**章　**型ヒントとmypyによるコード品質の向上**
型チェックの基本から、既存コードの改善プロセスまで

- **contextlibモジュールのコンテナマネージャ型**
  contextlib

- **reモジュールの正規表現**
  re.Pattern、re.Match

　Python 3.7や3.8を使用する場合、`from __future__ import annotations`を先頭に記述すると同様に記述できます。詳細はPEP585[注10]を参照してください。

複雑な型

より複雑な型を記載したい場合の対応を見ていきましょう

Any——制約のない型

　Anyは制約のない型を表す特別な型です。外部から取得した情報を取り扱うときなど、どうしても型を書くのが難しいときに使用します。

```
from typing import Any

def get_user_dict() -> list[dict[str, Any]]: ...
```

　自分で記述する以外にもAnyになる場合があります。mypyは変数を宣言するとき、値や式の静的型に基づいて型を推測できます。

```
i = 1       # iの型「int」を推測
l = [1, 2]  # lの型「list [int]」を推測
```

　しかし関数に型ヒントがない場合は型推論が行われないので、すべてのローカル変数の型はデフォルトでAnyになります。型が推論できることによるエディタやIDEのサポートも得られなくなるので、フレームワークやライブラリの都合で型が書きにくいなどの理由がない限り記述することをお勧めします。

合併型——複数の型を組み合わせる

　Unionは合併型といわれ、複数の型が得られるときに使用します。aでも

注10　https://www.python.org/dev/peps/pep-0585/

bでも代入可能だと記載するときは|(パイプ)を使用します。Python 3.9以前ではUnion[a, b]と書いていました。Python 3.7から3.9でも from __ future__ import annotationsを記述するとパイプによるこの記法が使えます。

```
num: int | float
```

　合併型は同じ引数で異なる型を受け取れますが、関数の内部では型に応じた実装を行う必要があります。isinstance()などで実行時に型のチェックを行うと、その条件に応じて処理を分割できます。

```
def normalize_year(year: int | str) -> int:
    if isinstance(year, int):
        ここでのyearは数値
        return year

        これ以降yearは文字列
    if year.startswith("昭和"):
        return int(year[2:]) + 1925
    elif year.startswith("平成"):
        return int(year[2:]) + 1988
    elif year.startswith("令和"):
        return int(year[2:]) + 2018
    raise ValueError("unsupported style")

print(normalize_year("昭和64"))
```

合併型を使用する際の注意点──複数の型を返却する必要があるか

　必要以上に合併型を使っていないかは注意が必要です。たとえば次のようなfizzbuzz関数があったとき、strとint両方の型を用意する必要はあるでしょうか。

```
# 戻り値でstrとint両方があり得る
def fizzbuzz(n: str) -> str | int:
    if n % 15 == 0: return "FizzBuzz"
    elif n % 3 == 0: return "Fizz"
    elif n % 5 == 0: return "Buzz"
    else: return n
```

　もしfizzbuzz関数の結果を表示のために使用したいとわかっているのであれば、else節ではstr()関数で数値を文字列化して、戻り値がstr型のみ

のほうがシンプルです。たとえば文字列のメソッドを関数の呼び出し元でも扱いたいとなったとき、int型の場合のif文を書く必要がなくなります。安易に合併型を使用せず、時にはコードの処理を見なおすことも検討するとよいでしょう。

```python
# 戻り値はstrのみ
def fizzbuzz(n: str) -> str:
    if n % 15 == 0: return "FizzBuzz"
    elif n % 3 == 0: return "Fizz"
    elif n % 5 == 0: return "Buzz"
    else: return str(n)
```

オプション——Noneとの合併型

OptionalはNoneとの合併型と等価です。Python3.10以降ではOptionalではなく合併型で記述できます。

```python
age: int | None  # 合併型で書ける
age = 18         # 数値を指定できる
age = None       # 年齢未回答も指定できる

from typing import Optional
age: Optional[int]  # Optional型でも書ける
```

オプションがコード上に多く見られるときは注意が必要です。たとえば次のコードを見てみます。

```python
def get_auth_header() -> dict[str, str] | None:
    try:
        s = get_secret_key()
    except:
        return None
    return {"authorization:": s}

auth_header = get_auth_header()
if auth_header is not None:
    ...
```

関数の戻り値がNoneの場合かをif文で判定していますが、get_secret_key()関数でどんな例外が発生したのかわかりません。関数の呼び出し元で常にNoneの考慮が必要です。このようなコードは呼び出し元で考慮することが増え、コードの複雑性も上がるので不具合発生時に原因を追跡しに

くくなります。素直に例外を上げ、トレースバックから「どこでエラーが起きたか正確に場所がわかる」ようにしましょう。

クラス

クラスにも型を記述できます。これまで説明してきた内容でほぼカバーされています。

```
class MyClass:
    オプションでクラス本体でインスタンス変数を宣言できる
    attr: int
    インスタンス変数のデフォルト値も指定できる
    charge_percent: int = 100

    __init__メソッドは何も返さないためNoneを指定する
    def __init__(self) -> None:
        属性の型も宣言できる
        self.items: list[str] = []

    インスタンスメソッドの場合、selfの型を省略する
    def my_method(self, num: int, str1: str) -> str:
        return num * str1

ユーザー定義クラスは型アノテーションとして有効
x: MyClass = MyClass()
```

クラスのインスタンスから設定すべきでない属性、クラス変数を定義するときは、ClassVarアノテーションを使います。

```
from typing import ClassVar

class Car:
    seats: ClassVar[int] = 4
```

型エイリアス

型ヒントを変数に代入するとエイリアスとして利用できます。構造を持った型ヒントを扱いやすくします。

```
Item = tuple[str, str, int]
Cart = list[int]
```

Python 3.12ではtypeを使うと明示的な型エイリアスが書けるため、活用するとよいでしょう。単なる代入文と型エイリアスの区別が付けやすくな

ります。

```
type Item = tuple[str, str, int]
type Cart = list[int]
```

2.3

型ヒントの使い方
——発展編

本節ではより発展的な型ヒントの活用方法を取り上げていきます。

dataclassesモジュールを活用する

Python 3.7以降では、dataclassesモジュールが標準ライブラリに追加され
ました。このモジュールを使用すると、__init__メソッドや__repr__メソッ
ドなどの定型文のない単純なクラスを定義したり、カスタマイズできます。

```
from dataclasses import dataclass, field

@dataclass
class Application:
    name: str
    plugins: list[str] = field(default_factory=list)

test = Application("Testing...")  # OK
bad = Application("Testing...", "with plugin")  # Error: list[str] expected
```

dataclassesの詳細については公式ドキュメント[注11]を参照してください。

アノテーションによる実行時のエラー回避

愚直に型ヒントを記載していくと、オブジェクトの定義順や依存関係が
影響して実行時にエラーが発生する場合があります。ここではそのような
場合の回避策を説明し、コードを実行できるようにする次の3つの方法を
紹介します。

- 文字列リテラル型を活用する

注11 https://docs.python.org/ja/3/library/dataclasses.html

型ヒントの使い方——発展編　2.3

- from __future__ import annotations を使用する
- typing.TYPE_CHECKING を使用する

文字列リテラル型を活用する

コメントはPython実行時に評価されないため、ランタイムエラーの原因となる問題を回避できます。次のように任意の型を文字列リテラルとして記載します。文字列リテラル型は、あとで同じモジュールを定義またはインポートする必要があります。

```
def f(a: list["MyClass"]) -> None: ...  # OK

class MyClass: ...
```

from __future__ import annotationsを使用する

Python 3.7から from __future__ import annotations をモジュールの先頭に記述することで、アノテーションを評価するタイミングを遅延できるようになりました(これをアノテーションの遅延評価と言います)。これにより定義前にアノテーションを記述する場合、引用符で囲む必要がなくなります。

non_lazy_annotations.py
```
# from__future__import annotationsを使用しない場合、NameErrorになる
class Hoge:
    def do_something(self) -> Fuga:
        ...

class Fuga:
    ...
```

上記のようなコードがあった場合、Fugaクラスの定義前にHogeの戻り値の型ヒントを記述しているためNameErrorが発生します。

```
(venv) $ python non_lazy_annotations.py
Traceback (most recent call last):
  File "non_lazy_annotations.py", line 3, in <module>
    class Hoge:
  File "non_lazy_annotations.py", line 4, in Hoge
    def do_something(self) -> Fuga:
NameError: name 'Fuga' is not defined
```

37

また、from __future__ import annotations を記載することで、プロジェクトの都合でPythonのマイナーバージョンアップはまだ先であっても最新の型ヒントが活用できます。新しい書き方を活用できると開発体験も良くなるので活用していきましょう。

typing.TYPE_CHECKING

typingモジュールには、プログラム実行時にはFalseですが、型チェック中はTrueとして扱われるTYPE_CHECKING定数があります。

次の if TYPE_CHECKING: 内のコードはプログラム実行時に呼び出されないので、型チェック時のみmypyに型を伝えることができます。これは循環参照を解決するのに最も役立ちます。

foo.py
```python
from typing import TYPE_CHECKING

if TYPE_CHECKING:
    import bar

def listify(arg: "bar.BarClass") -> "list[bar.BarClass]":
    return [arg]
```

bar.py
```python
from foo import listify

class BarClass:
    def listifyme(self) -> "list[BarClass]":
        return listify(self)
```

循環参照はモジュールAがモジュールBをインポートし、モジュールBもモジュールAをインポートする場合に発生します（A -> B -> Aのような形）。上記のコード例では型ヒントを追加するためにモジュールfooにモジュールbarのインポートを追加する必要があり、このインポートにより型ヒントを記述する前には存在しなかった循環が発生する場合があります。この場合、次のようなエラーが発生します。

```
(venv) $ python bar.py
Traceback (most recent call last):
  File "bar.py", line 1, in <module>
    from foo import listify
```

```
 File "foo.py", line 4, in <module>
   import bar
 File "bar.py", line 1, in <module>
   from foo import listify
ImportError: cannot import name 'listify' from partially initialized module 'foo'
(most likely due to a circular import) (foo.py)
```

TYPE_CHECKINGは次の2つの条件がそろっているときに有効です。

- モジュールのインポートが型ヒントにのみ必要である
- from __future__ import annotationsを記述しているか、関連するアノテーションの文字列リテラルを使用している

型ヒントのためのモジュールインポートをif TYPE_CHECKING:内部に記述して、プログラム実行時に循環参照を防げます。

スタブファイルを利用する

mypyはtypeshedリポジトリ[注12]にあるスタブ情報を活用して、標準ライブラリとサードパーティパッケージの型定義を判別できます。現在のmypyではPEP 561[注13]がサポートされ、mypy自体を更新しなくてもサードパーティパッケージのスタブを更新できるようになりました。これによりもともとmypyに含まれていなかったスタブもインストールできます。

mypy実行時にサードパーティパッケージのスタブを見つけられず、PyPI上にスタブパッケージが存在することがわかっている場合は、次のようなメッセージが表示されます。

```
main.py:1: error: Library stubs not installed for "yaml" (or incompatible with Py
thon 3.10)
main.py:1: note: Hint: "python3 -m pip install types-PyYAML"
main.py:1: note: (or run "mypy --install-types" to install all missing stub packa
ges)
```

推奨されるpipコマンドを実行することで、問題を解決できます。または、--install-typesを使用して、不足している既知のスタブパッケージをすべてインストールすることもできます。

注12 https://github.com/python/typeshed
注13 https://www.python.org/dev/peps/pep-0561/

第2章　型ヒントとmypyによるコード品質の向上
型チェックの基本から、既存コードの改善プロセスまで

　--install-types と合わせて --non-interactive を使用することで、提案されたすべてのスタブパッケージを確認なしにインストールし、1つのコマンドでコードの型チェックをします。

　これはスタブパッケージを手動で管理したくない場合、CI（*Continuous Integration*、継続的インテグレーション）のジョブで役立ちます。しかしまず不足しているスタブを見つけ、mypyがスタブパッケージをインストールしたあとにコードを静的型チェックするため、スタブパッケージを明示的にインストールしてmypyを実行するよりも多少遅くなることに気を付けてください。

　スタブパッケージの中には、django-stubs のように mypy --install-types ではインストールされないパッケージもあるので、使用したいライブラリのスタブパッケージがないか探してみるのもよいでしょう。

既存のコードベースに型ヒントを追加する

　これまで紹介してきたことを活用していくとPythonに型ヒントを記載できます。しかし既存のコードに型ヒントがほとんど、もしくはまったくないこともあり得ます。そのような状況でmypyを使い始める方法を紹介します。

❶ 小さく始める。いくつかのファイルでmypyの型チェックが正常終了する状態にする。型ヒントはほとんど記載しない

❷ 一貫した結果を取得するために、mypyの実行スクリプトを用意する

❸ CIでmypyを実行して、タイプエラーを防止する

❹ ユーティリティやビジネスロジックなど広く使われるモジュールに型ヒントを書く

❺ 既存のコードを変更して、新しいコードを書くときに型ヒントも書く

　これらの方法について、以降詳細に説明してきます。

❶ 小さく始める

　既存のコードベースが大きい場合は、最初にコードベースの小さな塊（たとえば数百〜数千行のPythonパッケージ）を選び、型ヒントなしでmypyを実行します。このとき表示されたエラーや警告に応じた型ヒントを記載す

40

るか、#type: ignore コメントを活用して mypy の型チェックが正常終了する状態にします。

　特に mypy は、見つからないモジュールやスタブファイルがないモジュールに対するエラーを生成することがよくあります。前述した mypy.ini に ignore_missing_imports = True を追加してエラーを回避したり、mypy --install-types を実行してスタブパッケージをインストールしておくとよいでしょう。

　mypy.ini は実行するディレクトリに作成済みなので、以下のように mypy コマンドを実行できます。

```
(venv) $ mypy src/mycode/
```

❷mypyの実行スクリプトを用意する

　すべての開発者が一貫して mypy コマンドを実行できるように、実行スクリプトを用意しておきます。スクリプトで実行するにあたり、次のような準備が必要です。

- 正しいバージョンの mypy がインストールされていることを確認する
- mypy の設定ファイルやコマンドラインオプションを指定する
- 型チェックするファイルやディレクトリの塊を指定する

　ここでは、開発支援ツールを一括で実行するためのテスト用仮想環境管理ツールである tox を使用して、実行スクリプトを記述します。設定は tox.ini ファイルに記述します。tox についての詳細は前章（第1章「最新 Python 環境構築」）を参照してください。

```
tox.ini
[tox]
envlist = typecheck ——❶
skipsdist = True

[testenv:typecheck]——❷
deps = -r requirements.txt
commands = mypy .
```

　使うツールは [tox] セクションの envlist(❶)に書きます。ここでは型チ

ェックのために typecheck を指定しています。tox コマンドを実行すること
で仮想環境を作成します。

開発支援ツールを実行する仮想環境の設定は、[testenv: ツール名](❷)
というセクションに記述します。deps にインストールするパッケージ名や
依存関係を定義した requirements.txt、commands に実行コマンドを書きま
す。requirements.txt には mypy やスタブパッケージのバージョン情報も
記載しておくことで、すべての開発者が一貫してコマンドを実行できます。

```
(venv) $ cat requirements.txt
...
tox==4.14.2
mypy==1.9.0
types-***
```

❸CIでmypyを実行して、タイプエラーを防止する

GitHub Actions[注14] や CircleCI[注15] のような CI ツールを活用して mypy を実
行し、不正なアノテーションの混入を防ぎます。前述した tox と mypy を活
用して CI の実行コマンドを活用すると、次のように書けます。

```
# バージョン固定したmypyをインストールする
(venv) $ pip install -r requirements.txt
# tox経由でmypyを実行する
(venv) $ tox -etypecheck
```

❹広く使われるモジュールに型ヒントを書く

ほとんどのプロジェクトにはユーティリティや業務ロジックのような広
く使われるモジュールがいくつかあります。これらのモジュールを使用す
るコードを効果的に型チェックするため、早い段階で型ヒントを付けるこ
とがお勧めです。型ヒントを付けるほど mypy は便利になります。一度に
すべてに型ヒントを付けることは難しいかもしれませんが、徐々にでも記
載していくとよいでしょう。

注14 https://github.co.jp/features/actions
注15 https://circleci.com

❺新しいコードを書くときに型ヒントも書く

これで開発のワークフローに型ヒントを含める準備が整いました。プロジェクトのコーディング規約に次のような規則の追加を検討してみてください。

- 開発者は新しいコードに型ヒントを記載する
- 既存コードを変更するときに型ヒントを記載する

❶〜❺の手順を実行していくことで、段階的にコードベースの型ヒントのカバー率も増やせるでしょう。

※

mypyと型ヒントを活用することで、実装時の型チェックによるコード品質の向上が見込めます。型ヒントに慣れないうちはmypy公式ドキュメント[注16]のチートシートも役立ちます。本章で紹介できなかった細かい機能や詳細については、typing[注17]モジュールの公式ドキュメントを参照してみてください。

注16 https://mypy.readthedocs.io/en/latest/cheat_sheet_py3.html
注17 https://docs.python.org/ja/3/library/typing.html

第 **3** 章

pytestを使って
品質の高いテストを書く

parametrize・フィクスチャ・pytest-cov
の活用

開発においてテストを書くことは今では当たり前となっています。しかしテストはただ書けばよいというわけではありません。テストコードはプロダクトコードと一緒に長期間メンテナンスされるもので、その品質はプロダクトの品質に直結します。

本章ではPythonによるソフトウェア開発でよく使われるpytestの機能を活用した、品質の高いテストの書き方について説明します。

3.1
テストの品質向上のポイント

一般的にコードの品質は、機能が要件を満たし、バグがなく、保守性が高く、実行速度が速いという4点で測ることができます。これはテストコードも同じです。ただ、テストコードにはテストコード特有の事情があり、品質向上の方法はプロダクトコードとは異なります。

テストコードとプロダクトコードの違い

テストコードとプロダクトコードには大きな違いが2つあります。1つ目は、テストコードはテストすることができないことです。そのためバグがない状態を維持するためにはコードレビューに頼るしかありません。2つ目の違いは、テストコードの機能性をユーザーが判断することができないことです。よってテストコードがテストとしての機能を十分に網羅していることをプログラマー自身が判断しなければなりません。

テストコードを書くときに必要な考え方

上記2つの違いから、テストコードを書くときはプロダクトコードとは違う考え方で書く必要があります。ここではその中から3つを紹介します。

分岐、ループなど制御構文を使わない

テストのテストを書けない以上、なるべくバグが出ないコードの書き方をしなければなりません。バグはif、forのような制御構文を使ってコー

第3章 pytestを使って品質の高いテストを書く
parametrize・フィクスチャ・pytest-covの活用

ドの複雑度が高くなると発生しやすくなります。よって、テストコードでは制御構文を使用せず、上から下へ一筋で読めるように書くべきです。

テストコードのパターンを守る

コードレビューがより重視されるため、テストはできる限り広く使われているパターンに従うとよいでしょう。テストコードの基本的なパターンとして、Bill Wake氏が提唱した3Aパターン[注1]が広まっています。テストを次のように、Arrange、Act、Assertの3つに分けて記述します。

- Arrange：データ準備、モック作成など
- Act：テスト対象の実行
- Assert：実行結果の検査

ツールの力を使って品質を解析する

テストの機能性をユーザーによって判断できないので、ツールの力を最大限借りましょう。たとえば、このあと説明するpytest-covを使えば、テストの網羅性を調べることができます。ruffやmypyのような静的解析ツールでチェックするのもよいでしょう。

3.2

pytestによるテストの書き方

Pythonでテストを書く場合、標準ライブラリのunittestを使うこともできますが、本章ではpytestの機能を活用してテストを書く方法を説明します。pytestは「小さく、読みやすいテストを簡単に書くことができる」フレームワークです。拡張性も高く、アプリケーションやライブラリの複雑な機能テストをサポートしています。

注1　https://xp123.com/3a-arrange-act-assert/

テストケースの書き方

pytestではテストケースを関数またはメソッドとして記述し、assert文を使用して値をテストします。テストケースの関数やメソッドはtest_、テストメソッドを記述するクラス名はTestから始まる名前とし、これらをtest_から始まる名前のモジュールに記述します。

```
test_xxx.py
```

関数としてテストケースを記述する場合

```python
def test_something():
    actual = something()
    assert actual == 1  # actualの値が1ならOK
```

メソッドとしてテストケースを記述する場合

```python
class TestSomeClass:
    def test_something(self):
        actual = something()
        assert actual == 1  # actualの値が1ならOK
```

テストケースの基本形

テストコードのパターンに合わせてpytestでテストケースを書くと次の形になります。

```python
def test_something():
    """ ... を入力すると... であること"""
    # arrange
    input_data = "..."
    expected = "..."

    # act
    actual = something(input_data)
    # assert
    assert actual == expected
```

関数名だけでは説明しづらいので、docstringに「〜こと」という書き方で何をテストしているのか書くとよいでしょう。

3.3

pytestでテストを書くときに押さえるべき基本

pytestでテストを書くのは簡単です。しかし、何も考えないでテストを書いても良いテストは書けません。ここではpytestでテストを書くときに押さえておくべき基本を説明します。

1つのテストケースでは1つのことを調べる

慣れていない人が書いてしまいがちなテストとして次のようなコードがあります。

```
def test_something():
    actual1 = something(1)
    assert actual1 == 1

    actual2 = something(2)
    assert actual2 == 2

    actual3 = something(3)
    assert actual3 == 3
```

この書き方には問題が2つあります。1つ目は、1つのテストケースで複数のことをテストしてしまっていることです。これでは関数内のコードを読まなければ「何をしているか」がわかりません。2つ目の問題は、途中のassertでエラーになったとき、そのあとのassert文が実行されないことです。これでは1つ目のassertがNGのとき、2つ目以降のassertがOKなのかNGなのかわかりません。これはAssertion Roulette[注2]と呼ばれるアンチパターンとして知られています。

良い習慣は1つのテストケースでは1つのことをテストすることです。

```
def test_something_param1():
    """ 関数somethingに引数1を与えると1を返すこと"""
    actual1 = something(1)
    assert actual1 == 1
```

注2　http://xunitpatterns.com/Assertion%20Roulette.html

```
def test_something_param2():
    """ 関数somethingに引数2を与えると2を返すこと"""
    actual2 = something(2)
    assert actual2 == 2

def test_something_param3():
    """ 関数somethingに引数3を与えると3を返すこと"""
    actual3 = something(3)
    assert actual3 == 3
```

テスト対象のインポートはテスト関数内で行う

　一般的なプロダクトコードではモジュールの先頭に`import`文を記述します。　しかし、PythonによるWebフレームワークを開発するグループである Pylons Project[注3] は Unit testing guidelines[注4] の中で「Rule: Never import the module-under-test at test module scope」という指針を示しています。このルールに従うと、テスト対象のモジュールはテストケースの中で関数の中でインポートすることになります。

テストコード特有のimport文
```
def test_something():
    from yyy import zzz

    assert zzz() == 1
```

　このように書く理由は、テスト対象のモジュールにシンタックスエラーがあると、テストモジュールそのものが実行できないためです。テスト関数の中で個別にインポートしていれば、エラーになるのはそのテストケースのみです。なお、テスト対象以外のモジュール(Python標準ライブラリやpipでインストールしたライブラリのモジュール)は先頭でインポートしても問題ありません。

注3　https://pylonsproject.org/

注4　https://pylonsproject.org/community-unit-testing-guidelines.html

第3章 pytestを使って品質の高いテストを書く
parametrize・フィクスチャ・pytest-covの活用

3.4 サンプルコードのテストを作成しよう

ここからは具体例を交えて、pytestによるテストの書き方を説明します。

ディレクトリ構成とテスト対象の概要

ここでは次の構成でプロジェクトディレクトリを作成します。

❶のsrcディレクトリにプログラム本体を、❷のtestsにテストコードを格納します。❸のpyproject.tomlは開発ツールの設定を記述するファイルです。ここではpytestの設定を記述します。

```
pyproject.toml
[tool.pytest.ini_options]
pythonpath = ['src', 'tests']
norecursedirs = 'venv'
```

より実践的には、pytestのほかにruff、mypy、blackのようなツールを導入するのがよいでしょう。第1章「最新Python環境構築」でこれらすべてを導入する方法を説明しています。

テスト対象のsample.pyはカフェモジュールです[注5]。以下のようにimportして利用することで、入店してから注文し、精算金額を計算できます。コーヒーとスパゲティを同時に注文すると200円引きです。

```
from sample import Cafe

cafe = Cafe()
cafe.add_menu_item(CafeMenuItem("コーヒー", 400))
```

注5 sample.pyの実装は紙幅の都合により省略します。本書サポートサイトからダウンロードできます。
https://gihyo.jp/book/2024/978-4-297-14401-2/support

```
cafe.add_menu_item(CafeMenuItem("スパゲティ", 800))
cafe.add_menu_item(CafeMenuItem("バニラアイス", 200))

print("サンプルカフェへようこそ！")
print("メニューはこちらです")
print(cafe.show_menu())

entry = cafe.enter()  # 入店
cafe.order(entry, "コーヒー", 1)
cafe.order(entry, "スパゲティ", 1)
cafe.order(entry, "バニラアイス", 1)

price = cafe.calculate_price(entry.orders)
print(f"お会計は {price} 円です")

cafe.checkout(entry)
```

以下が実行例です。

```
サンプルカフェへようこそ！
メニューはこちらです
コーヒー: 400円
スパゲティ: 800円
バニラアイス: 200円
いらっしゃいませ^^
コーヒー 1個ご注文承りました
スパゲティ1個ご注文承りました
バニラアイス1個ご注文承りました
お会計は1200円です
ありがとうございました(^o^)
```

開発環境のセットアップ

　本章では、Windows またはmacOS 上で開発することを想定して説明します。また、Pythonのバージョンは3.12でテストしています。

　まずは、次のコマンドで仮想環境を作ります。

```
# macOSの場合
$ python3 -m venv venv
$ . venv/bin/activate
```

```
# Windowsの場合
> py -m venv venv
> venv/Scripts/Activate
```

第**3**章　**pytestを使って品質の高いテストを書く**
parametrize・フィクスチャ・pytest-covの活用

以降(venv)と書いてあったら仮想環境内でコマンドを実行するものとします。プロンプトは$として記載します。環境に合わせて読み替えてください。

仮想環境を作ったらpipコマンドを使ってpytest、pytest-randomlyをインストールします。

```
(venv) $ pip install pytest pytest-randomly
```

pytest-randomlyはテストの実行順序をシャッフルすることで、テスト結果が順番に依存することを防ぐための拡張です。テストケースが増えてくると順番依存が問題になりがちなので、常に入れておいて損はないでしょう。

素朴なテストを書く

ここまでの説明に従ってcalculate_price関数のテストを書いてみます。まずは「コーヒー1バニラアイス1」を注文したときの金額をテストしましょう注6。

```python
def test_calculate_price_coffee_1_ice_1():
    """コーヒー1バニラアイス1を注文すると合計金額は600円であること"""
    # arrange
    from sample import CafeMenuItem, Order
    coffee = CafeMenuItem(name="コーヒー", price=400)
    icecream = CafeMenuItem(name="バニラアイス", price=200)
    orders =[Order(coffee, 1), Order(icecream, 1)]
    expected = 600

    # act
    from sample import calculate_price
    actual = calculate_price(orders)
    # assert
    assert actual == expected
```

金額計算が1ケースだけでは不安なので「スパゲティ1バニラアイス2」のケースもテストしましょう。

```python
def test_cafe_calculate_price_spagetti_1_ice_2():
    """スパゲティ1バニラアイス2を注文すると合計金額は1200円であること"""
    # arrange
    from sample import CafeMenuItem, Order
    spaghetti = CafeMenuItem(name="スパゲティ", price=800)
```

注6　紙幅の都合により折り返している箇所がありますが、docstringは実際には1行で記述します。

52

```
    icecream = CafeMenuItem(name="バニラアイス", price=200)
    orders = [Order(spaghetti, 1), Order(icecream, 2)]
    expected = 1200

    # act
    from sample import calculate_price
    actual = calculate_price(orders)
    # assert
    assert actual == expected
```

　コーヒーとスパゲティを同時に注文すると200円引きになるケースもテストしましょう。

```
def test_cafe_calculate_price_coffee_1_spagetti_1_ice_1_discounted():
    """コーヒー1スパゲティ1バニラアイス1を注文すると割引されて合計金額は1200円で
あること"""
    # arrange
    from sample import CafeMenuItem, Order
    coffee = CafeMenuItem(name="コーヒー", price=400)
    spaghetti = CafeMenuItem(name="スパゲティ", price=800)
    icecream = CafeMenuItem(name="バニラアイス", price=200)
    orders = [
        Order(coffee, 1),
        Order(spaghetti, 1),
        Order(icecream, 1),
    ]
    expected = 1200

    # act
    from sample import calculate_price
    actual = calculate_price(orders)
    # assert
    assert actual == expected
```

　テストを実行するときはpytestとコマンドを入力します。

```
(venv) $ pytest
============ test session starts ============

（省略）

tests/test_sample_1.py ....          [100%]

============ 4 passed in 0.02s ============
```

　このコードは、前述のテストコードの書き方を満たしています。しかし、読みやすいテストコードとは言えないでしょう。その理由として、制御構文

第**3**章 pytestを使って品質の高いテストを書く
parametrize・フィクスチャ・pytest-covの活用

を使わなかったために、記述の繰り返しが多くなってしまっていることがあります。これでは読みづらいだけでなく、メンテナンスもしづらいです。

3.5

pytestを使いこなして
テストコードを改善しよう

ここからは、pytestの機能を使いこなすことで、テストコードのメンテナンス性や可読性を高めていきましょう。

parametrizeを使って繰り返すテストを書こう

pytestには、制御構文を使わずにテストコードを書きやすくする機能が提供されています。その1つがparametrizeです。

テストのコードを見ると、ordersに入れる商品とexpectedの金額が違うのみで、それ以外は同じであることがわかります。つまりordersとexpectedはテストのパラメータで、パラメータを切り替えながら同じテストを繰り返しています。このようなテストを**Parameterizedテスト**と呼びます。pytestでは以下のように書くことでParameterizedテストを実施できます。

```python
import pytest

@pytest.mark.parametrize(          ──❶
    "names, counts, expected",     ──❷
    [
        # コーヒー1バニラアイス1を注文すると
        # 合計金額は600円であること
        (
            ["coffee", "icecream"],
            [1, 1],
            600,
        ),
        # スパゲティ1バニラアイス2を注文すると
        # 合計金額は1200円であること
        (
            ["spaghetti", "icecream"],
            [1, 2],
            1200,
        ),
```

❸

54

```python
        # コーヒー1スパゲティ1バニラアイス1を注文する
        # と割引されて合計金額は1200円であること
        (
            ["coffee", "spaghetti", "icecream"],
            [1, 1, 1],
            1200,
        ),
    ],
)
def test_calculate_price(
    names, counts, expected      ——❹
):
    """calculate_priceが商品・数量に応じて適切な金額を返すこと"""
    # arrange
    from sample import CafeMenuItem, Order
    coffee = CafeMenuItem(name="コーヒー", price=400)
    spaghetti = CafeMenuItem(name="スパゲティ", price=800)
    icecream = CafeMenuItem(name="バニラアイス", price=200)
    menu_item_dict = {
        "coffee": coffee,
        "spaghetti": spaghetti,
        "icecream": icecream,
    }
    orders = [
        Order(menu_item_dict[name], count)
        for name, count in zip(names, counts)
    ]

    # act
    from sample import calculate_price
    actual = calculate_price(orders)
    # assert
    assert actual == expected      ——❻
```

　parametraizeを使用するときのポイントは4つです。まず❶で、@pytest.
mark.parametrizeというデコレータを対象に付与します。次に❷で、パラ
メータとなる変数名を文字列として列挙します。そして❸で、パラメータ
として渡す値をタプルのリストにして列挙します。最後に❹で、テスト関
数に同じ名前の引数を定義します。

　このコードでは❺でordersを生成するためにリスト内包表記を使用して
います。本来であればforのような制御構文はなるべく使わないほうがよ
いですが、OrderやCafeMenuItemはsampleモジュールで定義されたクラス
で、関数内でインポートする対象です。parametrizeは関数の外側にある

のでこれらを使って書くことができません。このような場合に限って内包表記を活用することはやむなしとします。

Parameterizedテストを利用することで、同じ関数の引数を変えながら戻り値の変化を確認するテストが書きやすくなりました。

フィクスチャを使って共通処理をまとめよう

parametrizeを使っても、まだ同じコードの繰り返しが発生します。具体例としてCafeクラスのテストを追加してみましょう。まずはshow_menuメソッドを呼び出すと、メニューを文字列として返すことのテストを書きます。

```python
def test_cafe_show_menu():
    """show_menuメソッドを実行するとカフェのメニューを文字列で返すこと"""
    # arrange
    from sample import Cafe, CafeMenuItem
    coffee = CafeMenuItem(name="コーヒー", price=400)
    spaghetti = CafeMenuItem(name="スパゲティ", price=800)
    icecream = CafeMenuItem(name="バニラアイス", price=200)

    cafe = Cafe()
    cafe.add_menu_item(coffee)
    cafe.add_menu_item(spaghetti)
    cafe.add_menu_item(icecream)

    expected = """\
コーヒー: 400円
スパゲティ: 800円
バニラアイス: 200円"""

    # act
    actual = cafe.show_menu()
    # assert
    assert actual == expected
```

次に、orderメソッドを呼ぶとentryオブジェクトに注文が追加されることのテストを書きます。

```python
@pytest.mark.parametrize(
    "name, count, item_name",
    [
        ("コーヒー", 1, "coffee"),
        ("スパゲティ", 2, "spaghetti"),
    ],
```

```
)
def test_cafe_order(name, count, item_name):
    """商品名・数量を設定してオーダーするとentryオブジェクトに注文が追加されること"""
    # arrange
    from sample import Cafe, CafeMenuItem, Order

    coffee = CafeMenuItem(name="コーヒー", price=400)
    spaghetti = CafeMenuItem(name="スパゲティ", price=800)
    icecream = CafeMenuItem(name="バニラアイス", price=200)
    menu_item_dict = {
        "coffee": coffee,
        "spaghetti": spaghetti,
        "icecream": icecream,
    }

    cafe = Cafe()
    cafe.add_menu_item(coffee)
    cafe.add_menu_item(spaghetti)
    cafe.add_menu_item(icecream)
    entry = cafe.enter()

    expected = [
        Order(menu_item_dict[item_name], count)
    ]

    # act
    cafe.order(entry, name, count)
    actual = entry.orders
    # assert
    assert actual == expected
```

　今度は Cafe オブジェクトを生成するために同じ記述を繰り返してしまい
ました。このような初期化の繰り返しで便利なのがフィクスチャです。フ
ィクスチャを使えばテストケースで共通して発生する初期化コードをまと
めることができます。フィクスチャを作るには次のように @pytest.fixture
というデコレータを付与した関数またはメソッドを定義します。return で
返した値がフィクスチャの値になります[注7]。

　それではフィクスチャを使って先ほどのコードを改善しましょう。まず
は、コーヒー、スパゲティ、バニラアイスといった商品は使い回せると便
利なのでフィクスチャにします。

注7　DBの切断のような後処理を必要とするフィクスチャではreturnの代わりにyieldで値を返します。

```
import pytest

@pytest.fixture
def coffee():
    from sample import CafeMenuItem
    return CafeMenuItem(name="コーヒー", price=400)

@pytest.fixture
def spaghetti():
    from sample import CafeMenuItem
    return CafeMenuItem(name="スパゲティ", price=800)

@pytest.fixture
def icecream():
    from sample import CafeMenuItem
    return CafeMenuItem(name="バニラアイス", price=200)
```

menu_item_dict も parametrize との組み合わせでよく使うのでフィクスチャにします。

```
@pytest.fixture
def menu_item_dict(coffee, spaghetti, icecream):
    return {
        "coffee": coffee,
        "spaghetti": spaghetti,
        "icecream": icecream,
    }
```

これらを使って Cafe クラスのテストを書きましょう。ここではテスト対象の Cafe インスタンス自体もフィクスチャにすると便利です。

```
class TestCafe:
    """メニュー追加済みCafeインスタンスのテスト"""

    @pytest.fixture
    def target(self, coffee, spaghetti, icecream):
        from sample import Cafe

        cafe = Cafe()
        cafe.add_menu_item(coffee)
        cafe.add_menu_item(spaghetti)
        cafe.add_menu_item(icecream)
        return cafe

    def test_show_menu(self, target):
        """show_menuメソッドを実行するとカフェのメニューを文字列で返すこと"""
```

```
    expected = """\
コーヒー: 400円
スパゲティ: 800円
バニラアイス: 200円"""

        # act
        actual = target.show_menu()
        # assert
        assert actual == expected
```

　ここで注目することとして、TestCafe というクラスの中にフィクスチャ target をメソッドとして作っていることです。こうすることで「このクラス以下のテストは Cafe インスタンスを対象としてテストしている」という意図を示すことができます。

　order メソッドのテストも追加しましょう。

```
class TestCafe:

    # 省略

    @pytest.mark.parametrize(
        "name, count, item_name",
        [
            ("コーヒー", 1, "coffee"),
            ("スパゲティ", 2, "spaghetti")
        ],
    )
    def test_cafe_order(
        self, target, menu_item_dict,
        name, count, item_name,
    ):
        """商品名・数量を設定してオーダーするとentryオブジェクトに注文が追加されること"""
        # arrange
        from sample import Order

        entry = target.enter()
        expected = [
            Order(menu_item_dict[item_name], count)
        ]

        # act
        target.order(entry, name, count)
        actual = entry.orders
        # assert
        assert actual == expected
```

第**3**章 **pytestを使って品質の高いテストを書く**
parametrize・フィクスチャ・pytest-covの活用

　calculate_price関数のテストも同じスタイルに直しましょう。ここで
は関数をテスト対象とするので**target**には関数自体を割り当てます。

```python
class TestCalculatePrice:
    """calculate_price関数のテスト"""

    @pytest.fixture
    def target(self):
        from sample import calculate_price
        return calculate_price

    @pytest.mark.parametrize(
        "names, counts, expected",
        [
            # 省略（前項test_calculate_priceと同じ）
        ],
    )
    def test_it(
        self, target, menu_item_dict,
        names, counts, expected,
    ):
        """商品・数量に応じて適切な金額を返すこと"""
        # arrange
        from sample import Order
        orders = [
            Order(menu_item_dict[name], count)
            for name, count in zip(names, counts)
        ]

        # act
        actual = target(orders)
        # assert
        assert actual == expected
```

　テストの意図がより伝わりやすくなりました。

フィクスチャの機能を適度に使いこなす

　pytestはフィクスチャに関する機能が豊富です。たとえば、フィクスチ
ャを自動で読み込むautouse、モジュール間でフィクスチャの共有を可能
とするconftest.py、フィクスチャの初期化タイミングを制御するscopeな
どがよく使う機能です。詳しくは公式ドキュメント[注8]を参照してください。
　フィクスチャに慣れてくると、凝ったテストが作れるようになります。

注8　https://docs.pytest.org/en/7.0.x/reference/fixtures.html

60

ただ、凝った記述があまり増えるとレビューする人の負担が増えます。テストがメンテナンスしやすく読みやすくなっているのか、よく考えて利用しましょう。

3.6

テストの品質をチェックしよう

テストは書いて終わりではありません。書かれたテストコードが十分な品質かチェックすることが大切です。テストの品質チェックは、ツールとレビューによって行います。

pytest-covを使ってカバレッジをチェックしよう

テストの品質指標の一つとしてカバレッジがあります。カバレッジとはテストを実行した際に実行された対象コードの網羅率です。pytest-cov拡張を使うと、カバレッジを自動で計測できます。

```
(venv) $ pip install pytest-cov
```

pytestコマンドに --cov、--cov-reportオプションを付けることによってカバレッジを計測してレポートを出力します。

```
(venv) $ pytest tests --cov=src --cov-report=term-missing

（省略）

Name            Stmts   Miss  Cover   Missing
-----------------------------------------------
src/sample.py     108     24    78%   145-172
-----------------------------------------------
TOTAL             108     24    78%
```

pytest-covは標準でC0カバレッジ（命令網羅）を計測しますが、オプションを指定することでC1カバレッジ（条件網羅）も計測できます。

```
(venv) $ pytest tests --cov=src --cov-report=term-missing --cov-branch
```

第**3**章　pytestを使って品質の高いテストを書く
parametrize・フィクスチャ・pytest-covの活用

極端にカバレッジが低い場合はテストが不十分か、意図した条件がテストされていない可能性があります。

テストコードをレビューするときのコツ

レビューを依頼された人は、ただなんとなく「LGTM！」と返すのではなく、ちゃんと実装者の意図を読み解いてレビューしましょう。ここでは、テストコードをレビューするときのコツを説明します。

ツールで見れることはツールに任せる

カバレッジやruffなどツールで調べられることはツールに委ねます。レビュアーはCI（*Continuous Integration*、継続的インテグレーション）の結果画面を見て、自動チェックが実施されていることを確認しましょう。

上から順に読む

良いテストコードは、上から順に読むことができます。フィクスチャが定義してあったとしても、それはその先のテストを読み解く前提になるので飛ばさずに読みます。もし、上から読んで違和感がある場合は指摘しましょう。

何をテストしているのか読み解く

テストケースは何をテストしているのか意識しながら読んでいきましょう。targetというフィクスチャがあったら、それがテスト対象の関数やクラスだとわかります。

テスト対象はブラックボックスとする

レビュアーにとって、テスト対象のコードはブラックボックスであるべきです。もし、対象の関数やクラスの内部実装を読まなければ理解できないと思ったら、docstringやコメントに説明を追加するように指摘しましょう。

仕様の妥当性をチェックする

docstringに書いてある「○○こと」は、テスト対象の仕様です。ここに本来の仕様と異なることが書かれていたら指摘しましょう。

62

仕様を「どのように」テストしているか読み解く

テスト対象の仕様を読み取ったら、次は「どのようにテストをしているか」を読み解きます。内部でifなどの制御構文が使われていなければ読み解くのは難しくないはずです。読み解きづらいと感じたら改善案を考えて提案するのもよいでしょう。

パラメータの選び方が適切かチェックする

Parameterzedテストは、パラメータの妥当性もチェックしましょう。パラメータは多すぎても少なすぎてもいけません。境界値やデシジョンテーブルなどの考えに基づいて過不足に気付いたら指摘しましょう。

※

本章ではpytestを使って品質の高いテストを書く方法を説明しました。「テストコードのテストはできない」という問題から出発し、parametrize、フィクスチャといったpytestの機能を使いこなして品質を高めることを説明しました。それは、レビューする人が読みやすくするためでもあります。だからこそレビューする人も真剣にテストコードをレビューする必要があります。

これまで「ただなんとなく」テストを書いてレビューしていた方が「テストはどう書くべきか」考えるための1つのヒントになったら幸いです。

第 4 章

structlogで効率的に
構造化ログを出力

横断的に検索や解析のしやすい
ログのしくみを整えよう

アプリケーションを運用していく中で、エラーの影響範囲の調査やその対処のために、頼りになるのがロギングです。ログの設計や実装をおろそかにすると、いつ誰がどのような処理を行ったのかがわからないということが起こり得ます。構造化ログを活用することで通常のテキストによるログに比べて検索や解析をしやすいしくみを導入できます。本章ではPython製のstructlog[注1]を使った構造化ログを扱う方法を紹介します[注2]。

4.1 ログはなぜ必要なのか

ビジネスロジックを実装することに注力しすぎて、ログの設計や実装をおろそかにすると、問題発生時のトラブルシューティングが難しくなります。アプリケーションがいつ何を行ったのかを正確に記録することで次の情報が得られます。

- 処理が正常に開始・終了しているか
- エラーが発生した時間
- エラーが発生したユーザーやジョブ
- エラーが発生した場所
- エラーの内容

これらの情報なしで不具合の調査をすることになった場合、莫大な時間がかかります。自分のローカル環境でプログラムを実装していて不具合を見つけた場合は、トレースバックの情報やデバッガを活用することで問題解決に取り組めますが、本番環境にリリースされたあとにこういった情報なしで問題を解消するのはいかに難しいか想像できるでしょう。調査に時間がかかると、お金と時間を消費するだけでなく、サービス自体の機会損

注1 https://pypi.org/project/structlog/
注2 サンプルコードは本書サポートサイトからダウンロードできます。
https://gihyo.jp/book/2024/978-4-297-14401-2/support

失にもつながります。運用へ乗せる前にログ出力をアプリケーションに組み込むことで、状況を正確に把握し、どうやって問題に取り組めるか判断できるようにしましょう。

4.2

構造化ログはなぜ便利なのか

ログの出力形式には以下の2つがあります。

- **テキストログ**
  人間が読みやすい。1つのログはテキスト（文字列）で出力され、grepなどにより該当するログを見つける

- **構造化ログ**
  機械が読みやすい。JSON（*JavaScript Object Notation*）やLTSV（*Labeled Tab-Separated Values*）の形式で構造化されており、何らかのアプリケーションにより検索・解析する

たとえば次のようなログが出ることを考えてみましょう。

```
INFO: 購入処理開始
INFO: 在庫確認API呼び出し
INFO: 在庫引き当てNG
INFO: 購入処理開始
INFO: 在庫確認API呼び出し
INFO: 在庫引き当てOK
INFO: 購入完了
```

このログには日時情報がなく、誰が何をいくつ購入しようとしたのかがわかりません。そのため複数のユーザーが操作した場合、どのログを見れば問題の手がかりになるかわからないでしょう。

ほかにもDjangoで開発している場合、manageコマンドのrunserverを使ってアプリケーションを実行します。そのときデフォルトでエンドポイントにアクセスしたときにコンソールにアクセスログを出力しますが、本番環境ではgunicornのようなWebサーバを使っているために期待したログが出力されず、処理が正常に終了されているのかわからないということにも

なりかねません。

　従来のテキストログではログのフォーマットを指定することによって日時の情報を埋め込んでいました。それによって人間が読める出力を作成しますが、プログラム的に解釈し分析するのは難しい場合があります。これらのログには値が任意に表示される可能性があり、時間の経過とともに形式が変化する可能性があります。

　ここで役立つのが後者の構造化ログです。キーと値のペアで、発生するイベントをログに記録できます。ログメッセージに埋め込んでいたコンテキストに応じた情報を、それぞれ独立したフィールドに持たせることができます。そのためあとから解析しやすくなります。次節からはPythonのロガー実装で見比べてみましょう。

4.3

Python標準モジュールのみで構造化ログを実現しよう

　Pythonで構造化ログの出力を実現するためには、構造化ログに対応したロガーを実装する必要があります。本節からは標準的なlogging[注3]モジュールと、structlog、Django用に拡張したdjango-structlog[注4]を用いて、非構造化ログと構造化ログを見比べていきましょう。まずは標準的なloggingモジュールを見ます。

基本的なログ出力

　Python標準のloggingモジュールは以下のように使用できます。

```python
simple_log.py（シンプルなログ出力の例）
import logging

# ロギングの基本的な環境設定
logging.basicConfig(
    format="%(asctime)s [%(levelname)s] %(message)s",
```

注3　https://docs.python.org/ja/3/library/logging.html

注4　https://pypi.org/project/django-structlog/

```
    level=logging.INFO,
)
# ロガーをPythonパッケージ階層と同一にしてインスタンス化
logger = logging.getLogger(__name__)
logger.info("out_of_the_box: %r, user_id: %r", True, 1)
```

```
$ python3 simple_log.py
2024-04-08 06:05:51,832 [INFO] out_of_the_box: True, user_id: 1
```

loggingのセットアップを行うことで日時やログレベル、メッセージなどの情報を出力できますが、個々の開発者（人間）には読みやすいものの、機械で扱いにくいためログの解析は難しくなります。

loggingモジュールで構造化ログを出力する

次の例は、イベントを人間向けのログフォーマットで出力するのではなく、機械的にパースできるJSON形式にシリアライズします。標準のloggingモジュールでも以下のように簡易的に構造化ログを出力できます。

StructuredMessageクラスで指定したキーと値をもとにJSON形式に変換する処理を記載します。

```
simple_json_log.py（簡易的に構造化ログを扱う例）
import json
import logging


class StructuredMessage:
    def __init__(self, message, /, **kwargs):
        self.message = message
        self.kwargs = kwargs

    def __str__(self):
        return "%s >>> %s" % (
            self.message,
            指定したキーと値をもとにJSON形式に変換
            json.dumps(self.kwargs),
        )
```

次に basicConfig 関数でセットアップして、ログを出力するときに StructuredMessage を指定して次のようにします。

```
logging.basicConfig(level=logging.INFO, format="%(message)s")
logging.info(
```

```
    StructuredMessage(
        "message 1",
        bar="baz",
        num=123,
        fnum=123.456,
        user_id=1,
    )
)
```

以下のようにコマンドで実行すると結果が確認できます。

```
$ python3 simple_json_log.py
message 1 >>> {"fnum": 123.456, "num": 123, "bar": "baz", "user_id": 1}
```

JSONで構造化されているため、特定のキーにどんな値が入っているかの解析がしやすくなります。ログメッセージの値をもとに、ログ出力したタイミングで何が実行されていたのかもログビューアを使うことで解析しやすいです。

たとえばテキストログでは、「あるユーザーのログだけ抽出したいとき」に単に grep "user_id=1" とすると、user_idが10や11,100などほかのものまで引っかけてしまいます。そのため、ログのデータ件数が増えたときに検索するための条件の指定が難しくなります。しかし構造化ログでは、キーと値をもとにフィルタ条件をビューアを使って$.user_id = 10のように簡単に確実に絞り込めるので、解析しやすくなります。

シンプルに構造化ログを実装した際の問題点

前述の実装はJSONでサポートされていない値を指定するとTypeErrorが発生してしまいます。これを避けるためには、json.dumpsするときにJSONでサポートされていない型をどのようにエンコードするか、明示的に指定する必要があります。なおJSONでサポートされている型は以下のとおりです[注5]。

- **オブジェクト(辞書)**
- **配列(リスト)**
- **数値**

注5 https://www.json.org/json-en.html

- 文字列
- 真理値
- null

たとえばsetや日本語に対応した例は以下のようになります。まずEncoder
クラスを作成します。

```
encode_json_log.py（Encoderで構造化ログを扱う例）
class Encoder(json.JSONEncoder):
    def default(self, o):
        if isinstance(o, set):
            return tuple(o)
        elif isinstance(o, str):
            return o.encode("unicode_escape").decode(
                "ascii"
            )
        return super().default(o)
```

StructuredMessageクラスで出力する処理に、Encoderで変換する処理を
追加します。

```
StructuredMessageクラスにEncoderの処理を追加
class StructuredMessage:
    def __init__(self, message, /, **kwargs):
        self.message = message
        self.kwargs = kwargs

    def __str__(self):
        Encoderで受け取った値を変換する処理を追加
        s = Encoder().encode(self.kwargs)
        return "%s >>> %s" % (self.message, s)
```

StructuredMessageクラスを準備できたので、basicConfig関数でセットア
ップしてログを出力します。

```
logging.basicConfig(level=logging.INFO, format="%(message)s")
logging.info(
    StructuredMessage(
        "message 1",
        set_value={1, 2, 3},
        snowman="\u2603",
    )
)
```

コードの全文は本書サポートサイトからダウンロードしてください。実

行すると、次のようにエラーなく構造化したログを出力できることが確認できます。

```
$ python3 encode_json_log.py
message 1 >>> {"set_value": [1, 2, 3], "snowman": "\u2603"}
```

このように Encoder クラスを定義することで、Python 標準の logging でも構造化ログを実現できます。しかしクラスや日時、トレースバックなどもすべて対応する Encoder を実装するのは大変です。

4.4

structlogでより便利に構造化ログを出力しよう

structlog を使うことで、前節のような煩わしさを感じることなく、構造化ログを作ることができます。アプリケーションプログラマーは自分に必要なコードを書くことに注力できます。構造化ログの形式も JSON のほかに logfmt をサポートしています。

structlogを導入して利用する

structlog を動作させるための仮想環境を作成し、有効化しましょう。Python 標準ライブラリの venv を使用します。本章で利用したバージョンは Python は 3.12.2、structlog は 24.1.0、OS は macOS を使用しています。これ以降は仮想環境が有効になっていることを前提として進めます。Python の実行コマンドは Windows と macOS/Linux で異なるので、適時読み替えてください。

```
$ python3 -m venv venv   仮想環境の作成
$ source venv/bin/activate   仮想環境の有効化
(venv) $ pip install structlog
```

デフォルトの構成で structlog を設定すると以下のようになっています。

```
default_config_structlog.py (デフォルトのstructlogの構成)
import logging
import structlog
```

第4章 structlogで効率的に構造化ログを出力
横断的に検索や解析のしやすいログのしくみを整えよう

```python
structlog.configure(
    processors=[
        structlog.contextvars.merge_contextvars,
        structlog.processors.add_log_level,
        structlog.processors.StackInfoRenderer(),
        structlog.dev.set_exc_info,
        structlog.processors.TimeStamper(
            fmt="%Y-%m-%d %H:%M.%S", utc=False
        ),
        structlog.dev.ConsoleRenderer(),
    ],
    wrapper_class=structlog.make_filtering_bound_logger(
        logging.NOTSET
    ),
    context_class=dict,
    logger_factory=structlog.PrintLoggerFactory(),
    cache_logger_on_first_use=False,
)
```

以下はstructlogの初期設定を使って出力した例です。

```
default_structlog.py（structlogで出力した例）
import structlog

logger = structlog.get_logger()
logger.info(
    "key_value_logging", out_of_the_box=True, effort=0
)
```

```
(venv) $ python3 default_structlog.py
2024-04-08 06:11:36 [info     ] key_value_logging     effort=0 out_of_the_box=True
```

JSON形式で構造化ログを出力する

構造化ログを扱ううえで標準出力のレンダラーをJSON形式に変更します。キーと値のペアで、発生するイベントをログに記録できます。

```
jsonrenderer_structlog.py（JSONRendererでログ出力した例）
structlog.configure(
    processors=[
        structlog.dev.ConsoleRenderer()を以下に書き換える
        # ...
        structlog.processors.JSONRenderer()
    ]
)
```

```
logger = structlog.get_logger()
logger.info("key_value_logging", out_of_the_box=True, effort=0)
```

JSON型で日時やログレベル、イベントのメッセージのフィールドが分かれているのでパースしやすくなります。

```
(venv) $ python3 jsonrenderer_structlog.py
# 可読性のために出力結果をフォーマットしていますが、通常はされません
{
    "out_of_the_box": true,
    "effort": 0,
    "event": "key_value_logging",
    "level": "info",
    "timestamp": "2024-04-08 06:14.22"
}
```

データバインディングして情報を追跡しやすくする

ログエントリ(項目)は辞書なので、キーと値のペアをロガーにバインドおよび再バインドして、後続のすべてのログ呼び出しに付与できます。これを活用してアプリケーションのGitコミットのハッシュ値や、マルチテナントのテナント情報をバインドすることで情報が追跡しやすくなります。

databinding.py
```
logger.info("user.logged_in")
logger2 = logger.bind(commit_hash="4165ff0")
logger2.info("user.logged_in")
logger.info("user.logged_in")
```

上記ではlogger2にGitコミットのハッシュ値をバインドしていますが、バインド前のloggerにはバインドした値が含まれません。

```
(venv) $ python3 databinding.py
{"event": "user.logged_in", "level": "info", "timestamp": "2024-04-08 06:15.07"}
{"commit_hash": "4165ff0", "event": "user.logged_in", "level": "info", "timestamp": "2024-04-08 06:15.07"}
{"event": "user.logged_in", "level": "info", "timestamp": "2024-04-08 06:15.07"}
```

この例では一見グローバルなロガーにバインドしているように見えますが、多くの場合、リクエストにあるローカルなコンテキスト変数にキーと値のペアでバインドできます。

第**4**章　structlogで効率的に構造化ログを出力
横断的に検索や解析のしやすいログのしくみを整えよう

4.5

django-structlogで
リクエストとレスポンスログを拡張しよう

　ここまでで、structlogを使うことで便利に構造化ログを実現できること
を紹介しました。発展として、第2部で紹介するWebアプリケーションフ
レームワークのDjangoを使ってWebアプリケーションを構築する場合につ
いて紹介します。こういった複雑な機能が欲しくなるときはdjango-
structlog[注6]という拡張を利用すると便利です。django-structlogは、Django
REST framework[注7]やCelery[注8]もサポートしており、request_id、user_id、
timestamp、IPアドレスがデフォルトで出力できます。

　仮想環境を有効にした状態で`pip install django-structlog`でインスト
ールします。本書執筆時点では8.0.0が最新です。Djangoでログ出力すると
きは`settings.py`を編集します。

　まずimport文を追加します。

モジュール先頭部分に追記
```
import structlog
```

　MIDDLEWARE定数にミドルウェアを追加してリクエストやレスポンス
処理にフックします。

MIDDLEWAREの末尾に追加
```
MIDDLEWARE += [
    "django_structlog.middlewares.RequestMiddleware",
]
```

　LOGGING定数を以下のように設定します。django-structlog特有の設定
はformatterを構造化ログ用にしているところです。

注6　https://pypi.org/project/django-structlog/
注7　https://www.django-rest-framework.org/
注8　https://docs.celeryq.dev/en/stable/

74

structlogで構造化ログを扱うためにLOGGINGを編集

```python
LOGGING = {
    "version": 1,
    "disable_existing_loggers": False,
    "formatters": {
        # JSONで構造化ログにするフォーマッターを定義
        "json_formatter": {
            "()": structlog.stdlib.ProcessorFormatter,
            # 日本語を読みやすくする
            "processor": (
                structlog.processors.JSONRenderer(
                    ensure_ascii=False,
                )
            ),
        },
        # 開発用にテキスト形式のフォーマッターを定義
        "plain_console": {
            "()": structlog.stdlib.ProcessorFormatter,
            "processor": (
                structlog.dev.ConsoleRenderer(),
            )
        },
    },
    "handlers": {
        "debug-console": {
            "level": "DEBUG",
            "filters": ["require_debug_true"],
            "class": "logging.StreamHandler",
            "formatter": "json_formatter",
        },
        "prod-console": {
            "level": "INFO",
            "filters": ["require_debug_false"],
            "class": "logging.StreamHandler",
            "formatter": "json_formatter",
        },
    },
    "filters": {
        "require_debug_false": {
            "()": "django.utils.log.RequireDebugFalse"
        },
        "require_debug_true": {
            "()": "django.utils.log.RequireDebugTrue"
        },
    },
    "root": {
        "handlers": ["prod-console", "debug-console"],
        "level": "NOTSET",
```

```
            "propagate": False,
        },
        "loggers": {
            "django.db.backends": {
                "handlers": [
                    "prod-console",
                    "debug-console",
                ],
                "level": "ERROR",
                "propagate": False,
            },
            "django.request": {
                "handlers": [
                    "prod-console",
                    "debug-console",
                ],
                "level": "ERROR",
                "propagate": False,
            },
            "django": {
                "handlers": [
                    "prod-console",
                    "debug-console",
                ],
                "level": "ERROR",
                "propagate": False,
            },
        },
}
```

最後に structlog.configure 関数を呼び出します。

structlogでフォーマットするときの設定を追加
```
structlog.configure(
    processors=[
        # 最初の処理系としてmerge_contextvarsを追加
        structlog.contextvars.merge_contextvars,
        # ログレベルが低すぎる場合パイプラインを中断し、
        # ログエントリを破棄する
        structlog.stdlib.filter_by_level,
        # ISO 8601形式のタイムスタンプを追加する
        structlog.processors.TimeStamper(fmt="iso"),
        # イベントの辞書にロガー名を追加する
        structlog.stdlib.add_logger_name,
        # イベントの辞書にログレベルを追加する
        structlog.stdlib.add_log_level,
        # %演算子の形式でフォーマットを実行する
        structlog.stdlib.PositionalArgumentsFormatter(),
```

```python
        # イベントの辞書の"stack_info"キーがTrueの場合、
        # 削除し"stack"キーに現在のスタックトレースを
        # レンダリングする
        structlog.processors.StackInfoRenderer(),
        # イベントの辞書の"exc_info"キーがTrueか
        # sys.exc_info()タプルである場合、
        # "exc_info"を削除しトレースバック付きの例外を
        # "exception"にレンダリングする
        structlog.processors.format_exc_info,
        # 値がバイトである場合、それをUnicodeのstrに
        # デコードする
        structlog.processors.UnicodeDecoder(),
        # json_formatterに指定したProcessorFormatter用に
        # 辞書の構造を変更する
        structlog.stdlib.ProcessorFormatter.wrap_for_formatter,
    ],
    # logger_factoryは出力に使用するラップされたロガーを
    # 作成するために使用される
    # こちらはlogging.Loggerを返す
    # 最終的な処理系（JSONRenderer）からの値（JSON）は、
    # バインドしたロガーに対して呼び出したものと同じ
    # 名前のメソッドに渡される
    logger_factory=structlog.stdlib.LoggerFactory(),
    # 最初のバインドロガーを作成したあと、設定を効果的に
    # フリーズする
    cache_logger_on_first_use=True,
)
```

　全文コード例は本書サポートサイトからダウンロードできます。この状態でDjangoにアクセスすると以下のようにアプリケーションログが出力されます。

```
{"request": "GET /api_view", "user_agent": "Mozilla/5.0 (Macintosh; Intel Mac OS
X 10_15_7) AppleWebKit/537.36 (KHTML, like Gecko) Chrome/107.0.0.0
Safari/537.36", "event": "request_started", "ip": "172.18.0.1", "request_id":
"a4c3c661-5f83-4480-b942-fb2a6ea6c944", "user_id": null, "timestamp":
"2022-11-01T06:07:06.736354Z", "logger": "django_structlog.middlewares.request",
"level": "info"}
{"event": "This is a rest-framework structured log", "ip": "172.18.0.1", "reques
t_id": "a4c3c661-5f83-4480-b942-fb2a6ea6c944", "user_id": null, "timestamp": "20
22-11-01T06:07:06.748412Z", "logger": "django_structlog_demo_project.home.api_vi
ews", "level": "info"}
{"code": 200, "request": "GET /api_view", "event": "request_finished", "ip": "17
2.18.0.1", "request_id": "a4c3c661-5f83-4480-b942-fb2a6ea6c944", "user_id": null
, "timestamp": "2022-11-01T06:07:06.786760Z", "logger": "django_structlog.
middlewares.request", "level": "info"}
```

この構造化ログは以下のように構成されています。

- **request_id**
  リクエストのUUID、またはX-Request-IDHTTPヘッダの値
- **user_id**
  ユーザーのIDまたはNone(`django.contrib.auth.middleware.AuthenticationMiddleware`が必要)
- **ip**
  リクエストのIPアドレス

以下のメタデータは、関連するイベントと一緒に一度だけ表示されます。

- **request**
  HTTPメソッドやエンドポイントのリクエスト情報
- **user_agent**
  ユーザーエージェント
- **code**
  リクエストのステータスコード
- **exception**
  例外のトレースバック

共通のデータバインディング処理を行ったりするには、loggingモジュールのconfig.dictConfig[注9]を活用してロギングの環境設定を定義するとよいでしょう。DjangoはLOGGING_CONFIG[注10]を設定することでロギングの設定の参照先を変更できます。

注9　https://docs.python.org/ja/3/library/logging.config.html#logging.config.dictConfig
注10　https://docs.djangoproject.com/ja/4.2/ref/settings/#logging-config

4.6

ログを活用する

ここまでログを出力する方法について説明してきましたが、本節では実際に出力したログをどう扱うのかを見ていきます。簡単にデプロイできるアプリケーションを構築するためのプラクティスである The Twelve-Factor App[注11]に沿ったシンプルで強力なアプローチは、バッファされていない標準出力にログを記録し、ほかのツールに残りの処理を任せることです。ここでは Amazon CloudWatch Logs[注12]を例にして取り扱います。

CloudWatch Logs Insightsでログを横断的に検索する

まずは構造化されていないログの例です。複数回処理を実行すると、CloudWatch Logs に図4.6.1のように表示されます。

図4.6.1　構造化されていないログ例

CloudWatch Logs Insights の parse コマンドを使用すると、glob または正規表現を使用して、ログフィールドからデータを抽出し、さらに処理できます。この例では、次のクエリで UploadedBytes の値を抽出し、これを使用して最小、最大、平均の統計情報を作成しています（図4-6-2）。

注11　https://12factor.net/ja/
注12　https://docs.aws.amazon.com/ja_jp/AmazonCloudWatch/latest/logs/WhatIsCloudWatch Logs.html

第4章 structlogで効率的に構造化ログを出力
横断的に検索や解析のしやすいログのしくみを整えよう

図4-6-2　最小、最大、平均の統計情報

　この方法は変更が困難な既存のシステムからのログを処理するのに便利ですが、構造化されていないログの種類ごとにカスタム解析フィルタを構築するのは時間がかかり、やっかいな場合があります。

　本番システムに監視のしくみを適用するには、アプリケーション全体に構造化されたログを実装するほうが簡単です。Pythonでは前述したstructlogのようなライブラリでこれを実現できます。ほかのほとんどのランタイムでも同様の構造化ロギングライブラリやツールを利用できます。また、AWSのクライアントライブラリを使用して、埋め込みのメトリック形式でログを生成できます。

　ログレベルを使用するとWARNINGやERRORといった情報をメッセージから分離して、フィルタしやすいログファイルを生成しやすくなります。以下のコードでログレベルを提供します。

```
>>> import structlog
>>> logger = structlog.get_logger()
>>> logger.info("success")
>>> logger.warning("an_waring_occurred")
>>> logger.exception("an_error_occurred")
```

　CloudWatchのログファイルには、ログレベルを指定する別のフィールドがあります（図4-6-3）。

図4-6-3　ログレベルを指定するフィールド

▶	2022-11-04T19:43:39.229+09:00	2022-11-04T10:43:39.228278Z	[info] success [django_struct…
▶	2022-11-04T19:43:39.230+09:00	2022-11-04T10:43:39.229644Z	[warning] an_waring_occurred …
▶	2022-11-04T19:43:39.232+09:00	2022-11-04T10:43:39.231015Z	[error] an_error_occurred [dj…

　CloudWatch Logs Insightsのクエリは、ログレベルでフィルタリングできるため、たとえばエラーのみに基づいたクエリを簡単に生成できます。

```
fields @timestamp, @message
| filter @message like 'error'
| sort @timestamp asc
```

　JSONは、アプリケーションログの構造を提供するために一般的に使用されます。**図4-6-4**の構造化ログを出力した例では、ログがJSONに変換され、いくつかの異なる値が出力されています。

図4-6-4　構造化ログの出力例

#	@timestamp	@message
▼ 1	2022-11-04T19:51:37.…	{"event": "UploadedBytes=8349681", "request_id": "6f60c80e-c2d

フィールド	値
@ingestionTime	1667559101566
@log	976854616965:django
@logStream	d951a3bfcf6a6b29fb8ddb101adf112585485093ef41003a1185988c1a4c0f62
@message	{"event": "UploadedBytes=8349681", "request_id": "6f60c80e-c2d6-449c-8ea9-b46
@timestamp	1667559097584
event	UploadedBytes=8349681
ip	114.184.39.107
level	info
logger	django_structlog_demo_project.home.views
request_id	6f60c80e-c2d6-449c-8ea9-b46c778a74f9
timestamp	2022-11-04T10:51:37.584256Z
user_id	1

▶ 2	2022-11-04T19:51:37.…	{"code": 200, "request": "POST /standard_logger", "event": "re
▶ 3	2022-11-04T19:51:37.…	{"request": "POST /standard_logger", "user_agent": "Mozilla/5.

　CloudWatch Logs Insightsは、カスタムのglobや正規表現を必要とせず、JSON出力内の値を自動的に検出して、メッセージをフィールドとして解析します。JSONで構造化されたログを使用して、**図4-6-5**のクエリはアップロードされたファイルが1MBより大きく、アップロード時間が1秒以上のログを検索します。

図4-6-5　CloudWatch Logs Insightsクエリ結果

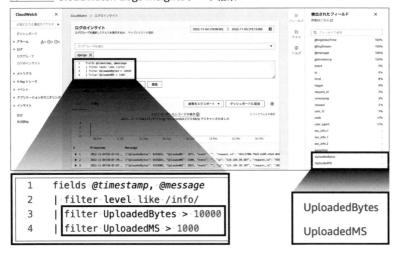

　JSONで発見されたフィールドは、右側のFieldsドロワーに自動的に追加されます。ログ出力される標準的なフィールドには@が付加されており、これらのフィールドに対しても同様にクエリを実行できます。ここでは@ingestionTime、@logStream、@message、@timestampフィールドが常に含まれています。

※

　構造化ロギングを活用することでエラーの影響範囲の調査やその対処をしやすくするための流れを説明しました。これらの工夫を取り入れて運用で苦労しないアプリケーション開発をしていきましょう。

第5章

リリースを管理して
開発効率を高める

towncrierとGitHub Actionsによる
リリースの自動化

アプリケーションを継続的に開発、保守していく中で、いつどの機能がリリースされたのかすぐにわからない、影響範囲が把握できずリリース可否判断に時間がかかるなどの課題を抱えることはないでしょうか。安全にリリースするためにはリリース内容を管理する必要があります。

本章では、Python製のtowncrier[注1]というツールによってリリースを管理し、GitHub Actions[注2]でリリース作業を自動化する方法を紹介します。

5.1

リリースを管理しよう

リリース管理はなぜ必要で、どんな課題を解決できるでしょうか。ここではリリース管理をしない場合に発生する課題と、リリース管理によって課題がどのように解決できるかについて説明します。

リリースを管理しないと発生する困りごと

まず、リリースを管理していないと発生する困りごとを考えてみましょう。

いつ、どの機能がリリースされたかわかりづらい

GitやGitHubのコミット履歴でも「コミット単位でいつどんな変更が入ったか」はわかりますが、「そのコミットがどの機能に対する変更なのか」や「どのコミットまでリリースされているか」まではすぐにわかりません。また、コミット履歴からしかわからない状態だと、普段GitやGitHubをあまり使わない顧客やメンバーと、アプリケーション状態に共通認識が持てなくなってしまいます。

不具合があったときに「いつの変更が原因か」「どこまで切り戻すか」が調査しにくい

緊急でアプリケーションの不具合をリカバリーしたいとき、いつのどの

注1 https://pypi.org/project/towncrier/
注2 https://github.co.jp/features/actions

変更が原因なのか調査に時間がかかります。また、どの時点まで切り戻す
か、切り戻すことで不具合を回避できるか、の判断も難しくなります。

リリースの影響範囲がわからずリリース可否判断が難しくなる

Djangoではデータベーススキーマ変更もアプリケーションコードとして
管理できます。たとえば、軽微な改修だけリリースしたいのに、いつの間
にかリリースブランチにモデル変更が入っていると、影響範囲がわからず、
すぐにリリース可否を判断できません。このような状態では、リリースス
ピードが落ち、アプリケーションやサービスの競争力を下げてしまいます。

リリースを管理すると解決できること

リリースを管理し、誰でもすぐに確認できる状態にしておくことで、前
述した「困りごと」を解消できます。

- いつ、どの機能がリリースされたかすぐにわかる
- エンドユーザー、顧客、開発チーム間で、アプリケーションの状態に共通認識を持てる
- 不具合があったとき、状況把握や対応、判断がしやすくなる
- 期待するリリース物を、意図したタイミングでリリースできる
- たとえリリース対象の中に期待していない変更があったとしても、あらかじめ対処ができる、影響を把握できる
- リリースのオーバーヘッドを小さくし、サイクルをすばやく回せる

これらは、エンドユーザーはもちろん、顧客や開発チームにもメリット
をもたらします。

5.2

リリースを管理する方法

リリースを管理するためには、リリースごとにアプリケーションにバー
ジョン番号を付け、注目すべき変更点を示したChangelog（リリースノート）

を作成します。

　本節では、まずChangelogを手動で管理する方法を紹介し、そのあとに効率良く管理できるツール（towncrier）とその使い方を紹介していきます。

Changelogを手動で作成する

　バージョンごとにアプリケーションの変更点を管理するために、Changelogを作成します。

　より良いChangelogの規約の提案である「変更履歴を記録する」[注3] に、Changelog（変更履歴）の意義や役に立つChangelogの書き方、アンチパターンなどが記載されています。短いドキュメントですのでぜひ読んでみてください。

　図5-2-1は、Changelogの例です。実際の開発フローをイメージしながら、Changelogを作成してみましょう。

図5-2-1　　Changelogの例

Changelogファイルを作成する

　まず、CHANGELOG.mdという名前のテキストファイルを用意します

注3　https://keepachangelog.com/ja/1.1.0/

（Markdown以外の記法を使う場合は拡張子を変えてください）。チームメンバー以外の人もファイルを参照しやすいように、プロジェクトルートに作成するとよいでしょう。

Changelogを記述する

トピックブランチでは、以下のような、ユーザーやチームメンバーに知らせたい内容をChangelogファイルの各バージョンの先頭に追記します（最新バージョンを先頭にします）。

- リリースバージョンや日付
- 追加、変更、削除した機能名やその概要
- バグやタスク管理に使用している課題管理システム（GitHub Issue、Backlog、Jiraなど）のチケット番号
- 変更理由やこのバージョンを利用するにあたり注意する点

以下は、トピックブランチでのCHANGELOG.mdの記述例です。

```
CHANGELOG.md
# v3.16.0 (2024-04-18)

#123 課題カテゴリCSV一括アップロード機能を新規作成（モデル変更あり）

リリース時には以下に注意してください。

課題カテゴリモデルのカテゴリフィールドにユニーク制約を追加しました。

* ユニーク制約適用前に、課題カテゴリマスタ.カテゴリが重複するレコードがないかチェックするデータマイグレーションが実行されます。
* 課題カテゴリマスタ.カテゴリに重複するデータが存在した場合は、ユニーク制約は適用せず、マイグレーションを中止します。
```

Changelogをmainブランチにマージする

Changelogの更新を含んだトピックブランチをレビューし、Changelogの更新もチームで確認します。レビューが完了したら、トピックブランチをmainブランチにマージします。

この流れを繰り返すことで、リリース予定がチームで共有され、Changelogに機能の更新履歴が積み上がっていきます。

Changelogを手書き運用する際の困りごと

Changelogによりプロジェクトの更新履歴が明確になりチーム内の共有にも役立ちますが、手書きでのChangelogの運用には以下のような問題があります。

- Changelogの書き忘れや、リリースバージョンの書き間違いなどの単純ミスが発生する
- 1つのChangelogファイルを各トピックブランチで更新するため、チームメンバーが多く活発なプロジェクトでは、マージコンフリクトが多発する
- Changelogが常にコンフリクトする前提の運用だと、GitHubの自動マージ機能が使えない

チームメンバーが少なく開発が落ち着いているプロジェクトであれば、手書き運用でも問題ありません。そうでないプロジェクトの場合は、次項で紹介するtowncrierによるChangelogの管理がお勧めです。

towncrierでChangelogを自動更新する

towncrierは、Python製のユーティリティです。1つの大きなChangelogファイルを更新していく代わりに、1つの更新だけを含む小さいファイルを追加していきます。towncrierを使用してそれらの小さいファイルからChangelogファイルを生成します。

towncrierには以下の特徴があります。

- それぞれのトピックブランチには、そのブランチの変更内容を記載した「ニュースフラグメント」と呼ばれる小さいファイルを含めておくだけでよい
- リリースなどの決まったタイミングでtowncrierのコマンドを実行すれば、Changelogファイルを自動更新できる
- マージでのコンフリクトが発生しないので、開発メンバーが単純作業に時間を取られずに済む
- Gitタグと組み合わせることで、Gitで管理しているアプリケーションコード上のリリースバージョンと、Changelog上のリリースバージョンを同期できる
- pipコマンドでインストールできるので、Django、Pythonアプリケーションのリリース管理に導入しやすい

第**5**章 **リリースを管理して開発効率を高める**
towncrierとGitHub Actionsによるリリースの自動化

図**5-2-2**は、towncrierで作成したChangelogファイルの例です。実際の開発フローをイメージしながら、towncrierでChangelogを自動更新してみましょう。

図5-2-2 towncrierで作成したChangelog例

---

try-manage-releases v0.0.1 (2024-04-24)

Features

- 課題カテゴリCSV一括アップロード機能を新規作成
  - CSVファイルをアップロードすることにより、課題カテゴリの一括登録・更新・削除ができるようになりました。 (#123)

Migration

- 課題カテゴリモデルのカテゴリフィールドにユニーク制約を追加
  - ユニーク制約適用前に、課題カテゴリマスター.カテゴリが重複するレコードがないかチェックするデータマイグレーションが実行されます。
  - 課題カテゴリマスター.カテゴリに重複するデータが存在した場合は、ユニーク制約は適用せず、マイグレーションを中止します。(#234)

Bugfixes

- 課題登録画面で「コピー」ボタンを押下して課題を作成すると、課題カテゴリがコピーされないバグを修正。 (#345)

ここではmacOS上で以下のバージョンで動作確認しています。

- Python：3.12.3
- towncrier：23.11.0

towncrierをインストールする

まず、仮想環境を作成し`pip`コマンドでtowncrierをインストールします。towncrierと依存ライブラリがインストールされます。

```
$ python3 -m venv venv
$ . venv/bin/activate
(venv) $ pip install towncrier
（省略）
Successfully installed MarkupSafe-2.1.5 click-8.1.7 incremental-22.10.0
jinja2-3.1.3 towncrier-23.11.0
```

実際にDjangoアプリケーションで使用する場合には、requirements.txtなどのバージョン管理ファイルに`towncrier`を追加してください。

リリースを管理する方法　5.2

設定ファイルを作成する

プロジェクトルートに、`towncrier.toml`または`pyproject.toml`という名前のファイルを追加し、towncrierの設定を記述します。以下は、筆者が参加しているプロジェクトの設定をもとにした、見やすいChangelogが生成できる設定例です。

```pyproject.toml
[tool.towncrier]
name = "try-manage-releases"  ──❶
version = ""  ──❷
filename = "CHANGELOG.rst"  ──❸
directory = "changelogs"  ──❹
issue_format = "`#{issue} <https://example.com/i/{issue}>`__"  ──❺
```

各設定項目の説明は以下のとおりです。そのほかに設定できる項目については、towncrierのドキュメントの「Configuration Reference」[注4]を参照してください。

❶プロジェクト名
❷リリースバージョン（バージョンを指定するオプションを後述するので、この時点では空文字を設定しておく）
❸Changelogファイル名
❹ニュースフラグメントを配置するディレクトリ
❺ニュースフラグメントに付与するチケット番号の形式。リンク記法で記述しておくと、Changelogにチケットのリンクを自動挿入できる

Changelogファイルは reStructuredText 記法で出力します。reStructuredText記法であれば、上記の設定のみでChangelogを生成できます。Markdown記法で出力することもできますが、ほかにも細かい設定が必要になります。Markdown記法での出力の設定は、「How to Keep a Changelog in Markdown」[注5]を参考にしてください。

注4　https://towncrier.readthedocs.io/en/stable/configuration.html
注5　https://towncrier.readthedocs.io/en/stable/markdown.html

更新履歴1つ分のファイルを作成する

トピックブランチでは、changelogsディレクトリに、Changelogに追記する更新履歴1つ分を記載するテキストファイルを作成します。このテキストファイルはtowncrierでは「ニュースフラグメント」と呼ばれます。

ファイル名は、towncrierで決められた命名規則に従い{チケット番号}.{ニュースフラグメントの種類}.{拡張子}という形式にします（拡張子は任意）。

デフォルトで使えるニュースフラグメントの種類は以下のとおりです。towncrierがフラグメントの種類ごとにセクション分けしてChangelogを生成してくれます。

- feature：新機能
- bugfix：バグ修正
- doc：ドキュメント
- removal：機能削除
- misc：その他

たとえば、チケット番号123の新機能を開発しているトピックブランチに作成するニュースフラグメントのファイル名は、{プロジェクトルート}/changelogs/123.feature.rstとなります。

ニュースフラグメントを記述する

「ニュースフラグメント」ファイルには、以下のような、ユーザーやチームメンバーに知らせたい内容をreStructuredText形式で記述します。

- 追加、変更、削除した機能名やその概要
- 変更理由やこのバージョンを利用するにあたり注意する点

リリースバージョン番号はあとでChangelogにまとめるときに設定します。リリース日付はtowncrierが自動で現在日を設定します。また、チケット番号もファイル名から決定されるためニュースフラグメント内に記述する必要はありません。

以下は、ニュースフラグメントの記述例です。

> **changelogs/123.feature.rst**
> 課題カテゴリCSV一括アップロード機能を新規作成（モデル変更あり）
>
> リリース時には以下に注意してください。
>
> 課題カテゴリモデルのカテゴリフィールドにユニーク制約を追加しました。
>
> * ユニーク制約適用前に、課題カテゴリマスタ.カテゴリが重複するレコードがないかチェックするデータマイグレーションが実行されます。
> * 課題カテゴリマスタ.カテゴリに重複するデータが存在した場合は、ユニーク制約は適用せず、マイグレーションを中止します。

ニュースフラグメントをmainブランチにマージする

　ニュースフラグメントを含んだトピックブランチのレビューが完了したら、トピックブランチをmainブランチにマージします。

　トピックブランチではChangelogファイルを触らないため、Changelogのマージコンフリクトは発生しません。

Changelogを生成・更新する

　リリースのタイミングが訪れたら、`towncrier build`コマンドを実行してChangelogファイル（CHANGELOG.rst）を作成または更新します。

```
(venv) $ towncrier build --version=v3.16.0
Loading template...
Finding news fragments...
Rendering news fragments...
Writing to newsfile...
Staging newsfile...
I want to remove the following files:
../try-manage-releases/changelogs/123.feature.rst
../try-manage-releases/changelogs/345.bugfix.rst
Is it okay if I remove those files? [Y/n]: Y
Done!
```

　`towncrier`コマンドを実行すると、changelogs/（ニュースフラグメント配置先ディレクトリ）配下にあるすべてのニュースフラグメントの内容をCHANGELOG.rstの先頭に追記します。初回実行時はCHANGELOG.rstを作成して書き込みます。

　コマンドの最後にchangelogs/配下のニュースフラグメントを削除してよいか聞かれるので（`Is it okay if I remove those files? [Y/n]`）、Yを選

択します。削除せずに残しておくと次のリリース時にも Changelog に転記されてしまうため必ず削除しましょう。通常は `towncrier build --yes` と指定して、コマンドを実行してニュースフラグメントを削除します。また、`--version={リリースバージョン}` オプションを指定すると、Changelog の見出しにリリースバージョンが付与されます。

なお、towncrier 実行時に `--draft` オプションを指定すると動作確認ができます。この場合は、実際の CHANGELOG.rst は更新せずに、Changelog に追記する内容をコンソールに出力します。

```
(venv) $ towncrier build --version=v3.16.0 --draft
Loading template...
Finding news fragments...
Rendering news fragments...
Draft only -- nothing has been written.
What is seen below is what would be written.

try-manage-releases v3.16.0 (2024-04-24)
========================================

Features
--------

- 課題カテゴリCSV一括アップロード機能を新規作成

  - CSVファイルをアップロードすることにより、課題カテゴリの一括登録・更新・削除が
できるようになりました。(`#123 <https://example.com/i/123>`__)
  (省略)
```

towncrier の運用を始める前に、`--draft` オプションを使用して動作確認することをお勧めします。

Changelogをリポジトリに反映する

最後に Changelog の更新とニュースフラグメントの削除をリポジトリに反映します。

towncrier は導入コストはありますが、シンプルなルールで更新履歴を管理し、把握しやすい Changelog ファイルが用意できるようになります。Changelog ファイルを直接更新する方法に比べ、towncrier が自動的に Changelog を整形してくれるため、運用ルールはシンプルになります。また、マージコンフリクトから解放され、個々の開発メンバーの作業負荷が

GitHub Actionsでリリースを自動化する　5.3

下がり、チームの開発スピードも上がります。

5.3
GitHub Actionsでリリースを自動化する

　前節で紹介したtowncrierはたいへん便利ですが、リリース時に毎回コマンド実行が必要です。手作業による作業漏れや間違えを防ぎ、さらに作業効率を上げるため、GitHub Actionsでリリース作業をすべて自動化してしまいましょう。

GitHub Actionsとは

　GitHub Actionsは、GitHubが提供するCI（*Continuous Integration*、継続的インテグレーション）/CD（*Continuous Delivery*、継続的デリバリ）サービスです。GitHubのリポジトリ上でさまざま開発ワークフローを自動化できます。また、マーケットプレイス[注6]で便利なアクションが多数提供されているので、組み合わせてやりたいことを手軽に実現できます。

リリース作業を自動化するworkflowを作成する

　GitHub Actionsでは、GitHubのイベントをトリガに実行される一連の手順のまとまりをworkflowと呼び、yamlファイルに定義します。ここでは以下の要件でworkflowを作成しましょう。なお、丸付きの英字は、あとで紹介するworkflowに対応しています。

- ⓐGitHub Actionsページから手動実行できるように設定する
- ⓑリリースバージョンを自動Bump upする
- ⓒtowncrierでChangelogを自動更新する
- ⓓChangelogの更新をコミットしてGitタグを打ちリポジトリへpushする
- ⓔGitHubリリースを作成する

注6　https://github.com/marketplace?type=actions

95

第**5**章 リリースを管理して開発効率を高める
towncrierとGitHub Actionsによるリリースの自動化

実際のプロジェクトでは、このあとにdeployやSlack通知も必要になると思いますが、アプリケーションやdeploy先環境によって方法が異なるため割愛します。また、本節で紹介するサンプルコードは本書サポートサイト[注7]からダウンロードできます。

GitHubにリポジトリを作成する

実際にworkflowを実行して挙動を試せるように、GitHubに動作確認用のリポジトリを新規作成します。リポジトリ名はtry-manage-releases、リリースブランチ、デフォルトブランチはmainとします。

まずはmainなど重要なブランチを保護するBranch protection rules[注8]を設定せずに動作するworkflowを定義します。Branch protection rulesを設定したリポジトリで動作させる方法は後述します。

towncrierの設定ファイルを作成する

作成したリポジトリをローカルにcloneしたら、プロジェクトルートにtowncrierの設定ファイルpyproject.tomlを作成します。

```
try-manage-releases/pyproject.toml
[tool.towncrier]
name = "try-manage-releases"
version = ""
filename = "CHANGELOG.rst"
directory = "changelogs"
issue_format = """
`#{issue} <https://example.com/i/{issue}>`__"""

[[tool.towncrier.type]]
directory = "feature"
name = "Features"
showcontent = true

[[tool.towncrier.type]]
directory = "model"    ──❶
name = "Migration"
showcontent = true
```

注7 https://gihyo.jp/book/2024/978-4-297-14401-2/support

注8 https://docs.github.com/ja/repositories/configuring-branches-and-merges-in-your-repository/defining-the-mergeability-of-pull-requests/managing-a-branch-protection-rule

```
[[tool.towncrier.type]]
directory = "bugfix"
name = "Bugfixes"
showcontent = true
```

　上記の**pyproject.toml**では、データベーススキーマ変更やデータマイグ
レーションを含む変更に使うカスタムフラグメント**model**を追加していま
す(❶)。カスタムフラグメントを1つでも追加する場合は、towncrierにデ
フォルトで用意されているフラグメントも必要な分すべて明示的に定義す
る必要があります。また、フラグメントの定義部分にはtomlテーブルの配
列を使った書き方を採用しています。カスタムフラグメントの書き方の詳
細についてはカスタムフラグメントの設定[注9]を参照してください。

■ ニュースフラグメントを格納するディレクトリを作成する

　ニュースフラグメントを格納するディレクトリ**changelogs**を作成し、ニ
ュースフラグメントが1つも存在しないときもディレクトリを保持できる
ように、**.gitignore**ファイルを置いておきます。

```
$ cd try-manage-releases
$ mkdir changelogs
$ echo "\!.gitignore" > changelogs/.gitignore
```

■ workflowディレクトリとworkflowファイルを作成する

　workflowファイルを配置するディレクトリ**.github/workflows**と、
workflowを定義するyamlファイル**automatic_release.yaml**を作成します。

```
$ mkdir -p .github/workflows
$ touch .github/workflows/automatic_release.yaml
```

■ workflowを記述する

　前述の要件を実現するworkflowを次のように定義します。

注9　https://towncrier.readthedocs.io/en/latest/configuration.html#custom-fragment-types

第**5**章　リリースを管理して開発効率を高める
towncrierとGitHub Actionsによるリリースの自動化

```
automatic_release.yaml
name: Automatic release

on:
  ❶ GitHub Actionsページから手動実行できるように設定する
  workflow_dispatch:
    inputs:
      custom_tag:
        description: "手動で\
          リリースバージョン指定する場合は\
          入力してください (e.g. 3.3.3)"
        required: false

defaults:
  run:
    shell: bash

jobs:
  changelog:
    name: Update Changelog
    runs-on: ubuntu-latest
    env:
      # your_accountは自分のアカウント名に読み替える
      CHANGELOG: "https://github.com/\
        your_account/try-manage-releases/\
        blob/main/CHANGELOG.rst"
      PROJECT: "try-manage-releases"
    outputs:
      release_tag: |-
        ${{ steps.tag_version.outputs.new_tag }} ───❶

    steps:
      # リポジトリをチェックアウト
      - name: Checkout
        uses: actions/checkout@v4

      # Python環境をセットアップ
      - name: Set up Python
        uses: actions/setup-python@v5
        with:
          python-version: '3.12'

      ❷ リリースバージョンを自動Bump upする
      - name: Bump up tag version
        uses: mathieudutour/github-tag-action@v6.2
        id: tag_version
        with:
          github_token: ${{ secrets.GITHUB_TOKEN }} ───❷
```

98

```
        custom_tag: |-
          ${{ github.event.inputs.custom_tag }} ——❸
        dry_run: true ——❹

# towncrierをインストール
- name: Install towncrier
  run: pip install towncrier==23.11.0

❸ towncrierでChangelogを自動更新する
- name: Update Changelog
  run: >
    towncrier build
    --yes
    --version
    ${{ steps.tag_version.outputs.new_tag }} ——❺

❹ Changelogの更新をコミットしてGitタグを打ち、リポジトリへpushする
- name: Push Changelog with tag
  uses: stefanzweifel/git-auto-commit-action@v5
  with:
    commit_message: Update Changelog
    tagging_message: |-
      ${{ steps.tag_version.outputs.new_tag }}

# Changelogへのリンクを生成
- name: Generate Changelog URL
  id: changelog_url
  env:
    NEW_TAG: |-
      ${{ steps.tag_version.outputs.new_tag }}
  run: |
    VERSION=${NEW_TAG//./''}-$(date +'%Y-%m-%d')
    CHANGELOG_URL=$CHANGELOG#$PROJECT-$VERSION
    echo url=$CHANGELOG_URL >> $GITHUB_OUTPUT

❺ GitHubリリースを作成する
- name: Create a GitHub release
  uses: ncipollo/release-action@v1
  env:
    CHANGELOG_URL: |-
      ${{ steps.changelog_url.outputs.url }}
  with:
    tag: |-
      ${{ steps.tag_version.outputs.new_tag }}
    name: >-
      Release
      ${{ steps.tag_version.outputs.new_tag }} ——❻
    body: |
```

第**5**章 **リリースを管理して開発効率を高める**
towncrierとGitHub Actionsによるリリースの自動化

```
${{ steps.tag_version.outputs.changelog }}

[CHANGELOG](${{env.CHANGELOG_URL}})
```

workflow中のポイントを以下に説明します。

❶この記事では割愛しているが、後続のdeploy jobで使うため、リリースバージョンをoutputに設定する

❷GITHUB_TOKEN[注10]はGitHub Actionsが用意するトークンで、workflow内での認証に利用できる

❸workflowトリガ時に手動でリリースバージョンが指定された場合は上書きする

❹GitタグはChangelog更新のコミットに打つため、ここでは次のリリースバージョンの払い出しのみ実行する。dry_run: trueを指定するとタグ打ち自体は実行されない

❺リリースバージョンには、次のステップで打つGitタグと同じバージョンを指定する

❻GiHubリリースの説明欄には1つ前のリリースバージョンからの差分コミット履歴へのリンクと、今回のバージョンのChangelogへのリンクを挿入する

ニュースフラグメントを作成する

動作確認用にニュースフラグメントをいくつか用意します。

```
$ touch changelogs/123.feature.rst
$ touch changelogs/234.model.rst
$ touch changelogs/345.bugfix.rst
```

各ファイル内に記載する内容はお好きなものでかまいませんが、一例を示します。

`123.feature.rst`
課題カテゴリCSV一括アップロード機能を新規作成

- CSVファイルをアップロードすることにより、課題カテゴリの一括登録・更新・削除ができるようになりました。

注10 https://docs.github.com/ja/actions/security-guides/automatic-token-authentication#permissions-for-the-github_token

`234.model.rst`
課題カテゴリモデルのカテゴリフィールドにユニーク制約を追加

- ユニーク制約適用前に、課題カテゴリマスタ.カテゴリが重複するレコードがないかチェックするデータマイグレーションが実行されます。
- 課題カテゴリマスタ.カテゴリに重複するデータが存在した場合は、ユニーク制約は適用せず、マイグレーションを中止します。

`345.bugfix.rst`
課題登録画面で「コピー」ボタンを押下して課題を作成すると、課題カテゴリがコピーされないバグを修正。

GitHubにpushする

ここまでに作成したディレクトリ、ファイルをすべてGitHubへpushします。

workflowを実行する

作成したworkflowを実行してみましょう。

GitHubリポジトリのActionsページ（`https://github.com/{アカウント名}/try-manage-releases/actions`）を開き、左側のworkflow一覧から`Automatic release`を選択します（図5-3-1の❶）。次に、workflow実行一覧右上部の`Run workflow`をクリックします（図5-3-1の❷）。ポップアップが表示されるので、ブランチに`main`を選択、テキストボックスは空白のままにして、`Run workflow`ボタンをクリックします（図5-3-1の❸）。数秒するとworkflowが開始されます。

図5-3-1　workflow実行

workflowが正常終了すると、workflow実行一覧上の実行したworkflow左側のマークがチェックマークに変わります。

workflowで作成したChangelog、Gitタグ、GitHubのリリースを確認する

workflowで作成したChangelog、Gitタグ、GitHubのリリースが、意図したとおりにできあがっているか確認してみましょう。

まず、GitHubのリリースとタグを確認します。GitHubリポジトリのReleasesページ（`https://github.com/{アカウント名}/try-manage-releases/releases`）を開きます。Changelog更新のコミットに打ったタグバージョンにリリースが作成され、Changelogへのリンクが挿入できています（図5-3-2）。

図5-3-2　作成したリリース

次に、Changelog（`https://github.com/{アカウント名}/try-manage-releases/blob/main/CHANGELOG.rst`）を見てみましょう。GitHubリリース・タグと同じリリースバージョンで、Changelogが作成できています（図5-3-3）。

図5-3-3　作成したChangelog

---

try-manage-releases v0.0.1 (2022-04-24)

Features

- 課題カテゴリCSV一括アップロード機能を新規作成
  - CSVファイルをアップロードすることにより、課題カテゴリの一括登録・更新・削除ができるようになりました。(#123)

Migration

- 課題カテゴリモデルのカテゴリフィールドにユニーク制約を追加
  - ユニーク制約適用前に、課題カテゴリマスター.カテゴリが重複するレコードがないかチェックするデータマイグレーションが実行されます。
  - 課題カテゴリマスター.カテゴリに重複するデータが存在した場合は、ユニーク制約は適用せず、マイグレーションを中止します。(#234)

Bugfixes

- 課題登録画面で「コピー」ボタンを押下して課題を作成すると、課題カテゴリがコピーされないバグを修正。(#345)

Branch protection rulesに対応するworkflowの書き方

　先ほど作成したworkflowは、リリースブランチにBranch protection rulesを設定するとうまく動作しません。mainブランチへのpushに失敗します。そこで、通常の開発時と同様にPull RequestベースでChangelog更新をmainブランチへマージします。作成イメージは、本書サポートサイトのサンプルコードをご覧ください。

※

　towncrierやGit・GitHubの機能を活用し、リリースを効率良く管理して、アプリケーションの開発効率や価値を高めていきましょう。

第2部

Webシステム開発編

第2部ではWebシステム開発で必要となる要素を説明します。最初に一般的なWebフレームワークの基礎、そのあとにDjango/DRF/FastAPIといったフレームワークの具体的な使用方法、応用としてGraphQLについてとDjango ORMでの注意点を説明します。

第 6 章

Djangoアプリケーションの品質を高める

単体テストと運用時の監視

私たちビープラウドのシステム開発では Python を使用し、Web フレームワークとして主に Django を使用しています。

本章では Django を使用したシステム開発において、主に開発の観点から品質を高める工夫として単体テストについて、私たちが現場で使用しているノウハウをもとに説明します。また、運用に関係してロギングと監視について説明します。

6.1

Djangoとアプリケーション品質

最初に本章での前提となる Django とアプリケーションの品質について簡単に紹介しておきます。

Django——フルスタックWebアプリケーションフレームワーク

Django は Python で Web アプリケーションを作成するためのフルスタックフレームワークです。多くの機能を含んでいるため、初めて学ぶときに覚えることが多いです。しかし、Web アプリケーションを開発・運用するうえで必要な機能が一通りそろっているため、業務ロジック以外を独自で作り込む必要があまりなく、最終的な開発コストを減らせます。

アプリケーションの品質

品質の良いアプリケーションについて、本章では次のように定義します。

- **プログラムのバグがない**
- **本番運用時に十分な性能が出る**
- **不具合があっても原因が特定しやすい**

単体テストが記述されていないと、システムが扱う課題が大きくなってきたときや複数人での開発となったときに、意図しない問題を起こしてしまいがちです。単体テストを記述し継続的に実行することで、意図しない

第**6**章 Djangoアプリケーションの品質を高める
単体テストと運用時の監視

挙動となる可能性を減らせます。そのため、単体テストをする方法を解説します。

また、単体テストを記述し、コードの品質を保っていても、運用段階では当初の想定にはなかった不具合が出てしまうものです。そういった不具合があったときの原因調査として、ロギングと監視について解説します。

6.2

サンプルアプリケーションの作成

単体テストについて、ここでは以下の流れで説明をします。

❶サンプルアプリケーションの作成
❷標準モジュールを使った単体テスト
❸単体テストを効率化するライブラリ

本節では、単体テストのコードのもととなるサンプルアプリケーションを作成します。

仕様

作成するのは掲示板用APIシステムです。仕様は次のとおりです。

- スレッドに対してコメントを付ける
- スレッドに応じて最大コメント数に制限がある
- コメント数が最大になった場合、メール送信をする
- スレッドには公開日時が設定でき、公開日時までは一覧に返さない

APIには以下のエンドポイントがあります。

- コメント一覧を取得する(/comments/)
- コメントを追加する(/comments/add)

108

実装

それでは仕様に基づいて実装を進めましょう。

実行環境の準備

実行プラットフォームはLinuxまたはMac、バージョンはPython 3.12、Django 4.2を想定しています。

ここではポイントとなる箇所のみを示します。全ソースコードについては本書サポートサイト[注1]からダウンロードしてください。

ディレクトリ構成は以下のとおりです。

```
├─ apps  # 作成するDjangoアプリケーション
│   ├─ __init__.py
│   ├─ apps.py  # 作成するDjangoアプリケーション用のAppConfig
│   ├─ migrations  # DBマイグレーションファイル用のディレクトリ
│   │   └─ __init__.py
│   ├─ models.py  # DBモデルの記述
│   ├─ tests  # 単体テスト用のディレクトリ
│   │   ├─ __init__.py
│   │   └─ test_views.py  # 単体テスト（ビュー）
│   └─ views.py  # HTTPリクエストを受け取るビューの記述
├─ manage.py  # 各種コマンドを実行するエントリポイント
└─ sample  # Djangoアプリケーション全体に関わるディレクトリ
    ├─ __init__.py
    ├─ asgi.py  # ASGI用のエントリポイント
    ├─ settings.py  # 設定ファイル
    ├─ urls.py  # URL設定
    └─ wsgi.py  # WSGI用のエントリポイント
```

モデル（models.py）──RDBテーブルのモデル化

掲示板アプリケーションではスレッドとコメントを永続化するため、モデルは次のようになっています。

sample/apps/models.py
```python
from django.db import models

class Thread(models.Model):
    name = models.CharField("スレッド名", max_length=100)
    max_comments = models.IntegerField("最大コメント数")
    publishing_time = models.DateTimeField("公開日時")
```

注1　https://gihyo.jp/book/2024/978-4-297-14401-2/support

第6章 Djangoアプリケーションの品質を高める
単体テストと運用時の監視

```
class Comment(models.Model):
    thread = models.ForeignKey(
        Thread, on_delete=models.CASCADE)
    content = models.CharField("内容", max_length=100)
```

ThreadとCommentが外部キーにより関連付いており、各種値が格納できるようにフィールドを定義しています。

ビュー（views.py）──HTTPリクエストハンドラ

コメント一覧の取得とコメント追加を行う、各APIリクエストを受け取るビューは次のとおりです。動作の詳細についてはソースコード内のコメントをご確認ください。

`sample/apps/views.py`

```python
import logging
from django.http import JsonResponse
from django.shortcuts import get_object_or_404
from django.views.decorators.csrf import csrf_exempt
from django.utils import timezone
from django.core import mail
from apps.models import Thread, Comment
logger = logging.getLogger(__name__)


def comment_list(request):
    """ コメント一覧API
    """
    # レスポンス用の辞書を用意する
    data = {"threads": []}
    # スレッドを全件取得する
    threads = Thread.objects.all()
    # スレッドごとにループを回す
    for thread in threads:
        # 未来日の場合はスキップ
        if thread.publishing_time > timezone.now():
            logging.warning(
                "未来日が含まれています:: スレッドID: %d, 公開日時: %s",
                thread.id, thread.publishing_time)
            continue
        # スレッドの名前とコメントを追加する
        data["threads"].append({
            "name": thread.name,
            "comments": [comment.content for comment in thread.comment_set.all()]
        })
    # JSONとしてレスポンスを返す
```

110

```python
    return JsonResponse(
        data,
        json_dumps_params={'ensure_ascii': False}
    )


@csrf_exempt
def comment_add(request):
    """ コメント追加API
    """
    # スレッドの取得
    thread = get_object_or_404(
        Thread, id=request.POST["thread_id"])
    # スレッドがコメント数制限に達した場合、コメントを追加できない
    if Comment.objects.filter(thread=thread).count()== thread.max_comments:
        return JsonResponse({
            "error": "コメント制限に達しました"
        }, json_dumps_params={'ensure_ascii': False})
    # コメントの作成
    Comment.objects.create(
        thread=thread, content=request.POST["content"])
    # スレッドのコメント数制限に達した場合、管理者に通知メールを送信する
    if Comment.objects.filter(thread=thread).count()== thread.max_comments:
        mail.send_mail(
            subject="コメント通知メール",
            message=f"{thread.name}のコメント数が上限に達しました",
            from_email="admin@localhost",
            recipient_list=["admin@localhost"],
            fail_silently=False,
        )
    return JsonResponse({})
```

設定ファイル（settings.py）──アプリケーション全体に関わる設定

アプリケーション全体に関わる設定を追加しましょう。

`sample/sample/settings.py`

```python
INSTALLED_APPS = [
    ...
    "apps",
]
EMAIL_BACKEND = "django.core.mail.backends.console.EmailBackend"
LOGGING = {
    'version': 1,
    'disable_existing_loggers': False,
    'handlers': {
        'console': {
            'class': 'logging.StreamHandler',
```

第6章 Djangoアプリケーションの品質を高める
単体テストと運用時の監視

```
        },
    },
    'root': {
        'handlers': ['console'],
        'level': 'WARNING',
    },
    "loggers": {}
}
```

　作成したDjangoアプリケーション（apps）を動かすため、settings.pyでは INSTALLED_APPS に apps を追加しています。また、メール送信についてDjangoでは、EMAIL_BACKEND をデフォルト値から "django.core.mail.backends.console.EmailBackend" に変更することで、実際にメールを送信せずコンソールにメール本文などを出力できます。さらにログ出力のためロギングの設定も追加します。

6.3

標準モジュールを使った単体テスト

　以上でサンプルアプリケーションが作成できました。まずは単体テストの基本を確認しましょう。

実装

　はじめにテストコードを記述するファイルとディレクトリについて説明します。Djangoの単体テストはPython標準ライブラリのunittestがベースになっているため、標準では tests.py または tests などと名の付くファイルやディレクトリを探索します。ファイル内では django.test.TestCase クラスを継承し、test_ という接頭辞の付いたメソッドを探索して実行します。ここでは apps/tests/test_views.py にテストケースを記述します。

　実際に単体テストを書いた例は次のとおりです。コメント一覧取得APIにアクセスした結果、レスポンスのステータスコードが200であることを確認します。

標準モジュールを使った単体テスト 6.3

```
sample/apps/tests/test_views.py
from django.test import TestCase

class TestListComments(TestCase):
    def test_it(self):
        response = self.client.get("/comments/")
        self.assertEqual(response.status_code, 200)
```

実行

単体テストは`python manage.py test`コマンドで実行します。実行結果は次のとおりです。

```
$ python manage.py test
 テスト用データベースの作成
Creating test database for alias 'default'...
System check identified no issues (0 silenced).
.
----------------------------------------------------------------
Ran 1 tests in 0.030s

OK
 テスト用データベースの削除
Destroying test database for alias 'default'...
```

1件の単体テストが実行され、成功したことがわかりました。また、テスト用データベース(以下、DB)が作成／破棄されたことがわかります。

そのほかの実行オプション

先ほどは単純な実行例でしたが、実行方法に関してオプションがあります。代表的なオプションは次のものです。状況に合わせて使用しましょう。

- `--settings`
  設定ファイルの指定

- `--debug-mode`
  settings.DEBUG=True の状態で実行

- `--debug-sql`
  SQL の実行ログを表示

- `--pdb`
  fail となったテストケースの該当箇所で pdb (デバッガ)が起動

113

第6章 Djangoアプリケーションの品質を高める
単体テストと運用時の監視

単体テストを作成するための標準モジュール

先ほど記述したテストコードは標準モジュールのみで作成されています
ね。こちらについてもう少し詳細に見てみましょう。Djangoのテスト用モ
ジュールはdjango.test以下にあります。代表的なモジュールは次のとお
りです。

django.test.TestCase──標準のテストケースクラス

django.test.TestCaseは、Django標準のテストケースクラスです。先ほ
どのテストコードの中では、class TestListComments(TestCase):として
使用していました。

django.test.TestCaseは、Python標準のunittest.TestCaseを継承して
いますが、Django用に次のようにカスタマイズされています。

- DBのセットアップがされる。これにより単体テスト用のDBの準備や破棄
  を意識しないで済む
- テストケースごとにトランザクションを巻き戻す。これによりテストケース
  実行ごとにテストデータが初期化される
- fixture(静的なDBデータ)を読み込む。これにより、テストケース実行に必
  要な初期データセットアップをテストコードから分離できる

昨今では後述するライブラリであるpytestをテストランナーとして使用
することが増えてきたため、django.test.TestCaseを継承せずにテストケ
ースを記述することも多いです。その場合、pytest-djangoライブラリを導
入すると使用できるpytst.mark.django_dbデコレータを指定することで、
上記の処理がされるようになります。

django.test.Client──標準のHTTPリクエストクライアント

django.test.ClientはDjango標準のHTTPクライアントで、HTTPでの
アクセスをシミュレーションできます。先ほどのテストコードの中では、
response = self.client.get("/comments/")として使用していました。
次のような特徴があります。

- 各種HTTPメソッド(GET、POSTなど)を指定し、URLにアクセスできる

- ● ヘッダやクエリストリングなどのパラメータを指定できる
- ● セッションを標準で扱える
- ● ログイン／ログアウト／強制ログイン操作ができる

django.test.RequestFactory——低レイヤのHTTPリクエスト作成ファクトリ

先ほどの django.test.Client を高レイヤ API とすると、こちらの django.test.RequestFactory は Request オブジェクトを作成する比較的低レイヤの API です。django.test.Client はこのクラスを継承しています。

先ほどの django.test.Client をこの django.test.RequestFactory で書き換えた例を次に示します。

`sample/apps/tests/test_views.py`
```python
class TestListComments(TestCase):
    def test_with_request_factory(self):
        # URLにアクセスするのではなく、ビューをインポートして呼び出す
        from apps import views
        # リクエストオブジェクトの作成
        request = RequestFactory()
        # ビュー関数を呼び出す
        response = views.comment_list(request)
        # 呼び出した結果の確認
        self.assertEqual(response.status_code, 200)
```

先ほどの例と比較すると、URL にアクセスしてテストを行うのではなく、リクエストオブジェクトを作成してビュー関数を直接呼ぶことでテストを行います。そのため、よりビュー関数に焦点を当てたテストケースを記述できます。

第**6**章　Djangoアプリケーションの品質を高める
単体テストと運用時の監視

6.4

単体テストを効率化するライブラリ

Djangoの単体テストの標準モジュールを使用してテストケースが記述できるようになりました。しかし、アプリケーションの規模が大きく複雑度が高くなると、さまざまな問題が発生します。ここからは、Djangoで合わせて使用すると便利なライブラリを紹介します。

pytest——高機能な単体テストフレームワーク

pytestは単体テストフレームワークです。次のような特徴があります。

- テストランナーとしてデバッグ出力が豊富
- 失敗したテストケースのみ実施可能
- 単体テストに必要なデータをfixtureとしてコードで定義可能
- 複数パラメータでのテストが可能（pytest.mark.parametrize）
- 外部プラグインが豊富（pytest-quickcheckなど）

ここではDjangoのdjango.test.TestCaseを継承したクラスで記述されたテストコードをpytestで実行します。Djangoでpytestを使用するために、pytestと合わせてpytest-djangoを使用します。pytest-djangoは、pytestでDjangoの単体テストを実行するために必要なライブラリです。pytest-djangoには、DBを再利用するオプションやdjango.test.Clientのfixtureなど、pytestでテストケースを記述するためのユーティリティが含まれています。

インストール

次のようにインストールします。

```
$ pip install pytest pytest-django
```

使用例

実際に使用した例は以下のとおりです。先ほど作成したサンプルアプリケーションの単体テストを実行しています。`--ds` オプションにより、Django の設定ファイルを指定しています。

```
$ pytest apps/ --ds=sample.settings
（略）
collected 1 items

apps/tests/test_views.py .
[100%]
```

unittest.mock──外部システム通信や複雑な処理をモック化

外部システム連携をするライブラリを使用する場合、または、複雑な処理のあるモジュールの場合、いったん無視したいこともあるでしょう。既存の関数やメソッドの処理をテスト用に差し替えることをモック化といいます。Pythonのモック化ライブラリとして`unittest.mock`が使用できます。

インストール

インストールは不要です。Python 3 の標準モジュールに含まれています。

使用例

まずはモック化の対象となるコードを確認します。先ほどのサンプルアプリケーション内の処理では`mail.send_mail`でメールを送信しています。サンプルアプリケーションではメール送信のバックエンドに`django.core.mail.backends.console.EmailBackend`を指定しているため、メールはコンソールに出力されるため問題はありません。しかしここでは説明上、単体テスト内ではメール送信処理を動かしたくないものとします。

`apps/views.py`
```python
def add_comment(request):
    （略）
    # スレッドのコメント数制限に達した場合、管理者に通知メールを送信する
    if Comment.objects.filter(thread=thread).count()== thread.max_comments:
        mail.send_mail(
            subject="コメント通知メール",
            message=f"{thread.name}のコメント数が上限に達しました",
```

```
            from_email="admin@localhost",
            recipient_list=["admin@localhost"],
            fail_silently=False)
```

そこで**unittest.mock**を使用した例は以下のとおりです。**django.core.mail.send_mail**関数を**unittest.mock.patch**でモック化しています。

```
sample/apps/tests/test_views.py
class TestListComments(TestCase):
    def test_mock(self):
        import pytz
        from datetime import datetime
        from apps.models import Thread, Comment
        from unittest import mock
        thread = Thread.objects.create(
            name="test_name",
            max_comments=1,
            publishing_time=datetime(
                2020, 8, 1,
                tzinfo=pytz.timezone("UTC")))

        # モックの適用
        with mock.patch("django.core.mail.send_mail") as m:
            response = self.client.post(
                "/comments/add",
                {"thread_id": thread.id,
                 "content": "content"})
            # モック化された関数が呼ばれている
            self.assertEqual(m.called, True)

        self.assertEqual(response.status_code, 200)
```

モックオブジェクト内では呼び出し時の引数、呼び出しの回数を保持し、呼び出し結果を設定できます。ほかにもアサーションや仕様追加などさまざまな機能があります[注2]。モックが適切に呼び出され、本来テストしたい箇所が意図した挙動になっているかを確認するとよいでしょう。

注意点として、モックは単体テスト記述に便利ですが、乱用するとモック化されたコードばかりを単体テストの対象としてしまい、品質向上につながらない場合があります。モックが増えてきた場合は、設計を見直すとよいでしょう。

注2　https://docs.python.org/ja/3/library/unittest.mock.html

freezegun──単体テスト実行時の時刻を簡単に指定

モデルでは時刻を扱うことも多いでしょう。しかし、Pythonの`datetime`モジュールはC拡張のため直接モック化ができません。`freezegun`を使用すると任意の箇所で時刻を設定できます。

インストール

インストール方法は以下のとおりです。

```
$ pip install freezegun
```

使用例

実際に使用した例は以下のとおりです。単体テスト実行時の時刻を`freeze_time`デコレータ内引数で指定し、コメント一覧取得APIで参照している`publishing_time`の時刻以前にしています。

apps/tests/test_views.py
```python
class TestListComments(TestCase):
    # freeze_timeをデコレータで適用
    @freeze_time("2020-07-01 10:00:00")
    def test_freeze_time(self):
        import json
        import pytz
        from datetime import datetime
        from apps.models import Thread, Comment
        thread = Thread.objects.create(
            name="test_name",
            max_comments=3,
            publishing_time=datetime(
                2020, 8, 1,
                tzinfo=pytz.timezone("UTC")))
        Comment.objects.create(thread=thread,
                               content="content")

        response = self.client.get("/comments/")

        self.assertEqual(response.status_code, 200)
        content = json.loads(response.content)
        self.assertEqual(len(content["threads"]), 0)
```

デコレータだけではなく、コンテキストマネージャでも指定できます。

```
# コンテキストマネージャでの指定
with freeze_time("2020-07-01 10:00:00"):
    response = self.client.get("/comments/")
```

factory-boy——モデルのデータ作成を効率化

factory-boyは、モデルのデータ作成を効率化するライブラリです。テストコードのモデルデータ作成の記述が肥大化する問題に対して、最低限の記述に抑えるために有効です。

Djangoアプリケーションでは、RDBに永続化データを保存するときにDjangoのモデルを使用します。Django標準ではfixtureをサポートしており、JSONやXMLで定義した静的なファイルを単体テスト実行時に読み込めます[注3]。しかし、静的なデータでは以下のような問題があります。

- モデルの修正に合わせて静的なJSON/XMLファイルを変更する必要があり、メンテナンスコストが高くなる
- テストケースごとに読み込むので、単体テストの実行速度が下がることがある
- 静的なJSON/XMLファイルでの定義では冗長な記述になり、単体テストに必要となる最低限のデータが作成できない

そのため、動的にデータを作成するほうが保守が楽になり、結果として品質を高めることができます。

factory-boyを使用せずに動的にモデルデータを作成した場合、以下のようなコードになります。

```
sample/apps/tests/test_views.py
class TestListComments(TestCase):
    def test_django_create(self):
        import json
        import pytz
        from datetime import datetime
        from apps.models import Thread, Comment

        # Threadの作成
        thread = Thread.objects.create(
            name="test_name",
            max_comments=3,
```

注3　https://docs.djangoproject.com/en/4.2/howto/initial-data/

```
        publishing_time=datetime(
            2020, 8, 1,
            tzinfo=pytz.timezone("UTC")))
    # Commentの作成
    Comment.objects.create(thread=thread,
                            content="content")

    response = self.client.get("/comments/")

    self.assertEqual(response.status_code, 200)
    content = json.loads(response.content)
    # Threadが1件存在すること
    self.assertEqual(len(content["threads"]), 1)
```

　これでも現状は問題はありませんが、モデルやテストケースを増やすと
テストコードが冗長になってしまいます。モデルを作成するショートカッ
ト関数を作成しても解決できますが、factory-boyのような専用のライブ
ラリを使用することをお勧めします。理由は以下の利点があるためです。

- データ作成クラスを宣言的に記述でき、インタフェースを統一できる
- 連番データが作成できる
- リレーションをまたがったモデルを簡単に作成できる
- テストデータをランダム化できる

インストール

　インストール方法は以下のとおりです。

```
$ pip install factory-boy
```

使用例

　まずは下準備として、factories.pyに以下のように定義します。モデル
に対して標準となるデータを記述します。

sample/apps/tests/factories.py
```
import factory
import factory.fuzzy
from datetime import datetime
from pytz import timezone
from apps.models import StatusChoices

# Threadモデル作成用のクラスを記述
```

```
class ThreadFactory(factory.django.DjangoModelFactory):
    # 固定値でデフォルト値を設定
    name = "thread_example"
    # 連番でデフォルト値を設定
    max_comments = factory.Sequence(lambda n: n+1)
    # 指定日～現在日のランダム値でデフォルト値を設定
    publishing_time = factory.fuzzy.FuzzyDateTime(
        datetime(2020, 8, 10, tzinfo=timezone("UTC")))
    # Threadモデルを設定
    class Meta:
        model = "apps.Thread"

class CommentFactory(factory.django.DjangoModelFactory):
    # 外部キー Threadを作成する設定
    thread = factory.SubFactory(ThreadFactory)
    content = "comment_example"
    class Meta:
        model = "apps.Comment"
```

　実際の適用例は以下のとおりです。Comment を1件登録したときに、JSON
レスポンスの threads キーの値が1件であることを確認しています。テスト
ケース内では件数のみの確認なので、Thread.name や Comment.content など
の属性はテストケースの記述がなくなり、簡潔になりました。

```
sample/apps/tests/test_views.py
class TestListComments(TestCase):
    def test_factory(self):
        import json
        from apps.tests.factories import CommentFactory
        # あらかじめ共通となるデフォルト値が
        # 設定されているため、CommentFactory() を
        # 呼び出すだけで必要なデータが作成できる
        comment = CommentFactory()

        response = self.client.get("/comments/")

        self.assertEqual(response.status_code, 200)
        content = json.loads(response.content)
        # Threadが1件存在すること
        self.assertEqual(len(content["threads"]), 1)
```

運用に役立つロギングと監視　6.5

6.5

運用に役立つロギングと監視

　ここまで紹介した単体テストによりバグを減らせますが、実際にアプリケーションを本番運用すると、当初想定していなかった不具合が発生することがあります。たとえばユーザーの想定しない操作やアプリケーションの外部要因に起因する事象です。開発者は問題解決のためデバッグを試みますが、そのときに情報が不足していると解決までに時間がかかり、システムの価値が低減してしまいます。そのため、問題発生時の情報を残す必要があります。また、それらの結果の監視設定も大事です。

Python標準のロギングモジュールを活用

　Python標準のロギングモジュールとして`logging`があります。単に標準出力に書き出す場合と比較して、以下の利点があります。

- ログレベルを適切に設定することで、必要な情報のみ抽出できる
- ロガーを適切に設定することで、モジュールによって条件を変えられる
- 日時やモジュール名など、フォーマットを共通化できる

　エラー設計やロギングについては第4章「structlogで効率的に構造化ログを出力」で解説をしているので、そちらを参照してください。

Sentryで監視をより効果的に

　ロギング設定を追加することで、トラブルシューティング時に必要な情報を残すことができるようになります。しかし、ログはアプリケーションサーバ内などに存在するため、開発者が情報を取りに行かなければエラー内容を見つけることができません。必要な情報はアプリケーション側から送られてくれば開発者の労力を減らせます。そこで、Djangoに標準で付属しているメール通知を使用することを検討します。

123

第6章 Djangoアプリケーションの品質を高める
単体テストと運用時の監視

Django標準のエラー通知での問題

DjangoでHTTPステータスコード500台のエラーが起こった場合、デフォルトではメール通知がサポートされています。メールの通知先は`settings.ADMINS`に設定したメールアドレス、メールを通知をする設定は`settings.LOGGING`内、メールの通知条件はデバッグ設定がオフにおいて有効になります。メール通知設定は簡易的で、プラットフォームに依存しない汎用的な設定です。しかし、メール通知は以下の欠点があります。

1つ目は、数が多いと埋もれるということです。エラーは多数連続して起こることも多く、その場合メールでの通知が急増してしまいます。多すぎるエラーは無視されてしまい、大切なエラーを見逃す可能性が上がります。

2つ目は、環境情報が見づらいということです。スタックトレースがそのまま送られてくるため、情報がまとまっておらず、デバッグに時間がかかってしまいます。

逆に言うと、以下のような情報が集約されているとうれしいですね。

● エラーの種類
● 環境情報(ブラウザ、時刻)
● スタックトレース(変数)

これを行うのが通知専用のトラッキングサービスです。

Sentryで集約して解決

トラッキングサービスとしてお勧めするのがSentry[注4]です。アプリケーションで発生した例外をサービスに送信し、集約した結果が閲覧できます。Sentryを使えば、ロギング結果を集約し、Slackなどに通知できます。ほかにも、Python以外の言語にも対応、柔軟な通知設定、複数人での問題管理が可能といった利点があります。無料プランでは送信イベント数に制限がありますが、試しに導入してみるとよいでしょう。具体的な導入方法については公式サイト[注5]を参照してください。

※

注4 https://sentry.io
注5 https://docs.sentry.io/platforms/python/guides/django/

本章では、Django で作成したアプリケーションに、単体テストと監視を導入する流れを説明しました。これらの工夫を取り入れて Web アプリケーションの品質を高めましょう。

第 **7** 章

DjangoでAPI開発
初めてのDjango REST framework

近年のWeb開発では、フロントエンドにReact[注1]やVue.js[注2]などのシングルページアプリケーション（SPA）開発が可能なJavaScriptライブラリや、これらをベースにしたNext.js[注3]やNuxt.js[注4]などのフレームワークが使われる傾向があります。このような、いわゆる「モダンフロントエンド」と呼ばれるアーキテクチャを採用する場合、サーバサイドはJSONを返すAPIやGraphQLなどでAPIのみを提供します。本章ではJSONを返すAPIに絞って説明します。私たちビープラウドでは主にPython製のWebフレームワークであるDjangoを使用していますが、JSONをやりとりするAPIの開発にはDjangoの機能が十分ではないところがあります。そこで便利なのが「Django REST framework」（以下、DRF）です。

DRFにはAPI開発のニーズに応える便利な機能がそろっていますが、機能が豊富なため何から覚えればよいかわかりにくいかもしれません。そこで本章ではDjangoは知っているがDRFは初めてという人向けに、最初に押さえておくとよいDRFの機能について紹介します。Django自体が初めてという場合は、先にDjangoの公式チュートリアル[注5]などを一読するとよいです。

なお、本章では、Pythonのバージョンは3.12、OSはmacOSを使用していますが、サンプルコードはWindowsでも動作します[注6]。Windowsの場合は仮想環境のコマンドなどを適宜読み替えてください。

7.1

Django REST framework（DRF）とは

DRFはDjangoでのAPI開発を支援してくれるDjangoの拡張パッケージです。Djangoにもともと備わっているO/Rマッパなどの機能をそのまま利用

注1　https://ja.react.dev/
注2　https://ja.vuejs.org/
注3　https://nextjs.org/
注4　https://nuxt.com/
注5　https://docs.djangoproject.com/ja/4.2/intro/
注6　ソースコードは本書サポートサイトからダウンロードできます。
　　　https://gihyo.jp/book/2024/978-4-297-14401-2/support

第**7**章　**DjangoでAPI開発**
初めてのDjango REST framework

できるため、Djangoに慣れている人がAPI開発する場合の選択肢としては
第1候補と言えます。どのようなAPI開発にも有効ですが、名前に「REST」
とあるように、特にREST API[注7]を効率的に開発できます。詳しくは後述し
ますが、たとえば**表7-1-1**のような典型的なREST APIの場合、DRFでは
ほとんどコードを書かずにこれらのAPIを実装できます。

表7-1-1　　**冷蔵庫内の食品（food）に対するREST API**

HTTPメソッド	URI	操作
GET	/foods/	一覧取得
POST	/foods/	登録
GET	/foods/{id}/	取得
PUT	/foods/{id}/	更新
PATCH	/foods/{id}/	一部更新
DELETE	/foods/{id}/	削除

DjangoとDRFの違い

　では、DjangoとDRFはどこが同じでどこが異なるのか、それぞれの主な
コンポーネントと役割は**表7-1-2**のとおりです。

表7-1-2　　**DjangoとDRFの違い**

Django	DRF	役割
フォーム	シリアライザ	入力データのバリデーション／変換
テンプレート		出力データの構築
ビュー	APIビュー	リクエストを受け取りレスポンスを返す
モデル		DBアクセス

　この表からわかるように「モデル」は共通です。DRFでは「ビュー」の代わ
りに「APIビュー」、「フォーム」や「テンプレート」の代わりに「シリアライザ」
を使うと考えればよいです。DRFの主な機能はこの「APIビュー」と「シリア
ライザ」なので、この2つについてサンプルコードを通して説明していきま
す。

注7　本書ではREST API自体の説明は割愛します。AWS（https://aws.amazon.com/jp/what-is/
restful-api/）やMicrosoft（https://learn.microsoft.com/ja-jp/azure/architecture/best-
practices/api-design）などのドキュメントに詳しく説明されています。

DRFのインストール方法

　ここでは、任意のディレクトリ内に venv という名前で仮想環境を作成して、DRFをインストールします。以降はこの仮想環境下で作業していきます。

```
$ python3 -m venv venv
$ . venv/bin/activate
(venv) $
```

　先の説明のとおり、DRFはDjangoの拡張パッケージなので、Djangoとともにインストールします。執筆時の最新バージョンはDjango==4.2.11、djangorestframework==3.15.1です。

```
(venv) $ pip install django djangorestframework
```

7.2

サンプルアプリケーションの準備

　本章では、fridgelogという冷蔵庫内の食品を管理する簡単なアプリケーションのAPIを作成したいと思います。まずは以下のようにDjangoプロジェクトおよびDjangoアプリケーションを作成します。

```
(venv) $ django-admin startproject fridgelog
(venv) $ cd fridgelog
(venv) $ python manage.py startapp foods
```

　このあとの作業のために、foodsアプリケーション内にserializers.pyというファイルを追加しておきます。ここまでの作業で、fridgelogのDjangoプロジェクトは以下のようなファイル構成になります。

```
fridgelog
├─ foods
│   ├─ __init__.py
│   ├─ admin.py
│   ├─ apps.py
│   ├─ migrations
│   ├─ models.py
│   ├─ serializers.py
│   ├─ tests.py
```

```
│       └─ views.py
├─ manage.py
└─ fridgelog
    ├─ __init__.py
    ├─ asgi.py
    ├─ settings.py
    ├─ urls.py
    └─ wsgi.py
```

DRFの準備

次に DRF を使う準備をします。DRF を使うには settings.py の INSTALLED_APPS に "rest_framework" を追加する必要があります。作成した foods アプリケーションとともに INSTALLED_APPS に追加します。

```
fridgelog/fridgelog/settings.py
INSTALLED_APPS = [
    (略)
    "rest_framework",
    "foods.apps.FoodsConfig",
]
```

ここでは言語を日本語とし、タイムゾーンを日本にしておきます。ほかの設定はそのままです。

```
fridgelog/fridgelog/settings.py
LANGUAGE_CODE = "ja"
TIME_ZONE = "Asia/Tokyo"
```

DBの準備

今回のアプリケーションでは、冷蔵庫内の食品を表す以下のようなモデルを作成します。

```
fridgelog/foods/models.py
from django.db import models

FOOD_CATEGORIES = [
    (1, "飲み物"),
    (2, "食べ物"),
]

class Food(models.Model):
    name = models.CharField(max_length=15)
```

```python
    owner_name = models.CharField(
        max_length=20, blank=True
    )
    owner_slack = models.CharField(
        max_length=20, blank=True
    )
    category = models.SmallIntegerField(
        choices=FOOD_CATEGORIES
    )
    expiration_date = models.DateField()

    def __str__(self):
        owner = self.owner_name or self.owner_slack
        return f"{self.name}({owner})"
```

そしてマイグレーションを行い、DBにテーブルを作成したら準備完了です。

```
(venv) $ python manage.py makemigrations
(venv) $ python manage.py migrate
```

7.3

シリアライザ

それではシリアライザから解説します。DRFのシリアライザはDjangoの
フォームによく似ており、大きく2つ役割があります。

- データのバリデーションを行い、適切なデータ型に変換する（デシリアライ
  ズ）
- DjangoのモデルインスタンスなどをJSONに変換しやすいデータ型へ変換
  する（シリアライズ）

シリアライザの作成方法

シリアライザは主に以下のどちらかのクラスを継承して作成します。

- Serializer（基本のシリアライザ）
- ModelSerializer（モデルベースのシリアライザ）

シリアライザは`serializers.py`に記述し、表7-1-1のようなFoodモデルに対するAPIのシリアライザは以下のようになります。モデルに紐付くシリアライザの場合、`ModelSerializer`クラスを使うと効率的です。

```
fridgelog/foods/serializers.py
from rest_framework import serializers
from foods.models import Food

class FoodSerializer(serializers.ModelSerializer):
    class Meta:
        model = Food
        fields = "__all__"
```

`ModelSerializer`クラスを継承した場合、`Meta`クラスの`model`に対象のモデルクラスを設定します。そして、APIでやりとりするJSON項目（シリアライザフィールド）を`fields`に指定します。モデルクラス中のすべてのフィールドを指定する場合は上記のように`"__all__"`と書き、必要なフィールドのみを指定する場合は、`["id", "name", ...]`のようにリストで指定します。Django shellを使うと、以下のようにシリアライザフィールドがモデル定義から自動生成されていることを確認できます（以降は>>>で始まる場合はDjango shellとします）。

```
(venv) $ python manage.py shell
>>> from foods.serializers import FoodSerializer
>>> FoodSerializer()
FoodSerializer():
    id = IntegerField(label='ID', read_only=True)
    name = CharField(max_length=15)
    owner_name = CharField(allow_blank=True, max_length=20, required=False)
    owner_slack = CharField(allow_blank=True, max_length=20, required=False)
    category = ChoiceField(choices=[(1, '飲み物'), (2, '食べ物')])
    expiration_date = DateField()
```

モデルに紐付かないシリアライザの場合は`Serializer`クラスを継承し、必要なシリアライザフィールドを自分で定義します。シリアライザフィールドはオプション（`required`など）を指定することで、後述するバリデーションなどの挙動を制御できます。シリアライザフィールドの詳細は、公式ドキュメント[注8]を参照してください。

注8　https://www.django-rest-framework.org/api-guide/fields/

デシリアライズ

次にデシリアライズについて説明します。デシリアライズを行うには、まずシリアライザの**data**引数に対象のデータを設定してシリアライザのインスタンスを作成します。実際にはシリアライザはAPIビュー内で使われますが、説明のためにここではDjango shellで動作確認を行います。Django shellでリクエストデータを想定した**data**を作成して、シリアライザのインスタンスを作成してみましょう。

```
>>> from foods.serializers import FoodSerializer
>>> data = {
...     "name": "炭酸水",
...     "owner_name": "佐藤治夫",
...     "category": 1,
...     "expiration_date": "2050-12-31",
... }
>>> serializer = FoodSerializer(data=data)
```

そして、シリアライザの**is_valid()**メソッドを呼び出すことで、入力データのバリデーションを行います。

```
>>> serializer.is_valid()
True
```

データに問題がなければ**is_valid()**メソッドは**True**を返し、バリデーション済みのデータを**validated_data**で取得できます。

```
>>> serializer.validated_data
{'name': '炭酸水', 'owner_name': '佐藤治夫', 'category': 1, 'expiration_date': datetime.date(2050, 12, 31)}
```

validated_dataは、指定したシリアライザフィールドの種類によって変換（デシリアライズ）されたデータ型となっています。この例では**expiration_date**が**datetime.date**型に変換されていますね。

なおバリデーションに失敗した場合、**is_valid()**メソッドは**False**を返します。エラー情報は**errors**で取得でき、どの項目でどのようなエラーになったかがわかります。

```
>>> data = {
...     "owner_name": "佐藤治夫",
...     "category": 1,
...     "expiration_date": "2050-12-31",
```

```
... }
>>> serializer = FoodSerializer(data=data)
>>> serializer.is_valid()
False
>>> serializer.errors
{'name': [ErrorDetail(string='この項目は必須です。', code='required')]}
```

バリデーションの詳細

　上記のように、デシリアライズの結果は入力データのバリデーション済みデータです。そこでバリデーションについてさらに詳しく説明します。バリデーションはいくつかのステップで実行されますが、まずは次の3つを知っておくとよいです。

❶シリアライザフィールドごとのバリデーション
❷フィールドレベルのカスタムバリデーション
❸オブジェクトレベルのカスタムバリデーション

これらは上記の順番で実行されます。

シリアライザフィールドごとのバリデーション

　シリアライザに定義したフィールドごとに行われるバリデーションです。バリデーションにはすべてのシリアライザフィールドに共通するものと、特定のシリアライザフィールド固有のものがあります。たとえば必須チェック（required）は、すべてのシリアライザフィールドに共通するバリデーションです。ちなみにrequiredを指定しなかった場合、デフォルトはrequired=True（必須）となります。固有のバリデーションの例は、FoodSerializerで使用しているCharFieldの最大長チェックです。

```
>>> data = {
...     "name": "シェフのきまぐれサラダ～そよ風を添えて～",
...     "category": 1,
...     "expiration_date": "2050-12-31",
... }
>>> serializer = FoodSerializer(data=data)
>>> serializer.is_valid()
False
>>> serializer.errors
```

```
{'name': [ErrorDetail(string='この項目が15文字より長くならないようにしてください
。', code='max_length')]}
```

フィールドレベルのカスタムバリデーション

　各シリアライザフィールドには、一般的によく使われるバリデーション
が用意されていますが、それでは要件を満たせないこともあります。その
場合、シリアライザ内の特定のフィールドにカスタムバリデーションを設
定できます。フィールドレベルのカスタムバリデーションを設定するには、
シリアライザに validate_<フィールド名> という名前のメソッドを追加し
ます。たとえば、FoodSerializer に expiration_date が過去日でないこと
のチェックを追加するには以下のようにします。

```
fridgelog/foods/serializers.py
from django.utils import timezone
（略）
class FoodSerializer(serializers.ModelSerializer):
    （略）
    def validate_expiration_date(self, value):
        # 消費期限が過去日の場合はエラー
        if value < timezone.now().date():
            raise serializers.ValidationError(
                "消費期限切れです"
            )
        return value
```

　value 引数はバリデーション対象のフィールドのデータです。チェックに
問題がなければバリデーション済みのデータを返却し、チェックエラーとなっ
た場合は serializers.ValidationError 例外を送出する必要があります。

```
>>> data = {
...     "name": "チーズケーキ",
...     "category": 2,
...     "expiration_date": "2019-12-31",
... }
>>> serializer = FoodSerializer(data=data)
>>> serializer.is_valid()
False
>>> serializer.errors
{'expiration_date': [ErrorDetail(string='消費期限切れです', code='invalid')]}
```

第7章 DjangoでAPI開発
初めてのDjango REST framework

オブジェクトレベルのカスタムバリデーション

要件によっては複数の項目を参照しなければならないチェックもあります。その場合、シリアライザにオブジェクトレベルでのカスタムバリデーションを設定できます。オブジェクトレベルのカスタムバリデーションを設定するには、シリアライザに**validate()**メソッドを追加します。たとえば、**FoodSerializer**で**owner_name**か**owner_slack**のどちらかが設定されているかをチェックするには、以下のようにします。

```
fridgelog/ foods/ serializers.py
class FoodSerializer(serializers.Serializer):
    (略)
    def validate(self, data):
        # 連絡用に名前かSlack名を書くこと
        if not (
            data.get("owner_name")
            or data.get("owner_slack")
        ):
            raise serializers.ValidationError(
                "owner_nameかowner_slackを設定してください"
            )
        return data
```

data引数は各フィールドの値が格納された辞書データです。チェックに問題がなければバリデーション済みのデータを返却し、チェックエラーとなった場合は**serializers.ValidationError**例外を送出する必要があります。

```
>>> data = {
...     "name": "チーズケーキ",
...     "category": 2,
...     "expiration_date": "2050-12-31",
... }
>>> serializer = FoodSerializer(data=data)
>>> serializer.is_valid()
False
>>> serializer.errors
{'non_field_errors': [ErrorDetail(string='owner_nameかowner_slackを設定して下さい
', code='invalid')]}
```

バリデーション済みデータのDBへの登録／更新

バリデーションがOKであれば、それをそのままDBに保存するというケースもよくあると思います。シリアライザに**create()**、**update()**というメ

ソッドを作成すると、シリアライザを使ってDBの登録／更新を行うことができます。ModelSerializerを継承している場合は、これらのメソッドは自動生成されます。シリアライザを使って実際にデータの登録／更新を行うには、is_valid()メソッドを実行したあとにsave()メソッドを呼び出します。

まずは登録するケースを見てみましょう。登録対象のデータを、これまでどおりdata引数に渡します。

```
>>> data = {
...     "name": "炭酸水",
...     "owner_name": "佐藤治夫",
...     "category": 1,
...     "expiration_date": "2050-12-31",
... }
>>> serializer = FoodSerializer(data=data)
>>> serializer.is_valid()
True
>>> food = serializer.save()
>>> food
<Food: 炭酸水(佐藤治夫)>
```

この場合、save()メソッドの内部ではシリアライザのcreate()メソッドが呼ばれてDBにデータが登録されます。

次に、更新するケースも見てみましょう。更新時はシリアライザのinstance引数に更新対象となる既存のFoodモデルのインスタンスも渡します。なお、instance引数はシリアライザの第1引数なので、引数名は省略できます。またpartial=Trueも合わせて指定することで、必須項目を省いてもバリデーションエラーにならず、更新したい項目だけをdata引数に渡すことができます。

```
>>> serializer = FoodSerializer(food, data={"owner_name": "鈴木たかのり"},
partial=True)
>>> serializer.is_valid()
True
>>> serializer.save()
<Food: 炭酸水(鈴木たかのり)>
```

この場合、save()メソッドの内部ではシリアライザのupdate()メソッドが呼ばれて既存のデータが更新されます。

Serializerクラスを継承した場合など、create()、update()メソッドを

自分で作成する方法については、公式ドキュメント[注9]を参照してください。

シリアライズ

　続いてシリアライズです。DRFのシリアライザにおけるシリアライズは、モデルインスタンスなどの複雑なオブジェクトを、JSONに変換しやすいPythonのオブジェクトに変換する処理です。シリアライザの instance 引数（第1引数）にシリアライズしたいオブジェクトを渡し、data 属性にアクセスすれば変換済みのデータを取得できます。先ほど作成した Food モデルのインスタンスをシリアライズしてみましょう。

```
>>> serializer = FoodSerializer(food)
>>> serializer.data
{'id': 1, 'name': '炭酸水', 'owner_name': '鈴木たかのり', 'owner_slack': '',
'category': 1, 'expiration_date': '2050-12-31'}
```

　モデルインスタンスがJSONに変換しやすいPythonデータに変換されました。

　このとき、ModelSerializer クラスを継承して自動生成されたシリアライザフィールドが、要件に合わない場合もあります。その場合は、シリアライザフィールドを追加したり上書きしたりできます。以下の例では category_name というフィールドを追加し、シリアライズ時のみカテゴリ名が追加されるようにしています。

```
fridgelog/foods/serializers.py
class FoodSerializer(serializers.ModelSerializer):
    category_name = serializers.CharField(
        source="get_category_display", read_only=True
    )
    （略）
```

```
>>> serializer = FoodSerializer(food)
>>> serializer.data
{'id': 1, 'category_name': '飲み物', 'name': '炭酸水', 'owner_name': '鈴木たかの
り', 'owner_slack': '', 'category': 1, 'expiration_date': '2050-12-31'}
```

　なおシリアライザの instance 引数にはモデルインスタンス以外に、辞書データも指定できます。さらにシリアライザに many=True を指定すること

注9　https://www.django-rest-framework.org/api-guide/serializers/#saving-instances

でリストデータも扱うことができ、以下のようにDjangoのクエリセットを
直接指定できます。

```
>>> from foods.models import Food
>>> foods = Food.objects.all()
>>> serializer = FoodSerializer(foods, many=True)
>>> serializer.data
[{'id': 1, 'category_name': '飲み物', 'name': '炭酸水', 'owner_name': '鈴木たかの
り', 'owner_slack': '', 'category': 1, 'expiration_date': '2050-12-31'}]
```

　もしシリアライザを使わなかった場合、これらの変換処理を自分で実装
することになるので、シリアライザの存在はDRFを利用する大きなメリッ
トです。

7.4

APIビュー

　APIビューはDjangoのビューと同様にリクエストを受け取りレスポンス
を返します。APIビューはDjangoのViewクラスを継承しており、基本的な
使い方はDjangoのビューと同じです。しかしDRFのAPIビューは認証／認
可／スロットリングのチェックや例外ハンドラなど、いくつかの処理が前
後に追加されています。またリクエスト／レスポンスのオブジェクトも
DjangoのHttpRequest/HttpResponseではなく、DRFのRequest/Responseで
す。

　APIビューは大きく以下の3種類があります。順番に解説していきます。

- シンプルなAPIビュー
- ジェネリックAPIビュー
- ビューセット

第**7**章　**DjangoでAPI開発**
初めてのDjango REST framework

シンプルなAPIビュー

　シンプルなAPIビューの作成は、Djangoのビュー関数を@api_viewデコ
レータでラップする方法と、APIViewクラスを継承する方法があります。こ
こではAPIViewクラスを継承する方法を紹介します。

　APIViewクラスを継承したAPIビューの場合、クラス内にHTTPメソッド
に対応するget()やpost()などのメソッドを作成します。Foodモデルに対
する一覧取得APIと登録APIのビューは以下のようになります。

```python
fridgelog/foods/views.py
from rest_framework import status
from rest_framework.response import Response
from rest_framework.views import APIView
from foods.models import Food
from foods.serializers import FoodSerializer

class FoodList(APIView):
    def get(self, request):
        foods = Food.objects.all()
        serializer = FoodSerializer(foods, many=True)
        return Response(serializer.data)

    def post(self, request):
        serializer = FoodSerializer(
            data=request.data
        )
        serializer.is_valid(raise_exception=True)
        serializer.save()
        return Response(
            serializer.data,
            status=status.HTTP_201_CREATED,
        )
```

　DRFのAPIビューに渡されるDRFのRequestオブジェクトでPOSTデー
タを取得するには、request.dataでアクセスします。そして、レスポンス
にはDRFのRequestオブジェクトを返却します。なおシリアライザでバリ
デーションを行う際、is_valid(raise_exception=True)とすると、エラー
時にserializers.ValidationError例外が送出されます。エラー時はDRF
の例外ハンドラがこの例外を処理して、適切なレスポンス(この場合は400
エラー)が返却されます。

　このAPIビューを使うために、以下のようにURLの設定を追加します。

APIビュー **7.4**

```
fridgelog/fridgelog/urls.py
from django.urls import path
from foods import views

urlpatterns = [
    path("foods/", views.FoodList.as_view()),
]
```

　開発サーバを起動して、このAPIを使ってみましょう。また、APIの実行に使用するHTTPクライアントにはcurlを使います。

```
(venv) $ python manage.py runserver
```

　開発サーバを立ち上げているため、もう1つターミナルを起動して仮想環境を有効にします。以下のようにcurlを使ってPOSTリクエストを送ります。Foodが登録されたことを確認できました。

```
(venv) $ curl -i -X POST http://127.0.0.1:8000/foods/ -d 'name=プリン' -d 'owner_
slack=haru' -d 'category=2' -d 'expiration_date=2050-12-31' （実際は1行）
HTTP/1.1 201 Created
（略）
{
    "category": 2,
    "category_name": "食べ物",
    "expiration_date": "2050-12-31",
    "id": 2,
    "name": "プリン",
    "owner_name": "",
    "owner_slack": "haru"
}
```

　次にGETで登録したデータの一覧を確認します。以下のようにGETで同じURLにリクエストします。一覧を取得することができました。

```
(venv) $ curl -i http://127.0.0.1:8000/foods/
HTTP/1.1 200 OK
（略）
[
    {
        "category": 1,
    （略）
    },
    {
        "category": 2,
        "category_name": "食べ物",
        "expiration_date": "2050-12-31",
```

141

```
        "id": 2,
        "name": "プリン",
        "owner_name": "",
        "owner_slack": "haru"
    }
]
```

ジェネリックAPIビュー

続いてジェネリックAPIビューを紹介します。ジェネリックAPIビューは、Djangoのジェネリックビューと同様、API開発の一般的なパターンを抽象化したものです。これを使うことで、典型的な処理を行うAPIであれば、あまりコードを書かずに作成できます。DRFに用意されているジェネリックAPIビューと操作の対応は**表7-4-1**のとおりです。

表7-4-1　ジェネリックAPIビューと操作の対応

クラス名	一覧取得	登録	取得	更新	一部更新	削除
`ListAPIView`	○					
`CreateAPIView`		○				
`RetrieveAPIView`			○			
`UpdateAPIView`				○	○	
`DestroyAPIView`						○
`ListCreateAPIView`	○	○				
`RetrieveUpdateAPIView`			○	○	○	
`RetrieveDestroyAPIView`			○			○
`RetrieveUpdateDestroyAPIView`			○	○	○	○

サンプルとして`ListCreateAPIView`を使い、先ほどの`FoodList`を書きなおしてみます。また、`RetrieveUpdateDestroyAPIView`を使って、単一の`Food`に対して一通りの操作を行うAPIも作成します。

```
fridgelog/foods/views.py
from rest_framework import generics
from foods.models import Food
from foods.serializers import FoodSerializer


class FoodList(generics.ListCreateAPIView):
    queryset = Food.objects.all()
    serializer_class = FoodSerializer
```

APIビュー **7.4**

```python
class FoodDetail(
    generics.RetrieveUpdateDestroyAPIView
):
    queryset = Food.objects.all()
    serializer_class = FoodSerializer
```

`fridgelog/fridgelog/urls.py`
```python
urlpatterns = [
    path("foods/", views.FoodList.as_view()),
    path(
        "foods/<int:pk>/", views.FoodDetail.as_view()
    ),
]
```

　試しに、取得APIを実行してみましょう。**FoodDetail**を作成したことで、取得APIが利用できるようになりました。

```
(venv) $ curl -i http://127.0.0.1:8000/foods/1/
HTTP/1.1 200 OK
 (略)
{
    "category": 1,
    "category_name": "飲み物",
    "expiration_date": "2050-12-31",
    "id": 1,
    "name": "炭酸水",
    "owner_name": "鈴木たかのり",
    "owner_slack": ""
}
```

　このようにジェネリックAPIビューを使えば、いくつかの項目を設定するだけで必要なAPIが用意できてしまいます。デフォルトの挙動が要件に合わない場合は、カスタマイズも可能です。詳しくは公式ドキュメント[注10]を参照してください。

ビューセット

　最後にビューセットを紹介します。ビューセットは関連するビューの機能を1つのクラスにまとめることができる機能です。たとえば、Foodの一覧取得APIと取得APIのビューは同じFoodに関連するAPIですが、URLが

注10　https://www.django-rest-framework.org/api-guide/generic-views/

異なります。そのため APIView クラスを継承したシンプルな API ビューや
ジェネリック API ビューでは、別々のクラスにしてそれぞれ URL の設定を
行わなければなりません。しかしビューセットを使うと、これらの API の
ビューを同じクラスに記述できます。

なお、ビューセットにも 1 つずつメソッドを作成するシンプルなビュー
セット（ViewSet クラスを継承）と、モデルに対する一般的な操作がそろっ
ているビューセット（**表 7-4-2**）があります。

表7-4-2　モデルベースのビューセットと操作の対応

クラス名	一覧取得	登録	取得	更新	一部更新	削除
ModelViewSet	◯	◯	◯	◯	◯	◯
ReadOnlyModelViewSet	◯		◯			

たとえば、ModelViewSet を使って FoodList と FoodDetail を書きなおす
と以下のようになります。

```
fridgelog/foods/views.py
from rest_framework import viewsets
（略）
class FoodViewSet(viewsets.ModelViewSet):
    queryset = Food.objects.all()
    serializer_class = FoodSerializer
```

また、ビューセットの URL 設定にはルータを使います。以下のように
DefaultRouter を使うと、ビューセットから URL を自動生成してくれます。

```
fridgelog/fridgelog/urls.py
from django.urls import path, include
from rest_framework import routers
from foods import views

router = routers.DefaultRouter()
router.register(r"foods", views.FoodViewSet)

urlpatterns = [
    path("", include(router.urls)),
]
```

これだけで、Food モデルに対する表 7-1-1 の API が一通り作成できてしま
いました。

APIビュー　7.4

　このように、モデルに対するAPIのセットをすばやく用意したい場合は、表7-4-2のクラスを継承すると便利です。ビューセット[注11]やルータ[注12]についての詳細は、公式ドキュメントを参照してください。

　DRFのAPIビューの作成方法を一通り解説しました。典型的なREST APIであれば、ジェネリックAPIビューやビューセットを使うと高速に開発できます。しかしSPAのバックエンドなどでAPIを開発するときは、画面側の都合でAPIの仕様が複雑になりREST原則に従わないこともあります。その場合はシンプルなAPIビューを使うとよいです。

※

　本章では、DRFのメイン機能であるシリアライザとAPIビューについて解説しました。シリアライザは、JSONデータのバリデーションやPythonデータとの相互変換を強力にサポートしてくれます。また、APIビューはジェネリックAPIビューやビューセットで開発を効率化してくれます。DjangoでAPI開発を行う際は、ぜひDRFを活用してみてください。

注11　https://www.django-rest-framework.org/api-guide/viewsets/

注12　https://www.django-rest-framework.org/api-guide/routers/

第8章

Django×StrawberryによるGraphQL入門

GraphQLの基礎から
実際のプロダクトへの導入まで

GraphQLはここ数年でかなり一般的な技術になってきており、採用事例も増えています。他方で、「そもそもGraphQLって何？」という方や「どんなものか知ってはいるが、実際のプロダクトに導入するのは不安」という方もいるかと思います。本章ではまずはGraphQLの概要とメリットを紹介します。そのうえでStrawberry[注1]というPython製のGraphQLライブラリとDjangoを題材として、クエリやミューテーションなどの基本操作を説明します。

また、実際のプロダクトでGraphQLを採用する場合には、以下のような一歩進んだトピックも知っておく必要があります。

- エラーレスポンス
- N+1対策
- ユニットテスト

本章の後半ではこれらの話題についても解説します。

8.1

GraphQL
——自由で過不足の少ないAPI

GraphQLのメリット

GraphQLにはREST APIと比べてさまざまなメリットがあります。本項ではGraphQLのメリットとして特によく挙げられる「オーバーフェッチ」と「アンダーフェッチ」の解決について説明します。

オーバーフェッチとは

オーバーフェッチとはクライアントが必要以上のデータをバックエンドから取得してしまう問題です。たとえば以下のようなユーザー情報のレスポンスを返すREST APIがあったとします。

注1　https://strawberry.rocks/

```
{
  "id": 1,
  "username": "taro_yamada",
  "email": "taro.yamada@example.com",
  "lastname": "山田",
  "firstname": "太郎",
}
```

REST APIではレスポンスのフィールドは固定です。したがって、クライアント側ではユーザー名だけが必要な場合でも、上記のデータをすべて取得してしまいます。この程度なら性能問題にはなりませんが、フィールドが大量にある場合や、本章で題材とするアプリケーションにおけるカテゴリや本のようなユーザーに紐付く子ノードのデータも返すAPIの場合は、不要なデータを取得することは性能問題につながります。

ユーザー名だけを返すAPIとユーザー情報を返すAPIを分ければ、オーバーフェッチは解消できます。しかし、内部の処理は同じだがレスポンスのフィールドだけ異なるAPIをユースケースごとに実装する方針は、開発生産性とコードの保守性を低下させるのでお勧めできません。

アンダーフェッチとは

アンダーフェッチとはクライアントが必要なデータを取得するために複数回のリクエストが必要になる問題です。たとえばユーザーが所有する特定のカテゴリの本の一覧を取得したいとします。REST APIでは以下のような方法が必要になります。

❶ユーザーが登録したカテゴリの一覧を取得するAPIを実装する

❷カテゴリIDをパラメータとして受け取って紐付く本の一覧を返すAPIを実装する

クライアント側は❶を実行したあとに❷を実行するというように、2回APIリクエストを行う必要があります。性能の懸念もありますし、処理も複雑になります。❶が紐付く本の一覧まで返すようにすることもできますが、カテゴリのみや特定のカテゴリに紐付く本だけを取得したい場合に、先に説明したオーバーフェッチになってしまいます。

GraphQLによるアンダーフェッチとオーバーフェッチの解決

GraphQLでは取得するフィールドの種類や子ノードを探索する深さをクライアント側で制御できるため、まずはオーバーフェッチを解消できます。加えて、GraphQLはデータをグラフ構造としてとらえるため、ユーザー→カテゴリ→本のような隣接するデータを1回のクエリで取得できます。したがってアンダーフェッチも解消できます。

オーバーフェッチ、アンダーフェッチを解消するとメリットが大きい例

特に以下のようなケースではオーバーフェッチ、アンダーフェッチの問題を解消するメリットが大きいです。

- PC用Webサイトとモバイルアプリを同時に開発する必要があり、共通のAPIを使用したいが、モバイルアプリのほうが必要な情報は少ない
- SPA内で画面によって必要なフィールドが違う（一覧画面と詳細画面など）が、1つのAPIにまとめたい
- APIチームとフロントエンドが別のチームなので、フロントエンドチーム側である程度自由に取得項目を選べるようにしたい

GraphQLのスキーマを知る

GraphQLの全体の見取り図となるのが「スキーマ」です。スキーマは一般的にschema.graphqlというファイル（以下、スキーマファイル）に定義されています。スキーマファイルにはクライアントが利用可能なすべての操作と型が定義されています。このスキーマがあることによって、バックエンドのエンジニアもフロントエンドのエンジニアも認識を合わせて実装を行えます。

スキーマの定義

具体的に本章のサンプルコードのスキーマファイルを見てみます。

```
mysite/schema.graphql
type BookType {
  id: ID!
  name: String!
}
...省略...
```

```
type CategoryType {
  id: ID!
  name: String!
  books: [BookType!]!
}
...省略...
type Query {
  me: UserType
}

type UserType {
  id: ID!
  email: String!
  username: String!
  categories: [CategoryType!]!
}
```

　上のスキーマでは1つのクエリ(me)と3つの型(BookType、CategoryType、UserType)を定義しています。!はnullを許可しないという意味です。

　代表でCategoryType型の詳細を見てみましょう。id、name、booksという属性を定義しています。idの型はID型というGraphQL固有の型、nameの型は文字列となっています。!を付けているため、usernameはnullは含まれず、必ず文字列です。booksは配列を返します。!を付けているため、必ず配列を返し、中身が存在すれば必ずBookTypeとなります。NULL許可・不許可の対応は**表8-1-1**を参照してください。

表8-1-1　　NULL許可・不許可の対応

	null	[]	[null]	[book]
[BookType]	yes	yes	yes	yes
[BookType!]	yes	yes	no	yes
[BookType]!	no	yes	yes	yes
[BookType!]!	no	yes	no	yes

クエリの書き方と実行結果例

　あとで詳しく説明しますが、APIを用意するとクライアント側で以下のようにクエリを実行できます。

```
{me { username } }
```

これを実行すると、以下のような結果が得られます。

```
{ "data": {
    "me": [{ "username": "gihyo" }]
} }
```

スキーマの生成方法

本節の最後にスキーマファイルの生成方法を説明します。前提として
GraphQLのライブラリは以下の2つの思想に大別されます。

- スキーマファースト：スキーマファイルを定義してからそれに合わせて実装
  するのもの
- コードファースト：実装してから成果物としてスキーマファイルを生成する
  もの

Strawberryは後者のコードファーストの思想のライブラリです。したが
って、GraphQLのインタフェース（型やクエリ、ミューテーションなど）を
定義した状態で以下のコマンドを実行すると、スキーマファイルを生成で
きます。

```
$ python3 manage.py export_schema bookshelves.schema:schema > schema.graphql
```

スキーマファイルはGraphQLのインタフェースのコードに変更があるた
びに最新版を出力する必要があるので、CIなどで自動で生成できるように
しておくとよいです。

8.2

Strawberryとは

StrawberryはPython製のGraphQLライブラリです。OSSで開発が進めら
れておりMITライセンスで配布されています。"inspired by dataclasses"や
"Strawberry's friendly API allows to create GraphQL API rather quickly"など
と公式が謳っているように、Pythonのdataclasses風のクラスを定義するこ

とで、生産性が高く実装できるように設計されています。ほかのWebアプリケーションフレームワークとの連携という観点でも、DjangoやFlaskなどをサポートしています。

8.3

Django×Strawberryで GraphQLサーバを立ち上げてみよう

それではさっそくDjango × StrawberryでGraphQLサーバを立ち上げてみましょう。本節ではまずGraphQLの基盤を作り、あとの節で本番向けの実装を追加していきます。

なお、本章ではサンプルコードから説明に必要な部分のみを抜粋して取り上げています。サンプルコード全体は本書サポートサイト[注2]からダウンロードできます。migrationや初期データ投入の説明なども省略しているので、サンプルコードのREADMEを見てください。

本章のサンプルコードの動作を確認した環境は次のとおりです。

- macOS: 14.4.1
- Python: 3.12
- Django: 4.2.11
- strawberry-graphql: 0.227.2
- strawberry-graphql-django: 0.39.2
- uvicorn: 0.29.0

本章では次のようなユースケースの本棚アプリケーションを題材とします。

- **会員登録したユーザー(Userモデル)は、自分が持っている本(Bookモデル)を本棚に登録できる**
- **本はカテゴリ(Categoryモデル)を指定して登録する**

GraphQLではデータをグラフ構造として扱います。データ構造は**図8-3-1**

注2 https://gihyo.jp/book/2024/978-4-297-14401-2/support

のとおりです。

図8-3-1　本棚アプリケーションのグラフデータ構造

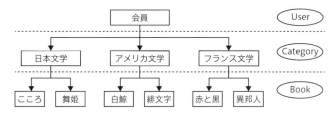

必要なパッケージをインストールしよう

Django、Strawberry、strawberry-graphql-django[注3]、Uvicornをインストールします。後述するデータローダを実装するためにはWSGIサーバではなくASGIサーバでDjangoを実行する必要があります。そのため、Djangoの組込みの開発サーバではなくUvicornを使用します。

```
$ pip3 install Django strawberry-graphql[ASGI] strawberry-graphql-django uvicorn
```

GraphQLサーバを立ち上げよう

それではGraphQLサーバを立ち上げてブラウザ上で実行してみましょう。まずはGraphQLの世界で「meクエリ」と呼ばれる、ログインユーザーの情報を取得するクエリを実装します。なお、本章ではDjangoの基本的なプロジェクトの作り方は省略して、Strawberry特有の実装に絞って説明します。Djangoの基本的なプロジェクトの作り方についてはDjangoの公式チュートリアル[注4]を読んでください。

INSTALLED_APPSへの追加

`settings.py`の`INSTALLED_APPS`に`strawberry_django`を追加します。

注3　https://github.com/strawberry-graphql/strawberry-graphql-django
注4　https://docs.djangoproject.com/ja/4.2/intro/tutorial01/

第**8**章　**Django×StrawberryによるGraphQL入門**
GraphQLの基礎から実際のプロダクトへの導入まで

```
ysite/mysite/settings.py
...省略...
INSTALLED_APPS = [
    ...省略...
    "strawberry_django",  追加
]
...省略...
```

GraphQL用のビューを定義する

　GraphQL用のビューを定義します。strawberry-graphql-djangoで使用可能なDjangoのビューは次の2つです。

- **GraphQLView**
- **AsyncGraphQLView**

　ここではASGIサーバ上で実行するので`AsyncGraphQLView`を使用します。将来的にGraphQLの共通処理部分をカスタマイズしたい場合に対応できるように、直接`AsyncGraphQLView`を使うのではなく、次のように`AsyncGraphQLView`を継承した独自のビュークラスを定義しておくのがよいでしょう。

```
mysite/bookshelves/views.py
from strawberry.django.views import AsyncGraphQLView

class BookshelvesGraphQLView(AsyncGraphQLView):
    pass
```

GraphQLの型を定義する

　`types.py`というファイルを作成してGraphQLの型を定義します。strawberry-graphql-djangoを使うと、Djangoのモデルをベースに少ないコードでGraphQLの型を定義できます。具体的には次の実装をするだけでDjangoのモデル定義からGraphQLの型に自動で変換してくれます。

❶クラスに`@strawberry_django.type(${モデル名})`というデコレータを付ける
❷モデルと同名のフィールドを定義して`strawberry.auto`という型ヒントを付ける

Django×StrawberryでGraphQLサーバを立ち上げてみよう　8.3

```
mysite/bookshelves/types.py
import strawberry
import strawberry_django
from django.contrib.auth.models import User

@strawberry_django.type(User)
class UserType:
    id: strawberry.auto
    email: strawberry.auto
```

GraphQLのスキーマを定義する

schema.py というファイルを作成して GraphQL のスキーマを定義します。strawberry.Schema に渡す Query クラスのメソッド名が、そのまま GraphQL のトップ階層のクエリ名になります。したがって Query クラスに me というメソッドを実装します。info.context が Django の Request オブジェクトを持っているので、通常の Django と同じように user フィールドにアクセスしてログインユーザー情報を取得できます。Cookie を使用しているのであれば通常の Django と同じように認証できます。

```
mysite/bookshelves/schema.py
import strawberry
import strawberry_django
from django.contrib.auth.models import User

from bookshelves.types import UserType

@strawberry.type
class Query:
    @strawberry_django.field
    def me(self, info) -> UserType | None:
        user = info.context.request.user
        if user.is_authenticated:
            return User.objects.get(pk=user.pk)
        else:
            return None

schema = strawberry.Schema(query=Query)
```

GraphQLのエンドポイントを定義する

先ほど定義したビューとスキーマを使って mysite/urls.py に GraphQL の

155

第8章 Django×StrawberryによるGraphQL入門
GraphQLの基礎から実際のプロダクトへの導入まで

エンドポイントを定義します。

```python
mysite/mysite/urls.py
from bookshelves.schema import schema
from bookshelves.views import BookshelvesGraphQLView
...省略...
from django.urls import path

urlpatterns = [
    ...省略...
    path(
        "graphql/",
        BookshelvesGraphQLView.as_view(schema=schema),
    ),
]
```

これでDjangoでStrawberryを使う準備は整いました。次のコマンドを実行してUvicornでDjangoを立ち上げます。

```
(venv) $ uvicorn mysite.asgi:application --host 127.0.0.1 --port 8000
```

Djangoにログインして**図8-3-2**のようにクエリを実行すると、ログインユーザー(=自分)の情報を取得できます。

図8-3-2　**meクエリ**

```
1▾ query MyQuery {          ▾ {
2▾   me {                    ▾   "data": {
3      id                    ▾     "me": {
4      username                      "id": "1",
5      email                         "username": "gihyo",
6    }                               "email": "gihyo@example.com"
7  }                               }
                                  }
                                }
```

GraphQLのリクエストとレスポンスの形式に関して補足します。GraphQLではリクエスト(クエリやミューテーション)には専用のクエリ言語を使用します。レスポンスの形式はJSONです。文字列の表記はキャメルケースが標準です。Strawberryが内部的にスネークケースからキャメルケースに変換してくれるため、Pythonで型の属性をスネークケースで書いてもGraphQLではキャメルケースで参照できます。

156

8.4
ミューテーションの実装 ——カテゴリ登録APIの実装

　GraphQLでもデータの新規作成、更新、削除といった読み込み以外の処理を行うことが可能です。これらを行いたいときにはミューテーション（*Mutation*）という操作を使います。新しいカテゴリを追加するミューテーションを実装してみましょう。

入力型とミューテーションを実装する

　ミューテーションでは新規作成であれば作成するデータの情報を、削除であれば対象のデータのIDなどの入力パラメータを受け取る必要があります。今回の例では、カテゴリ名を受け取ります。直接引数を受け取ることもできますが、以下のようにinput型を定義して、そこに入力パラメータを記述するほうがパラメータの変更に対応しやすいです。

```
mysite/bookshelves/types.py
@strawberry_django.input(Category)
class AddCategoryInput:
    name: strawberry.auto
```

　次にMutationというクラスを定義し、その中にミューテーションの処理を行うメソッドを実装します。引数には先に定義したinput型を渡します。メソッド名をキャメルケースに変換したものが、そのままクライアント側が使用するミューテーション名になります。

```
from bookshelves.types import AddCategoryInput, ...省略... , CategoryType, ...省略...

...省略...
mysite/bookshelves/schema.py
@strawberry.type
class Mutation:
    @strawberry.mutation
    def add_category(self, info, input: AddCategoryInput) -> CategoryType:
        user = info.context.request.user
        return Category.objects.acreate(user=user, name=input.name)
```

157

第8章 Django×StrawberryによるGraphQL入門
GraphQLの基礎から実際のプロダクトへの導入まで

ミューテーションをスキーマに追加する

ミューテーションを実装したら、初回はMutationクラスをスキーマに追加する必要があります。

`mysite/bookshelves/schema.py`
```
schema = strawberry.Schema(query=Query, mutation=Mutation)
```

以降、ミューテーションを追加する場合は、Mutationクラスにメソッドを追加するだけでOKです。スキーマファイルを生成すると、以下の定義が追加されていることを確認できます。

`mysite/schema.graphql`
```
input AddCategoryInput {
  name: String!
}
...省略...
type Mutation {
  addCategory(input: AddCategoryInput!): CategoryType
}
```

ミューテーションを実行する

最後に、実装したミューテーションを使って実際にカテゴリを追加してみましょう。GraphiQLから以下のようなMutationを実行するとカテゴリを登録できます。

```
mutation {
  addCategory(input: {
    name: "イギリス文学"
  }) {
    id
    name
  }
}
```

158

8.5

子ノードと子孫ノードを取得しよう
──リゾルバチェインズ

　次に会員が登録したカテゴリ（子ノード）と本（子孫ノード）を取得できる
ようにしていきましょう。ところで、なぜGraphQLでは取得するフィール
ドの種類やノードの深さをクエリで自由に制御できるのか疑問に思ったこ
とはありませんか。それはGraphQLがリゾルバチェインズ[注5]という設計思
想を採用しているからです。リゾルバチェインズとは何かを説明したうえ
で、具体的な実装例を見ていきたいと思います。

リゾルバ関数

　前提としてGraphQLにはリゾルバ関数と呼ばれるものがあります。これ
はスキーマのフィールドを返す関数です。コードを書くうえでは、用語の
厳密な定義は覚えなくても、子ノードを取得する際には、条件を引数で受
け取って結果を返すリゾルバ関数を実装する必要があるくらいに理解して
おけば十分でしょう。

リゾルバチェインズ

　リゾルバチェインズとは名前のとおり、GraphQLで子ノードや子孫ノー
ドを取得していく際にはリゾルバ関数を連鎖させるという考え方です。子
ノードの取得をリゾルバ関数に任せることで、GraphQLは疎結合で柔軟な
データ取得を実現しています。

リゾルバチェインズによる子ノードと子孫ノードの取得の実装例

　それではリゾルバチェインズの具体的な実装例を見ていきましょう。
`UserType`に`categories`というメソッド（＝リゾルバ関数）を追加します。こ
のメソッドはユーザーIDを参照して、カテゴリを取得します。なお、Django
の`Category`モデルからStrawberryの`CategoryType`クラスへの変換は

注5　https://www.apollographql.com/tutorials/lift-off-part3/05-resolver-chains

Strawberryが自動で行います[注6]。

```
mysite/bookshelves/types.py
...省略...
@strawberry_django.field
async def categories(self) -> list[CategoryType]:
    return [category async for category in self.category_set.all()]
```

さらにカテゴリに紐付く本を取得します。**CategoryType**クラスに同じように**books**メソッドを実装します。

```
mysite/bookshelves/types.py
...省略...
@strawberry_django.type(Category)
class CategoryType:
    ...省略...
    @strawberry_django.field
    async def books(self) -> list[BookType]:
        return [book async for book in self.book_set.all()]
```

これでひとまず**図8-5-1**のように me クエリからたどって、会員が登録したカテゴリと紐付く本を取得できるようになりました。

注6　Django4.1からDjango ORMのインタフェースがasyncに対応しているので、asyncでのデータ取得処理をシンプルなコードで記述できるようになりました。本題からそれるので詳細は公式ドキュメント（https://docs.djangoproject.com/en/4.2/topics/async/#queries-the-orm）を読んでください。

子ノードと子孫ノードを取得しよう──リゾルバチェインズ　8.5

図8-5-1　会員に紐付くカテゴリと本の取得結果

```
 1▼ query MyQuery {
 2▼   me {
 3       id
 4       username
 5▼      categories {
 6         id
 7         name
 8▼        books {
 9           id
10           name
11         }
12       }
13     }
14   }
```

```
▼ {
▼   "data": {
▼     "me": {
        "id": "1",
        "username": "gihyo",
▼       "categories": [
▼         {
            "id": "1",
            "name": "日本文学",
▼           "books": [
▼             {
                "id": "1",
                "name": "こころ"
              }
            ]
          }
        ]
      }
    }
  }
```

リゾルバ関数とビジネスロジックは分けよう

　当初の目的は実現できましたが、先のコードには改善点があります。それはリゾルバ関数内にビジネスロジック（＝この場合は会員のカテゴリを取得する処理）が実装されていることです。次の理由より、リゾルバ関数とビジネスロジックは分離したほうが保守性が高いコードになります。

- **責務がはっきりする**
- **ユニットテストが書きやすくなる（後述）**

　GraphQLの一般的な実装方針としても、リゾルバ関数はできる限り短くすることが推奨されています[注7]。リゾルバ関数の責務はビジネスロジックの呼び出しとビジネスロジックから返されたデータのGraphQL型への変換だけにしましょう。

　ビジネスロジックの実装パターンはいくつかありますが、ここでは簡易

注7　https://www.apollographql.com/tutorials/fullstack-quickstart/04-writing-query-resolvers

なサービス層を導入します。モデルにビジネスロジックを実装するアクティブレコードパターンも有力ですが、あとの節で説明するデータローダを実装する際に次のような問題があるため、ここでは採用しません。

- GraphQL層とビジネスロジック層の分離が難しくなる
- circular importが発生する（Python特有の問題）

次の修正版のコードでは、UserTypeのリゾルバ関数内で行っていたカテゴリ取得をservices.pyのfind_my_categoriesという関数に移動しました。

```
mysite/bookshelves/services.py
...省略...
async def find_my_categories(
    user_id: int,
) -> list[Category]:
    return [category async for category in Category.objects.filter(user_id=user_id)]
```

これによりリゾルバ関数の仕事は、サービス層のビジネスロジックを呼ぶだけになりました。

```
mysite/bookshelves/types.py
...省略...
from bookshelves import services
...省略...
@strawberry_django.type(User)
class UserType:
    ...省略...
    @strawberry_django.field
    async def categories(self) -> list[CategoryType]:
        return await services.find_my_categories(self.id)
```

リゾルバチェインズの柔軟性の代償としてのN+1問題

リゾルバチェインズによって柔軟なデータ取得を実現できる代償として、GraphQLではN+1問題が発生しがちです[注8]。次節ではその理由と対策を見ていきます。

注8 公式でもGraphQLは性能対策を何も行わない場合、"chatty"（＝DBと頻繁に通信することの喩え）であると説明されています。
https://graphql.org/learn/best-practices/#server-side-batching--caching

8.6

N+1問題とどう向き合うか
──データローダパターン

前節の最後にリゾルバチェインズを採用する代償としてGraphQLでは
N+1問題が発生しがちであることに触れました。本節ではなぜN+1問題が
発生するのかやGraphQLにおける対策を見ていきます。

N+1問題とは

N+1問題について簡単におさらいします。N+1問題とはRDBにおいて、
本来であればテーブルを結合すれば1回で取得できるデータを、ループで
複数回のSQLを発生して取得してしまうことです。ただちに性能問題にな
るとは限りませんが、データの性質や量によっては致命的な性能劣化につ
ながります。

GraphQLではなぜN+1問題が発生しがちなのか

次にGraphQLではなぜN+1問題が発生しがちなのかを見ていきます。先
の節で説明したように、GraphQLはリゾルバチェインズという考え方を採
用しています。リゾルバチェインズではノード間でリゾルバ関数で発行す
るクエリが独立しており、またクエリの呼び出し側の都合でどういうクエ
リを発行するかが決まるため、データの一括取得、グラフ構築ができませ
ん。本棚アプリケーションの例でいうと、次のようなSQLでCategoryと
Bookを一括で取得したうえで、CategoryノードとBookノードをまとめて
構築するといったことができません。

```
SELECT *
FROM category
INNER JOIN book ON category.id = book.category_id
WHERE category.user_id = 1;
```

代わりにCategoryノードに紐付くBookノードを取得するために、次のよ
うな複数回のSQLを発行する必要があります。

```
SELECT * FROM book WHERE category_id = 1
SELECT * FROM book WHERE category_id = 2
SELECT * FROM book WHERE category_id = 3
```

これがGraphQLではN+1問題が発生しがちな理由です。以降ではデータローダパターンというGraphQL特有のN+1問題対策を見ていきます[注9]。

データローダパターンを使う

GraphQLではN+1問題を解消するために、データローダ[注10]という実装パターンがよく使われます。データローダとは「バッチ処理」と「キャッシュ」によって複数回発生する処理を1つにまとめることができる実装パターンです。この説明だけではよくわからないと思うので、具体的なコードやデータローダ適用前後の発行されるSQLを交えて説明していきます。

結論のイメージとしては、データローダを使うと次のように1件ずつ発行していたSQLを、IN句を利用したSQLにまとめることができます。内部的には非同期処理（Pythonの場合はasyncio）を使用しています。

データローダ導入前
```
SELECT * FROM book WHERE category_id = 1
SELECT * FROM book WHERE category_id = 2
SELECT * FROM book WHERE category_id = 3
```

データローダ導入後
```
SELECT * FROM book WHERE category_id IN (1, 2, 3)
```

データローダの実装方法

データローダ自体は特定のライブラリの機能ではなく、汎用的な実装パターンです。難しく感じるかもしれませんが、一度理解してしまえばシンプルです。基本的には、次の2つの仕様を満たす関数を実装します。

- 引数のキーの数と結果のリストの要素数が同一である

注9　strawberry_django では DjangoOptimizerExtension (https://strawberry-graphql.github.io/strawberry-django/guide/optimizer/)という拡張を導入することで、データローダパターンなしでも単純なN+1対策は自動でやってくれます。しかし、本書では特定のライブラリに依存しない基本的な考え方を説明したいため、データローダパターンを紹介します。

注10　https://github.com/graphql/dataloader

● 引数のキーの順番と対応する結果の要素の順番が一致している

Strawberryではstrawberry.dataloaderパッケージがデータローダのしくみ
を提供しています[注11]。次に実装例を示します。

まずはdataloaders.pyというファイルを作成して、books_loaderという
データローダを定義します。load_booksがバッチ関数と呼ばれるものです。

```
mysite/bookshelves/dataloaders.py
from strawberry.dataloader import DataLoader
...省略...
async def load_books(cat_ids: list[int]) -> list[list[Book]]:
    """Bookのデータローダに渡すバッチ関数"""
    # SQLを発行して、CategoryとBookを結合した結果をIN句で一括取得する
    books_q = Book.objects.filter(category_id__in=cat_ids).select_related("category")
    books = [book async for book in books_q]

    # カテゴリIDがキーで対応する本(複数)が値の辞書を作成する
    cat_id_to_books_dict: dict[int, list[Book]] = {cat_id: [] for cat_id in cat_ids}
    for book in books:
        cat_id_to_books_dict[book.category.id].append(book)
    # 作成した辞書を使って引数のID順にそろえたリストを作成して返す
    return [cat_id_to_books_dict[cat_id] for cat_id in cat_ids]

# Bookのデータローダ
books_loader = DataLoader(load_fn=load_books)
```

上記の実装は次のように実装することで、前述の仕様を実現しています。

● SQLを発行して、CategoryとBookを結合した結果をIN句で一括取得する
● カテゴリIDがキーで対応する本(複数)が値の辞書を作成する
● 作成した辞書を使って引数のID順にそろえたリストを作成して返す

次に、サービス層側ではfind_my_books_of_categoriesというカテゴリ
IDを受け取って紐付く本を返す関数を定義します。内部で先に定義したデ
ータローダを呼び出します。

```
mysite/bookshelves/services.py
from bookshelf import dataloaders
...省略...
async def find_my_books_of_categories(
    category_id: int,
```

────────────
注11 https://strawberry.rocks/docs/guides/dataloaders

第8章 Django×StrawberryによるGraphQL入門
GraphQLの基礎から実際のプロダクトへの導入まで

```
) -> list[Book]:
    return await dataloaders.books_loader.load(category_id)
...省略...
```

ここまで実装すれば、あとは、次のように型クラス側でサービスを呼び
出すだけです。

`mysite/bookshelves/types.py`
```
...省略...
class CategoryType:
    ...省略...
    @strawberry_django.field
    async def books(self) -> list[BookType]:
        return await services.find_my_books_of_categories(self.id)
```

このように実装しておくと、裏でStrawberryがデータをIN句で一括取得
します。実際に登録されているカテゴリが3件の場合に、データローダの
導入前後でユーザーが登録した本を取得するクエリを実行してみると、次
のようにログからSQLの発行数が3本から1本に減っていることを確認で
きました[注12]。

```
データローダ導入前のSQLの実行ログ
(0.000) SELECT "book_book"."id", "book_book"."category_id",
"book_book"."name", FROM "book_book" WHERE
"book_book"."category_id" = 1; args=(1,)
(0.000) SELECT "book_book"."id", "book_book"."category_id",
"book_book"."name", FROM "book_book" WHERE
"book_book"."category_id" = 2; args=(2,)
(0.000) SELECT "book_book"."id", "book_book"."category_id",
"book_book"."name", FROM "book_book" WHERE
"book_book"."category_id" = 3; args=(3,)
```

```
データローダ導入後のSQLの実行ログ
(0.000) SELECT "book_book"."id", "book_book"."category_id",
"book_book"."name", "book_category"."id",
"book_category"."member_id", "book_category"."name" FROM "book_book"
INNER JOIN "book_category" ON ("book_book"."category_id" =
"book_category"."id") WHERE "book_book"."category_id" IN (1, 2, 3);
args=(1, 2, 3)
```

注12 発行されるSQLを確認する方法は、第10章「Django ORMの速度改善」を参照してください。

データローダの制約

データローダはN+1問題への強力な対策手段ですが、次のような制約があります。

- データローダはASGIサーバでのみ使用できる
- すべての性能問題を解決できるわけではない

それぞれの制約について説明します。

データローダはASGIサーバでのみ使用できる

前提として、データローダはASGIサーバでのみ使用できます。新規の案件でGraphQLを採用する場合は、ASGIサーバを検討するとよいでしょう。他方ですでにWSGIサーバで動いているDjangoアプリケーションにGraphQLサーバを相乗りさせたいという場合、データローダによるN+1対策はできないことを受け入れる必要があります。

加えて、ASGIサーバを採用する場合はコードに非同期処理が入ってくるため、ややコードの見通しが悪くなったり、実装、デバッグ、ユニットテストなどにおいてasyncioの知見が必要となったりします。

すべての性能問題を解決できるわけではない

データローダができるのは、RDBにおいてはあくまでN+1が発生しているSQLをIN句で一括取得できるようにすることです。複数ノード間にまたがる複雑なSQLを発行したい場合などは、データローダでは対応できない場合も考えられます。

8.7

エラー対応──開発者用のエラーとユーザー用のエラーを使い分ける

APIはパラメータが不正だった場合や内部で予期せぬ処理が起こった場合などには、そのことをクライアントに伝える必要があります。GraphQLにおけるにエラー対応について考えてみましょう。

一般APIエラー対応

REST APIでは、リクエストの結果はレスポンスボディの内容とHTTPステータスコードでクライアントに伝えます。たとえば、「カテゴリ名は16文字以下である必要があります」というバリエーションエラーの場合、HTTPステータスコード400を返して、ボディではエラーメッセージやエラーコードを返却します。

これに対してGraphQLでは、基本的にHTTPステータスコードはエラーの場合でも400番台や500番台ではなく200を返すのがよいとされています。理由は、GraphQLが複数のクエリを1回のHTTPリクエストで送信可能だからです。たとえば、1つのHTTPリクエストで2つのクエリを送信して、一方は成功してもう一方は失敗した場合にHTTPステータスコード500が返されることは、結果を正確に表していません。

GraphQLではエラーが発生した場合、HTTPステータスコードではなくボディの**errors**というフィールドでエラー情報を返却します。

APIエラーは開発者用とユーザー用の2種類に分けられます。開発者用エラーとは入力値エラーやシステムエラーなどが考えられます。ユーザー用エラーとはクライアント画面の操作でエラーメッセージを表示したいときなどにあたります。それぞれのエラーの返し方を見ていきます。

開発者用エラーの返し方

まず開発者用エラーの実装を紹介します。**addBook**というミューテーションを追加する例を考えます。**addBook**はこれから実装予定のため、「未実

装です。」というエラーを返すようにしておきたいです。

errorsのmessageフィールドのみをカスタマイズしたい場合は、以下のように Python標準の例外の引数に返したい文字列を渡すだけで実現できます。

```
@strawberry.type
class Mutation:
    ...省略...
    @strawberry.mutation
    def add_book(self, info, input: AddBookInput) -> BookType:
        raise Exception("未実装です。")
```

GraphiQLから addBook を実行すると message が「未実装です。」となっていることを確認できます（**図8-7-1**）。

図8-7-1　　エラーメッセージのカスタマイズ

```
1▼ mutation {                       ▼ {
2▼   addBook(input: {                   "data": null,
3        categoryId: 1               ▼   "errors": [
4        name: "羅生門"              ▼     {
5▼   }) {                                    "message": "未実装です。",
6      id                           ▼       "locations": [
7      name                         ▼         {
8    }                                          "line": 2,
9  }                                            "column": 3
                                               }
                                             ],
                                   ▼         "path": [
                                               "addBook"
                                             ]
                                           }
                                         ]
                                       }
```

次に UNIMPLEMENTED というコードも返す場合を考えます。GraphQLの仕様ではエラーレスポンスに独自のフィールドを追加する場合は、extensionsというフィールドを使うことになっています[注13]。Strawberryで errors にextensions フィールドを追加する場合は、graphql パッケージのGraphQLErrorを使って以下のように書けます。

注13 https://spec.graphql.org/October2021/#sec-Errors.Error-result-format

第8章 Django×StrawberryによるGraphQL入門
GraphQLの基礎から実際のプロダクトへの導入まで

```
...省略...
from graphql import GraphQLError
...省略...
@strawberry.type
class Mutation:
    ...省略...
    @strawberry.mutation
    def add_book(self, info, input: AddBookInput) -> BookType:
        raise GraphQLError("未実装です。", extensions={"code": "UNIMPLEMENTED"})
```

同じようにGraphiQLからaddBookを実行すると、extensionsにcodeが追加されていることを確認できます（**図8-7-2**）。

図8-7-2　エラーメッセージのカスタマイズ（コード有り）

```
1 ▼ mutation {
2 ▼   addBook(input: {
3         categoryId: 1
4         name: "羅生門"
5 ▼   }) {
6         id
7         name
8     }
9 }
```

```
▼ {
      "data": null,
  ▼   "errors": [
  ▼     {
            "message": "未実装です。",
  ▼         "locations": [
  ▼           {
                  "line": 2,
                  "column": 3
              }
            ],
  ▼         "path": [
              "addBook"
            ],
  ▼         "extensions": {
              "code": "UNIMPLEMENTED"
            }
          }
        ]
    }
```

ユーザー用エラーの返し方

ユーザー用エラーはどう返せばよいでしょうか？ 前節で実装したaddCategoryミューテーションに「登録可能なカテゴリ名は16文字以下である」という条件を追加して、それよりも長い文字列が送られてきた場合はバリデーションエラーを返す例を考えてみます。

エラー対応——開発者用のエラーとユーザー用のエラーを使い分ける 8.7

　GraphQLではユーザー用エラーの返し方は決まっていません。そのため独自のエラー型を定義する方法がよく使われます。以下のようにエラー型を定義します。

```
@strawberry.type
class CategoryNameValidationError:
    category_name: str
    message: str
```

　GraphQLはUnionをサポートしており、複数の型を返すことができます。したがって、以下のようにCategoryType型だけではなくCategoryNameValidationError型も返すようにします。

```
@strawberry.type
class Mutation:
    @strawberry.mutation
    def add_category(self, info, name: str) -> CategoryType |
CategoryNameValidationError:
        ...省略...
```

　Unionで複数の型を返すクエリやミューテーションの場合は、クライアント側も対応が必要です。以下のように ... on [GraphQL型] という構文を使って、型ごとに取得したいフィールドを定義する必要があります。

```
mutation {
  addCategory(input: {
    name: "イタリア文学"
  }) {
    __typename
    ... on CategoryType {
      id
      name
    }
    ... on CategoryNameValidationError {
      categoryName
      message
    }
  }
}
```

　17文字のカテゴリ名の登録を試みます。**図8-7-3**のようにエラー型が返されることを確認できました。

171

第**8**章　**Django×StrawberryによるGraphQL入門**
GraphQLの基礎から実際のプロダクトへの導入まで

図8-7-3　**ユーザーエラー**

```
1  mutation {
2    addCategory(input: {
3      name: "abcdefghijklmnopq"
4    }) {
5      __typename
6      ... on CategoryType {
7        id
8        name
9      }
10     ... on CategoryNameValidationError {
11       categoryName
12       message
13     }
14   }
15 }
```

```
{
  "data": {
    "addCategory": {
      "__typename": "CategoryNameValidationError",
      "categoryName": "abcdefghijklmnopq",
      "message": "カテゴリ名は16文字以下である必要があります。"
    }
  }
}
```

　ここで紹介したのは簡単な例です。実際のアプリケーションでは要件に合わせたエラー設計が必要になります。

8.8
GraphQLにおける
ユニットテストの考え方

　本節では、GraphQLにおけるユニットテストの考え方を見ていきます。GraphQLではクエリに応じて取得結果のフィールドの種類やノードの深さが変わります。したがって、GraphQLではテストの対象とするレイヤを絞らないと効率的にユニットテストを書くことができません。「テスト重要

度」と「テスト容易性」という観点から、GraphQLでは何を重点的にテストするべきかを見ていきます。

GraphQLエンジンはテスト重要度もテスト容易性も低い

REST APIでは、APIにHTTPリクエストしてJSONの取得結果をアサーションするようなテストを書けます。したがってGraphQLでも同じようなテストを書きたくなるかもしれません。しかし、先にも述べたようにGraphQLは取得するフィールドの種類やノードの深さをクエリで自由に制御できるため、すべてのテストをREST APIと同じように書くのはクエリのパターンが膨大で現実的ではありません。

そもそも、Strawberryのような実績のあるライブラリを使っている場合、GraphQLエンジンの品質は担保されていると考えられるため、ライブラリの利用者がテストをする必要はないと考えてよいでしょう。

リゾルバ関数はテスト重要度が低い

次にリゾルバ関数について考えてみます。リゾルバ関数とビジネスロジックを分離できている場合、リゾルバ関数の責務はビジネスロジックを実行して結果をGraphQLの型に変換するだけです。数行ですし責務も大したことがないので、バグが入る可能性が低いです。すなわちリゾルバ関数自体はテスト重要度が低いといえます。テスト重要度が高いのは、リゾルバ関数が呼び出しているビジネスロジックです。であれば、リゾルバ関数越しにビジネスロジックをテストするよりも、ビジネスロジック単体をテストしたほうが効率がよいでしょう。

ビジネスロジックをテストしよう

以上の理由により、GraphQLのユニットテストではビジネスロジックを重点的にテストしましょう。ビジネスロジックは自分たちでテストするしかないところなので、テスト重要度が高いです。ここで先の節で説明した「GraphQL層とビジネスロジック層の分離」ができているとテスト容易性が高い状態となり、テストコードが書きやすくなります。

次のコードは`services.py`の`find_my_categories`関数のテスト例です。GraphQLであることを意識せずに、通常のDjangoアプリケーションの場合

第**8**章 Django×StrawberryによるGraphQL入門
GraphQLの基礎から実際のプロダクトへの導入まで

と同じようにユニットテストを書けていることがわかります[注14]。

```
mysite/bookshelves/tests.py
from asgiref.sync import async_to_sync
...省略...
from django.test import TestCase
...省略...
class FindMyCategoriesServiceTests(TestCase):
    def test_find_my_categories_should_return_my_categories(
        self,
    ):
        me = User.objects.create_user("me", "me@example.com", "password")
        another = User.objects.create_user(
            "another",
            "another@example.com",
            "password",
        )
        my_category = Category.objects.create(name="日本文学", user=me)
        Category.objects.create(name="アメリカ文学", user=another)
        sync_find_my_categories = async_to_sync(services.find_my_categories)
        self.assertEqual(
            sync_find_my_categories(me.id),
            [my_category],
        )
```

GraphQLをテストしたい場合

とはいえ、ビジネスロジックのテストだけでは、次のような点で不安を感じるかもしれません。

- リゾルバ関数にカバレッジが通らない
- GraphQL層まで貫通する自動テストが何もない

そのような場合は次のようにして実際にGraphQLにクエリを発行するテストも書くことができます。

```
mysite/bookshelves/tests.py
...省略...
from django.test import Client, TestCase
...省略...
```

注14 async_to_sync は asyncio の処理をテストする際の技法です。詳細は Django の公式ドキュメントの該当箇所を読んでください。https://docs.djangoproject.com/en/4.2/topics/testing/tools/#testing-asynchronous-code

```
class BookshelvesGraphQLTests(TestCase):
    def setUp(self):
        self.client = Client()
        self.garphql_url = "/graphql/"

    def test_graphql_should_return_result(self):
        me = User.objects.create_user("me", "me@example.com", "password")
        j_literature = Category.objects.create(name="日本文学", user=me)
        ...省略...
        Book.objects.create(name="こころ", category=j_literature)
        ...省略...
        self.client.login(username="me", password="password")
        query = """
        query TestQuery {
            me {
                ...省略...
                }
            }
        }
        """
        response = self.client.post(
            self.garphql_url,
            {"query": query},
            content_type="application/json",
        )
        self.assertEqual(
            response.json()["data"],
            {
                "me": {
                    ...省略...
                }
            },
        )
```

　このようなテストを書いておくと最低限のGraphQLの動作も担保できま
すし、リゾルバ関数にもカバレッジが通ります。

　ただし、GraphQLのレスポンス自体はクエリの書き方に依存してしまう
ため、ビジネスロジックをテストしたい場合にGraphQL越しにテストする
のは効率的ではありません。パラメータやデータのパターンのテストはビ
ジネスロジックで行い、GraphQL越しのテストは必要最小限にとどめるの
がよいでしょう。むやみにテストコードを書くのではなく、「どのような観
点をテストしたいのか」を意識してユニットテストを書きましょう。

※

第8章 Django×StrawberryによるGraphQL入門
GraphQLの基礎から実際のプロダクトへの導入まで

本章ではGraphQLの概要とメリットの説明に始まり、実際のプロダクトにGraphQLを導入する際に必要になる知見の一部を紹介してきました。基本的な部分は押さえたつもりですが、これがすべてではありません。ほかにも次のようなトピックが考えられます。

- **Global Identification**
- ページネーション
- クライアントファースト
- セキュリティ

上記のようなより発展的な話題を知りたい場合は、『Production Ready GraphQL』[注15] という本が参考になります。

GraphQLを実際のプロダクトに導入するには特有の知見が必要です。メンバーにGraphQLの設計の経験者がいるかや、各メンバーがキャッチアップするモチベーションを持っているか、学習コストを確保できるかといった要素が重要になってきます。加えて、性能問題が発生しやすいので導入対象のサービスの向き不向きもあると思います。しかし、GraphQLにはREST APIにはないさまざまな長所がありますので、ぜひ採用技術の候補に加えてみてください。

注15 Marc-André Giroux, *Production Ready GraphQL*, 2020, https://book.productionreadygraphql.com/

第9章

FastAPIによる
Web API開発

型ヒントを活用した
API仕様中心の開発手法

第7章「Djangoで API 開発」、第8章「Django × Strawberry による GraphQL 入門」では Django を使って Web API を開発する方法を紹介しました。Python には Django 以外にも人気の Web フレームワークが多数あり、FastAPI もその一つです。本章では、FastAPI による Web API 開発の方法と、FastAPI を Web API 開発に利用するメリットについて説明します[注1]。

9.1

FastAPIの特徴

FastAPI は MIT ライセンスの Web フレームワークです。公式サイト[注2]では「Python の標準である型ヒントに基づいて」「API を構築するための、モダンで、高速（高パフォーマンス）」な Web フレームワークであると紹介されています。

FastAPI にはさまざまな特徴がありますが、筆者は以下の2点に集約されると考えています。

❶ベンチマークによるレスポンス速度の評価が高い
❷型ヒントを活用してAPI仕様中心に開発ができる

❶は実行時に影響する特徴です。FastAPI という名前から連想されるため、第一に挙げられることが多いでしょう。非同期 I/O の活用により Python の Web フレームワークの中で上位のベンチマーク成績を出しています[注3]。フレームワークのオーバーヘッドが小さいに越したことはありません。❷は開発時に影響する特徴です。FastAPI は Python の型ヒントを積極的に活用しています。型ヒントを活用すると、エディタのコード補完や静的チェックの精度が高くなり、開発効率向上とバグ削減のメリットを享受できま

注1 サンプルコードは本書サポートサイトからダウンロードできます。
　　　https://gihyo.jp/book/2024/978-4-297-14401-2/support

注2 https://fastapi.tiangolo.com/ja/

注3 https://www.techempower.com/benchmarks/ にて、言語を Python に絞り込むと FastAPI を使ったものが上位に表示されます。

第9章 FastAPIによるWeb API開発
型ヒントを活用したAPI仕様中心の開発手法

す[4]。さらに、定義した型情報をもとにOpenAPI Specification[5]に基づいたドキュメントを自動生成できるのも大きなメリットです。

パフォーマンスについては、実際のアプリケーションではDB検索や内部ロジック、ネットワークのチューニングなど総合的にアプローチする必要があるでしょう。そこで本章では❷の特徴が、FastAPIを使ったAPI開発にどのような開発生産性のメリットをもたらすのかを見ていきましょう。

9.2
FastAPIの開発環境をセットアップしよう

まずは開発環境をセットアップして、アプリケーションサーバを動かすところから始めます。FastAPIは開発環境の立ち上げまでのステップが少ないことも特徴の一つです。ここでは、LinuxまたはmacOS上で開発することを想定して説明します。なお、Pythonのバージョンは3.12でテストしています。

▍最小限のプロジェクトを作成しよう

初めにプロジェクトディレクトリを作成し、Pythonの仮想環境を作ります。

```
$ mkdir fastapisample
$ cd fastapisample
$ python3 -m venv venv
$ . venv/bin/activate
```

仮想環境を作ったらpipコマンドを使ってfastapiをインストールします。動作確認のために使用するアプリケーションサーバのuvicornも一緒にインストールします。

```
(venv) $ pip install fastapi uvicorn
```

次に、プロジェクトディレクトリにapp/というディレクトリを作成し、

注4　型ヒントの活用については、第2章「型ヒントとmypyによるコード品質の向上」で詳しく紹介しました。

注5　https://spec.openapis.org/oas/latest.html

180

その中に以下の内容で`main.py`を作成します。

```
app/main.py
from fastapi import FastAPI

app = FastAPI()

@app.get("/")
def index():
    return {"message": "Hello World"}
```

　このコードでは、APIのパス`/`に対する`GET`メソッドを関数`index`に紐付けています。このようにパスとメソッドの組み合わせに対して紐付けられた関数をFastAPIでは**path operation関数**と呼びます。

最小限のプロジェクトの動作を確認しよう

　最小限のプロジェクトを作成したら、次のコマンドでAPIサーバを立ち上げることができます。

```
(venv) $ uvicorn app.main:app --reload
```

　オプション`--reload`を付けることで、コードの変更を自動検知してサーバを再起動するようになります。以降サーバは立ち上げたままにして問題ありません。もしエラーでサーバが停止した場合は、もう一度コマンドを実行してください。

　この状態で、`http://localhost:8000/`にアクセスすれば、`{"message": "Hello World"}`というレスポンスを得ることができます。

```
$ curl -w '\n' http://localhost:8000/
{"message":"Hello World"}
```

　さらに、`http://localhost:8000/docs`にアクセスすれば**図9-2-1**のようにSwagger UI[注6]によるドキュメントを表示できます。Swagger UIはOpenAPI Specificationをブラウザで表示するために広く使われているツールです。

注6　https://swagger.io/tools/swagger-ui/

第**9**章　**FastAPIによるWeb API開発**
型ヒントを活用したAPI仕様中心の開発手法

図9-2-1　　自動生成されたドキュメント

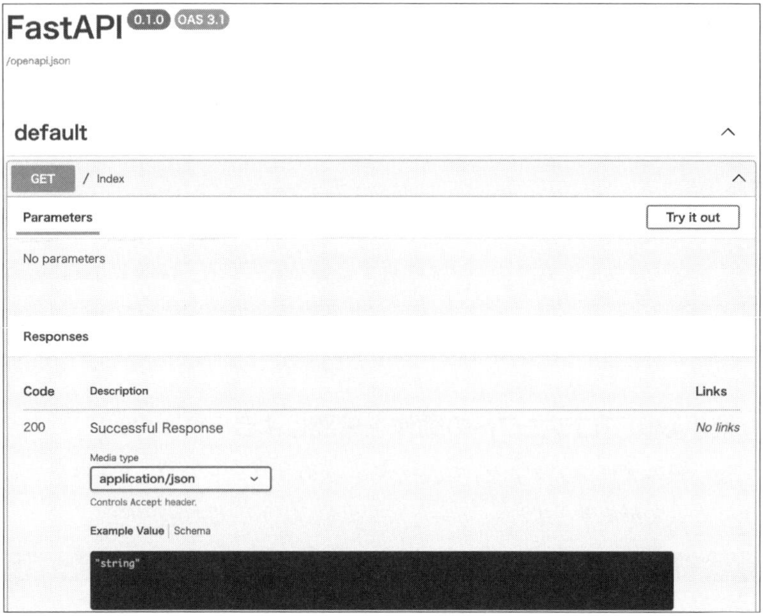

9.3

API仕様とモックを作成しよう

　開発環境が立ち上がったら、さっそくAPIを開発していきましょう。本章ではプログラマーリストAPIをサンプルとして説明します。

　FastAPIによるAPI開発では、まずAPIの仕様を定義し、ドキュメントとモックサーバを提供するところから開始します。

FastAPIによる開発の一般的な構成を理解しよう

　前節では数行のmain.pyを記述するだけで、APIサーバが立ち上がることを体験しました。しかし、実際の開発ではmain.pyにすべてのコードを記述しません。FastAPIによるAPI開発では次の要素に分けてコードを書くと

182

よいでしょう[注7]。

- **スキーマ**
- **ルータ**
- **Dependency**
- **CRUD**

スキーマは、APIの入出力に使われるオブジェクトの定義です。**ルータ**は、APIのパスと処理を紐付けるオブジェクトです。**Dependency**は、FastAPIと別のリソースとの依存性を定義します。**CRUD**は、データの作成(*Create*)、読み取り(*Read*)、更新(*Update*)、削除(*Delete*)を担うモジュールです。

ここでは以下のディレクトリ構成にします。

```
app/
├─main.py  ……アプリケーションのエントリポイント
└─api/
    ├─schemas.py      ……スキーマを定義
    ├─routers/xxx.py  ……ルータを定義
    ├─cruds.py        ……CRUDを定義
    └─dependencies.py ……Dependencyを定義
```

本節ではスキーマとルータを作成します。スキーマとルータを作成することで、APIのドキュメントとモックサーバを提供できます。

API仕様を決めてエンドポイントと入出力を設計しよう

スキーマとルータを作るためには、APIの仕様を決めて、エンドポイントと入出力を設計する必要があります。今回のAPIの要件はチームに所属するプログラマーの名前、得意言語、Twitter IDを登録・閲覧することです。この要件を満たすために必要な機能をまとめると**表9-3-1**のようになるでしょう。

注7　公式ドキュメント https://fastapi.tiangolo.com/ja/tutorial/sql-databases/、https://fastapi.tiangolo.com/ja/tutorial/bigger-applications/ を参考にしました。

第**9**章 **FastAPIによるWeb API開発**
型ヒントを活用したAPI仕様中心の開発手法

表9-3-1 **プログラマーリストAPIに必要な要件**

機能名	メソッド	パス	説明
list_programmers	GET	programmers/	全員の名前を一覧表示
detail_programmer	GET	programmers/{名前}	指定したプログラマーの情報を閲覧
add_programmer	POST	programmers/	チームに新しいプログラマーを追加
update_programmer	PUT	programmers/{名前}	チームのプログラマー情報を更新
delete_programmer	DELETE	programmers/{名前}	チームから離れるプログラマーを一覧から削除

次に各機能が入出力するデータを列挙します。

- list_programmers
  - 入力：なし（将来的には検索条件）
  - 出力：プログラマー一覧
- detail_programmer
  - 入力：名前
  - 出力：プログラマー詳細
- add_programmer
  - 入力：プログラマー詳細
  - 出力：なし
- update_programmer
  - 入力：名前、プログラマー詳細
  - 出力：なし
- delete_programmer
  - 入力：名前
  - 出力：なし

列挙した入出力を見ると、APIがどのようなデータを扱うかが見渡せます。今回のAPIは「プログラマー一覧」「名前」「プログラマー詳細」というデータを扱うことがわかります。この中で「プログラマー一覧」は実際にはリストで表現されるので、「一覧用プログラマー情報」を持つリストとして扱うのがよいでしょう。

184

スキーマを定義しよう

APIが入出力するデータがわかったら、それをスキーマとして定義します。ここでは「一覧用プログラマー情報」と「プログラマー詳細」というデータを定義します。「名前」は単一の文字列として扱えるので、スキーマ定義は不要です。app/api/schemas.pyを作成し、以下のように記述します。

```app/api/schemas.py
from pydantic import BaseModel

class ProgrammerListItem(BaseModel):
    """一覧用プログラマー情報"""
    name: str

class ProgrammerDetail(BaseModel):
    """プログラマー詳細"""
    name: str
    twitter_id: str
    languages: list[str]
```

BaseModelはFastAPIと一緒にインストールされる、Pydanticというライブラリのクラスです。BaseModelを継承することで、シリアライズやバリデーションの機能を持ったデータクラスを定義できます。ここでname: str、languages: list[str]のように型ヒントを指定していることが重要なポイントです。ここで指定した型情報が、入出力のシリアライズやバリデーション機能として使われます。

これでスキーマが定義できました。

ルータを定義しよう

次はルータを app/api/routers/programmers.py に記述します。

ここではAPIRouterオブジェクトのget、put、post、deleteメソッドをデコレータとして関数に付与することで、その関数をpath operation関数としてルータに登録します。デコレータの第1引数にはエンドポイントのパスを記載し、キーワード引数response_modelにAPI出力の型を指定します。型にはスキーマで定義したクラスを使用します。

この段階では実際にデータの検索・登録・削除といった処理は実装せず、モックとしての実装としましょう。固定のレスポンスとしてsusumuis、altnightを返すことにします。

第9章 FastAPIによるWeb API開発
型ヒントを活用したAPI仕様中心の開発手法

```
app/api/routers/programmers.py
from fastapi import APIRouter
from app.api.schemas import (
    ProgrammerListItem, ProgrammerDetail
)

router = APIRouter()

@router.get(
    "/",
    response_model=list[ProgrammerListItem],
)
def list_programmers():
    # ToDo：実装：データの検索
    return [
        ProgrammerListItem(name="susumuis"),
        ProgrammerListItem(name="altnight"),
    ]
```

　パスの一部をパラメータにしたい場合は{name}のように{と}で囲って記述し、対応する名前の引数を関数に定義します。関数の引数には型ヒントを指定します。

```
app/api/routers/programmers.pyに追記
@router.get(
    "/{name}",
    response_model=ProgrammerDetail,
)
def detail_programmer(name: str):
    # ToDo：実装：データの取得
    return ProgrammerDetail(
        name="susumuis",
        languages=["Python", "Java", "JavaScript"],
        twitter_id="susumuis"
    )
```

　POSTやPUTメソッドのBodyに指定するデータも、関数の引数として指定します。この場合は引数の型ヒントにスキーマのクラスを指定します。
　なお、仕様上は出力「なし」としていた機能でも、Web APIは必ず何か値を返さなければなりません。そこでここでは{"result": "OK"}と返すことにします。より本格的には、共通の登録更新系レスポンス用オブジェクトをスキーマに定義して割り当てるのがよいでしょう。

```
app/api/routers/programmers.pyに追記
@router.post("/")
def add_programmer(programmer: ProgrammerDetail):
    # ToDo：実装：データの登録
    return {"result": "OK"}

@router.put("/{name}")
def update_programmer(
    name: str, programmer: ProgrammerDetail,
):
    # ToDo：実装：データの更新
    return {"result": "OK"}

@router.delete("/{name}")
def delete_programmer(name: str):
    # ToDo：実装：データの削除
    return {"result": "OK"}
```

次に app/main.py を以下のように編集して、app/api/routers/
programmers.py で定義したルータを読み込みます。

```
app/main.py
from fastapi import FastAPI

from app.api.routers import programmers

app = FastAPI()
app.include_router(
    programmers.router,
    prefix="/api/programmers",
    tags=["programmers"],
)
```

app.include_router メソッドに指定した prefix は API パスのプレフィッ
クスです。将来複数のルータを追加していくかもしれませんので、/api/
programmers などのようなプレフィックスを付けることにしましょう。tags
は自動生成するドキュメントでエンドポイントをグルーピングするための
情報です。省略すると default と表示されてしまうので、ここでは
programmers と書いておきましょう。

生成されたドキュメントとAPIの動作を確認しよう

ここまで実装したら、再びブラウザで http://localhost:8000/docs にア
クセスしてみましょう。すると、**図9-3-1**のようにAPIのドキュメントが

完成していることが確認できます。

図9-3-1　自動生成されたドキュメント

このドキュメント上ではAPIの動作確認もできます。たとえば**図9-3-2**のように`GET /api/programmers/`をクリックし、`Try it Out`、`Execute`と順にクリックすると、❶の箇所に`list_programmers`をテストするためのcurlでの実行コマンド、❷の箇所に実行結果のレスポンスを表示します。

図9-3-2　APIの動作確認

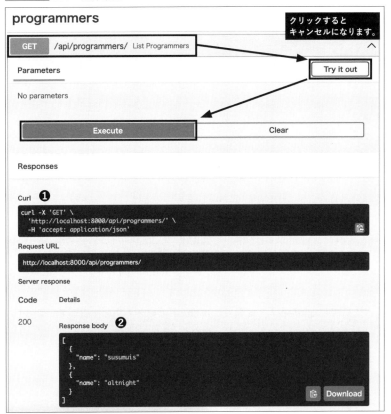

　ただし、現段階では、list_programmersのレスポンスは常にsusumuisとaltnightですし、登録・削除などを行っても何も起こりません。それでも、APIのドキュメントとモックサーバとして十分活用できます。複数のチームに分かれて開発をする場合はこの段階で、ほかのチームに公開することで並行して開発を進めることができるでしょう。

第**9**章　**FastAPIによるWeb API開発**
型ヒントを活用したAPI仕様中心の開発手法

9.4
DBに接続する処理を追加し、API実装を完成させよう

　実際にDBに接続する処理などを実装し、APIを完成させましょう。この段階でDependencyとCRUDを作成します。

┃ DB接続に必要なライブラリをセットアップしよう

　FastAPI自体にはDBに接続する機能はありません。ライブラリを自由に組み合わせることでDB接続を実現します。ここではSQLAlchemyを使います。まずはpipコマンドを使ってsqlalchemyをインストールします。

```
(venv) $ pip install sqlalchemy
```

　次にDBのテーブルを定義しましょう。SQLAlchemyを使ってDBを扱うコードと、FastAPIを使ってAPIを定義するコードは分けるのがセオリーです。ここではapp/api/とは別にapp/db/ディレクトリを作成してここにDB関連のコードを置いていきます。app/db/models.pyを作成し、次のようにテーブル定義に対応するモデルクラスを定義します。

```
app/db/models.py
from sqlalchemy import ForeignKey
from sqlalchemy.orm import (
    DeclarativeBase, Mapped, mapped_column, relationship
)

class Base(DeclarativeBase):
    pass

class Programmer(Base):
    __tablename__ = "programmer"

    id: Mapped[int] = mapped_column(primary_key=True)
    name: Mapped[str] = mapped_column(
        nullable=False, unique=True
    )
    twitter_id: Mapped[str] = mapped_column(
        nullable=False
    )
```

190

```
    languages = relationship(
        "ProgrammerLanguage",
        backref="programmer",
        cascade="all, delete-orphan",
    )

class ProgrammerLanguage(Base):
    __tablename__ = "programmer_language"

    id: Mapped[int] = mapped_column(primary_key=True)
    name: Mapped[str] = mapped_column(nullable=False)
    programmer_id: Mapped[int] = mapped_column(
        ForeignKey("programmer.id"), nullable=False
    )
```

DB接続を管理するコードを app/db/session.py に書きます。ここでは DB として SQLite3 を使用しますが、実際の開発では MySQL や PostgreSQL に接続することが多いでしょう。

`app/db/session.py`
```
from sqlalchemy import create_engine
from sqlalchemy.orm import sessionmaker

Engine = create_engine(
    "sqlite:///sample_db.sqlite3", echo=False
)

SessionLocal = sessionmaker(bind=Engine)
```

ここまで定義したら、以下のコマンドを実行してテーブルを作成します。

```
(venv) $ python
>>> from app.db.session import Engine
>>> from app.db.models import Base
>>> Base.metadata.create_all(bind=Engine)
>>> quit()
```

DBに接続するDependencyを作成しよう

これで、DBにテーブルが作成されました。次に FastAPI と SQLAlchemy を連携して、リクエスト処理で DB に接続できるようにしましょう。app/api/dependencies.py を作成し、以下のように記述してください。

`app/api/dependencies.py`
```
from app.db.session import SessionLocal
```

```python
def get_db():
    with SessionLocal() as db:
        yield db
```

この **get_db** 関数が DB に接続するための Dependency です。Dependency を path operation 関数に割り当てると、Dependency が **yield** または **return** で返す値を引数として使えるようになります。今回のようにコンテキストマネージャを利用する場合や後処理が必要な場合は、**yield** を使用します。

CRUD処理を実装しよう

次に DB を検索・更新するクエリの組み立てを行う CRUD を作成します。**app/api/cruds.py** を作成して、次のように **get_programmers** と **add_programmer** を実装します。

app/api/cruds.py
```python
from sqlalchemy import select
from sqlalchemy.orm import Session
from app.api.schemas import ProgrammerDetail
from app.db.models import Programmer, ProgrammerLanguage

def get_programmers(
    db: Session
) -> list[Programmer]:
    """programmer一覧を返します"""

    programmers = db.scalars(
        select(
            Programmer,
        )
        .order_by("id")
    ).all()
    return list(programmers)

def add_programmer(
    db: Session,
    programmer_detail: ProgrammerDetail,
):
    """programmerを登録します"""

    programmer = Programmer()
    programmer.name = programmer_detail.name
    programmer.twitter_id = programmer_detail.twitter_id
    programmer.languages = [
```

DBに接続する処理を追加し、API実装を完成させよう　9.4

```
        ProgrammerLanguage(name=language)
        for language in programmer_detail.languages
    ]
    db.add(programmer)
    db.commit()
```

path operation関数を完成させよう

path operation関数にDependencyの get_db を割り当て、CRUDを呼び出すようにすれば、DBへの検索処理が完成します。

ここでは list_programmers、add_programmer のみ実装例を示します。全コードについてはサンプルコードをご覧ください。APIをDBに接続できるよう、app/api/routers/programmers.py を次のように修正します。

```
app/api/routers/programmes.pyを修正
from fastapi import APIRouter, Depends          ──❶
from app.api.dependencies import get_db          ──❷
from app.api import cruds                         ──❸

省略

def list_programmers(
    db=Depends(get_db)                           ──❹
):
    return cruds.get_programmers(db)             ──❺

省略

def add_programmer(
    programmer: ProgrammerDetail,
    db=Depends(get_db),                          ──❻
):
    cruds.add_programmer(db, programmer)         ──❼
    return {"result": "OK"}
```

❶では FastAPI が用意する Depends 関数をインポートしています。❷、❸で、今回作った Dependency と CRUD をインポートします。❹、❻で、path operation関数の引数 db として、get_db を割り当てます。そして❺、❼で、db を引数にして CRUD の関数を呼び出しています。

APIの動作を確認しよう

それでは、ブラウザで http://localhost:8000/docs にアクセスして動作

193

第9章 FastAPIによるWeb API開発
型ヒントを活用したAPI仕様中心の開発手法

を確認しましょう。まずはデータに値がないので、/api/programmers/ を
GETすると空の結果を意味する [] が得られるはずです。

続いて、/api/programmers/ に以下2つのデータを順にPOSTしてみまし
ょう。うまく行けば、それぞれ{"result": "OK"}というレスポンスを返す
はずです。

```
{
  "name": "altnight",
  "languages": [
    "Python", "TypeScript"
  ],
  "twitter_id": "altnight"
}
```

```
{
  "name": "susumuis",
  "languages": [
    "Python", "Java"
  ],
  "twitter_id": "susumuis"
}
```

もう一度/api/programmers/ をGETすると、以下の結果を得られるでし
ょう。

```
[
  {
    "name": "altnight"
  },
  {
    "name": "susumuis"
  }
]
```

このように、モックではなく、DBの値を読み書きできるAPIサーバがで
きあがりました。

194

バリデーションとエラー処理を追加しよう　9.5

9.5

バリデーションとエラー処理を追加しよう

　前節まででDBに接続するAPIができあがりましたが、バリデーションや異常系の処理が実装されていません。この状態では、想定外のパラメータが渡されて内部で例外が発生すると、ステータスコード500のエラーが発生してしまいます。バリデーションエラーやデータが存在しない場合など、ユーザー入力に起因する想定されたエラーは400番台のステータスコードを返すのがAPIの基本です。

　FastAPIではバリデーションやエラー処理も型を中心にして実装します。

スキーマにバリデーションを追加しよう

　POSTやPUTメソッドで送信するオブジェクトのバリデーションは、スキーマのPydanticモデルに定義します。以下はプログラマーに登録できる言語の数を1以上、3以下とするバリデーションを`ProgrammerDetail`に追加している例です。

```
app/api/schemas.pyを修正
from pydantic import BaseModel, Field      修正

class ProgrammerDetail(BaseModel):
    name: str
    twitter_id: str
    languages: list[str] = Field(
        ..., min_items=1, max_items=3        修正
    )
```

　このように記述すると、`languages`の個数が条件を満たさない場合は以下のようなエラーレスポンスを返すようになります。

```
{
  "detail": [
    {
      "type": "too_short",
      "loc": [
        "body",
        "languages"
```

195

```
    ],
    "msg": "List should have at least 1 item after validation, not 0",
    "input": [],
    "ctx": {
      "field_type": "List",
      "min_length": 1,
      "actual_length": 0
    }
  }
 ]
}
```

ルータにバリデーションを追加しよう

APIのパスやクエリに対するバリデーションは、path operation関数の引数で定義します。

たとえば、detail_programmerのnameパラメータは100文字以内であるというバリデーションを含めたい場合は、次のように引数デフォルト値としてPath(max_length=100)を指定します[注8]。

`app/api/routers/programmes.pyを修正`
```
from fastapi import (
    APIRouter, Depends, Path  修正
)

省略

@router.get(
    "/{name}",
    response_model=ProgrammerDetail,
)
def detail_programmer(
    name: str = Path(max_length=100),
    db=Depends(get_db),
):
```

HTTPException例外を使って400番台のエラーを返そう

想定された異常系の制御は例外によって行います。path operation関数内で以下のようにHTTPExceptionを発生させることで、任意のステータスコ

注8 update_programmerの場合は、name引数のあとにprogrammer引数があるため、そのままではデフォルト値が付けられません。対策についてはサンプルコードをご覧ください。

ードでエラーメッセージを返せます。

```
app/api/routers/programmes.pyを修正
from fastapi import (
    APIRouter, Depends, HTTPException, Path    修正
)

省略

if cruds.exists_programmer(db, progerammer.name):
    raise HTTPException(
        status_code=400,
        detail="programmer already exists",
    )
```

　これだけではドキュメントに400エラーを返すことを反映できていません。ルータのデコレータにresponsesを付けておくと、そのエンドポイントがどのようなステータスコードを返すのかドキュメントに記載できます。詳しくはサンプルコードをご覧ください。

```
app/api/routers/programmes.pyを修正
@router.post(
    "/",
    responses={400: {
        "description": "programmer already exists",
    }}
)
def add_programmer(
    省略
```

　このようにWeb APIのあらゆる機能を、Pythonの型ヒント、関数、デコレータに対応させて定義していくのが、FastAPIの考え方です。このほかにも公式ドキュメントのチュートリアル[注9]を参照すれば、APIとPythonの仕様をうまく型を使って紐付けている様子がわかるでしょう。

注9　https://fastapi.tiangolo.com/ja/tutorial/

9.6

FastAPIの強み

　Djangoなど複数のフレームワークがある中でFastAPIはこれらを置き換えるものでしょうか？ それとも、これからもDjangoなどフルスタックのフレームワークのみを使い続けるのがよいでしょうか？ 筆者はどちらでもないと考えます。昨今のWeb開発ではReactなどでリッチなフロントエンドを作成し、データはFirestoreやAmazon DynamoDBに保存し、認証プロバイダにはAmazon CognitoやAzure Active Directoryを導入するなど、環境が多様化しています。このような多様な環境下においては、複数のフレームワークの良さを理解したうえで、都度ベストな選択をすることが求められるでしょう。

　FastAPIの良さは、型ヒントを活用してAPI仕様を中心に開発ができることです。OpenAPI Specificationに基づいたAPIドキュメントとモックサーバを簡単に提供できるため、API仕様を中心に設計ができるケースで、複数のチームが並行で開発する場面ではとても便利でしょう。

第10章

Django ORMの速度改善
クエリ発行の基礎、計測、チューニング

PythonでのWeb開発ではDjangoが広く使われています。Djangoはフルスタックフレームワークでさまざまな機能があり、データベースはO/Rマッパ（ORM：*Object-Relational Mapping*）が使用されています。O/Rマッパは便利で開発生産性を高めるのに役立ちますが、発行されているSQLを意識しないとパフォーマンスに影響が出て遅くなってしまうことがあります。

本章では、DjangoのO/Rマッパでのパフォーマンス測定方法と改善方法をサンプルアプリケーションを通じて解説します。

10.1
作成するサンプルアプリケーション

課題管理システムを作成します。モデルは、課題、コメント、ユーザーの3種類です。

基本的な操作は以下のとおりです。

- 課題に対してコメントが追加できる
- 課題とコメントはそれぞれユーザーと紐付く

また、本章で作成する機能は以下のとおりです。

- ユーザーごとの課題一覧API
- コメント（課題含む）一覧API
- 課題の複数作成API
- 課題の複数更新API

今回のシナリオとして、結合テストでそれぞれのAPIで十分な速度が出ない問題を検出し、O/Rマッパが適切なクエリを発行していないことが原因ではないかという仮説を立てた場合を想定します。ここではO/Rマッパが適切なクエリを発行しているか確認する方法と、適切なクエリを発行する方法を見ていきましょう。

第**10**章 **Django ORMの速度改善**
クエリ発行の基礎、計測、チューニング

Djangoアプリケーションの作成

それではDjangoアプリケーションを作成していきます。OSはmacOSで、Python 3.12、Django 4.2.11を使用します。全ソースコードについては本書サポートサイト[注1]からダウンロードしてください。

仮想環境の作成

venvモジュールを使用し、仮想環境を作成します。

```
仮想環境の作成
$ python3.12 -m venv venv
仮想環境の有効化
$ source ./venv/bin/activate
依存ライブラリのインストール
$ pip install -r requirements.txt
```

requirements.txtには以下のように記述します。

```
requirements.txt
django==4.2.11
```

プロジェクトのひな型の作成

Djangoをインストールしたら、django-adminコマンドでDjangoプロジェクトを作成し、その後Djangoアプリケーションを作成します。ここでは課題管理(*Bug Tracking System*)システムのためbts_projectという名前で作成します。

```
Djangoプロジェクトの作成
$ django-admin startproject bts_project
$ cd bts_project
Djangoアプリの作成
$ django-admin startapp projects
```

設定の変更

作成したDjangoアプリケーションを使用できるよう、設定ファイルに記述します。

注1 https://gihyo.jp/book/2024/978-4-297-14401-2/support

202

作成するサンプルアプリケーション　10.1

```
bts_project/settings.py
INSTALLED_APPS = [
    ...
    "projects",
]
```

projectsを追加しました。

モデルの作成

　次にモデルを作成します。課題とコメントのモデルを定義します。また、ユーザーはDjango組込みの`django.contrib.auth.models.User`モデルを使用します。課題とコメントの外部キーにユーザーが指定されており、どのユーザーがモデルを作成したかが特定できます。

```
projects/models.py
from django.contrib.auth.models import User
from django.db import models

class Issue(models.Model):
    user = models.ForeignKey(
        User, on_delete=models.CASCADE)
    content = models.TextField()
    created_at = models.DateTimeField(
        auto_now_add=True)

class Comment(models.Model):
    user = models.ForeignKey(
        User, on_delete=models.CASCADE)
    issue = models.ForeignKey(
        Issue, on_delete=models.CASCADE)
    content = models.TextField()
    created_at = models.DateTimeField(
        auto_now_add=True)
```

　モデルの記述後、データベースに反映するためにマイグレーションが必要です。マイグレーションファイルを作成し、マイグレーションを実行します。

```
$ python manage.py makemigrations
$ python manage.py migrate
```

　マイグレーションの実行ログがターミナルに出力され、マイグレーションの実行が完了しました。

第10章 Django ORMの速度改善
クエリ発行の基礎、計測、チューニング

エンドポイントの実装

APIのエンドポイントを作成します。実際の処理内容はのちほど記述するため、ここでは空の処理を行うビューをそれぞれ作成します。

```python:projects/views.py
from django.http import JsonResponse

def comments_with_issue(request):
    return JsonResponse({})

def comments_by_user(request):
    return JsonResponse({})

def import_issues(request):
    return JsonResponse({})

def update_issues(request):
    return JsonResponse({})
```

そのあと、ビューとURLを関連付けます。

```python:bts_project/urls.py
from projects import views

urlpatterns = [
    path("admin/", admin.site.urls),
    path("comments_with_issue/",
        views.comments_with_issue),
    path("comments_by_user/", views.comments_by_user),
    path("import_issues/", views.import_issues),
    path("update_issues/", views.update_issues),
]
```

これで空の処理を行うエンドポイントが作成できました。

開発サーバの実行と動作確認

Djangoの`runserver`コマンドを実行し、Djangoの開発サーバを起動します。

```
$ python manage.py runserver
```

`http://127.0.0.1:8000/`というような自分のマシンのアドレスが出力され、開発サーバの起動が確認できました。

204

作成するサンプルアプリケーション **10.1**

ダミーデータの投入

性能測定ができるよう、あらかじめダミーデータを入れます。CLI（*Command Line Interface*）上でDjangoの処理を動かすスクリプトとして、カスタムコマンドがあります。

カスタムコマンドの準備

Djangoでは manage.py コマンド経由で動かすカスタムコマンドを作成できます。Djangoがカスタムコマンドを認識できるよう、以下のディレクトリとファイルを作成します。

```
$ mkdir -p management/commands
$ touch management/__init__.py
$ touch management/commands/__init__.py
$ touch management/commands/make_dummy_data.py
```

カスタムコマンドの実装——ダミーデータ投入処理の実装

ダミーデータの投入処理は以下のとおりです。ユーザー、課題、コメントモデルをランダムで大量に生成しています。

`projects/management/commands/make_dummy_data.py`
```python
import random
import uuid
from django.contrib.auth.models import User
from django.core.management.base import BaseCommand
from projects.models import Comment, Issue

class Command(BaseCommand):
    def handle(self, *args, **options):
        users = [User(
            username=uuid.uuid4().hex,
            password=uuid.uuid4().hex)
            for _ in range(100)]
        User.objects.bulk_create(users)
        users = User.objects.all()

        issues = [Issue(
            user=random.choice(users),
            content=uuid.uuid4().hex)
            for _ in range(1000)]
        Issue.objects.bulk_create(issues)
        issues = Issue.objects.all()
```

205

第**10**章 **Django ORMの速度改善**
クエリ発行の基礎、計測、チューニング

```
comments = [Comment(
    user=random.choice(users),
    issue=random.choice(issues),
    content=uuid.uuid4().hex)
    for _ in range(5000)]
Comment.objects.bulk_create(comments)
```

実際にデータを投入しましょう。以下のコマンドで実行できます。

```
$ python manage.py make_dummy_data
```

10.2

Djangoアプリケーションの
SQL発行ログの確認

まずは適切なクエリを発行しているか確認するために、DjangoアプリケーションでのSQL発行ログを確認する方法を紹介します。また、この節ではpython manage.py shellコマンドでの対話環境で確認します。

簡易的にクエリを調べる

外部ライブラリを使用せずに、簡易的にクエリを調べる方法を解説します。

個別にQuerySetオブジェクトのquery属性を確認する──print関数で出力する

まず紹介するのはQuerySetオブジェクトのquery属性です。この属性を参照することで、発行するSQLを確認できます。具体例は以下のとおりです。

```
>>> from projects.models import Comment
>>> print(Comment.objects.all().query)
 SELECT * FROM projects_comment; 相当のクエリの発行
SELECT "projects_comment"."id",
       "projects_comment"."user_id"
       (略)
FROM "projects_comment"
```

この方法の利点は、特定の記述に対して直感的かつ簡易的に確認できることです。欠点としては、個別にprint関数などで出力する必要があるた

め、全体で発行されるSQLを俯瞰できないことです。

自動的に全体を俯瞰する――loggingで出力する

先ほどの例ではコードの各部分で記述する必要がありましたが、これを全体に適用する方法が欲しくなります。全体でSQL発行ログを出力する方法として、loggingで出力する方法があります。

具体的には以下のとおりです。**settings.py**に以下のように記述します。

`bts_project/settings.py`
```python
LOGGING = {
    "version": 1,
    "handlers": {
        "console": {
            # 標準出力にログ出力する
            "class": "logging.StreamHandler",
        },
    },
    "loggers": {
        # モジュールを指定してログを出力する
        "django.db.backends": {
            # consoleという名前のハンドラを使用する
            "handlers": ["console"],
            "level": "DEBUG",
            "propagate": False,
        },
    },
}
```

設定を記述した状態で実行します。

```
>>> from projects.models import Comment
>>> Comment.objects.all()
```
SELECT * FROM projects_comment LIMIT 21 相当のSQLが発行されていることがわかる
```
(0.001) SELECT "projects_comment"."id",
              （略）
        FROM "projects_comment" LIMIT 21; args=()
<QuerySet [<Comment: Comment object (30001)>,（略）]>
```

この方法の利点は、アプリケーションの開始からすべてのログを出力できることです。欠点としては、アプリケーション全体だとSQL発行も膨大になり視認性が悪いことです。

第10章 Django ORMの速度改善
クエリ発行の基礎、計測、チューニング

ライブラリを使い、画面上で俯瞰して確認する——Silk

今まで紹介した方法はターミナル上でログを確認するものでした。これらの方法は便利でよく使われます。しかし、画面上で確認でき API のエンドポイントごとにまとめて閲覧できると便利です。そのような機能を持つライブラリとして Silk があります。

Silkの導入

まずは Silk を pip でインストールします。ライブラリ名は django-silk です。ここでは本書執筆時点で最新のバージョンである 5.1.0 を指定します。

```
$ pip install django-silk==5.1.0
```

ライブラリのインストールが完了したら、Django の設定に以下を追記します。

```
bts_project/settings.py
INSTALLED_APPS = [
  ...
  "silk"
]
MIDDLEWARE = [
  ...
  "silk.middleware.SilkyMiddleware",
]
```

また、画面上から確認できるよう urls.py にルーティングを追加します。

```
bts_project/urls.py
from django.urls import include

urlpatterns += [
    path("silk/",
        include("silk.urls", namespace="silk"))]
```

Silk は DB のテーブルを使用するのでマイグレーションも実行しましょう。

```
$ python mange.py migrate
```

マイグレーションが実行され、Silk を使用する準備が完了しました。

django-silkの動作確認

実際に画面を確認しましょう。http://localhost:8000/silk/ にアクセ

208

スすると、**図10-2-1**のような画面が確認できます。また、個別のURLに対してSQL発行ログや実行時間が確認できます。

図10-2-1　django-silkの発行SQL表示

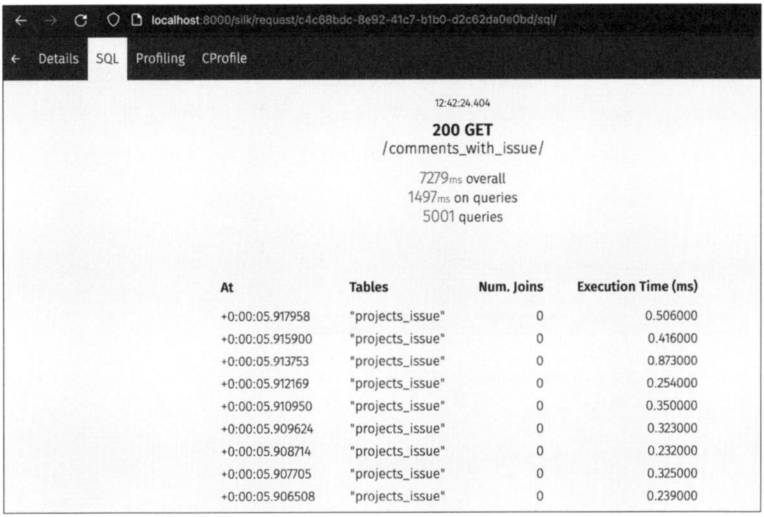

SQL発行ログはDBに保存されます。ディスクの容量が圧迫してしまった場合は、DBのレコードをクリアしましょう。

10.3

Django ORMのクエリ発行タイミング

SQL発行ログの確認方法を理解したうえで、次はDjango ORMでSQLが発行されるタイミングについて解説します。コードの書き方によっては思わぬ箇所でSQLが発行されてしまい、パフォーマンスが低下することがあるためです。

SQL発行ログは紙幅の都合で、先ほどのログ確認で説明したloggingで出力する方法を使用しています。

第10章 Django ORMの速度改善
クエリ発行の基礎、計測、チューニング

クエリ発行タイミングの原則と、それが遅延されるケースについて解説します。

クエリ発行タイミングの原則——遅延実行

Djangoでモデルのオブジェクトを取得は`Comment.objects.all()`というように`<モデル名>.objects.<操作>`と記述します。この記述で返される値の型は`QuerySet`です。`QuerySet`オブジェクトはクエリ操作をまとめたもので、実際にRDBにアクセスする必要があるまで発行しません（遅延実行）。

以下の例を見てみましょう。

```
>>> from projects.models import Comment
この時点ではSQLが発行されない
>>> queryset = Comment.objects.all()
list関数でクエリセットの実態を取得するためSQLが発行される
>>> list(queryset)
(0.001) SELECT "projects_comment"."id", (略)
```

クエリ発行が遅延される場合❶——filterメソッドのチェイン

条件を絞り込んで取得する場合、`filter`メソッドを使用します。`filter`メソッドをチェインさせることで簡潔にクエリを記述できます。`QuerySet`ではクエリの条件が蓄積され、最終的に値が必要になったタイミングでSQLが発行されます。

```
>>> from django.contrib.auth.models import User
>>> from projects.models import Issue
ユーザーを取得する（SQLが発行されない）
>>> users = User.objects.filter(username__startswith='a')
ユーザーで絞り込んだIssueを返す（SQLが発行されない）
>>> issues = Issue.objects.filter(user__in=users)
list関数でクエリセットの実態を取得する（SQLが発行される）
>>> list(issues)
(0.003) SELECT "projects_issue"."id", (略)
        WHERE "projects_issue"."user_id" IN
          (SELECT U0."id" FROM "auth_user" U0
           WHERE U0."username" LIKE 'a%' ESCAPE '\');
           args=('a%',)
[<Issue: Issue object (10186)>, (略)]
```

クエリ発行が遅延される場合❷
——リレーション先のオブジェクトの取得

以下の場合も確認してみましょう。ここでは子モデルとなるCommentに紐付く親モデルのIssueを取得しています。

```
>>> from projects.models import Comment
Commentの0番目を取得する（SQLが発行される）
>>> comment = Comment.objects.all()[0]
(0.001) SELECT "projects_comment"."id",
            （略）
        FROM "projects_comment" LIMIT 1; args=()
Comment.contentを出力する（SQLが発行されない）
>>> print(comment.content)
Issue.contentを出力する（SQLが発行される）
>>> print(comment.issue.content)
(0.001) SELECT "projects_issue"."id",
            （略）
        FROM "projects_issue"
        WHERE "projects_issue"."id" = 17181
        LIMIT 21; args=(17181,)
01c9a045598244b4a9f4670508717d9e
```

このように、Djangoのモデルインスタンスは外部キー（*Foreign Key*）で関連付けられたモデルの取得を自動的に解決するため、Pythonのコード上では.で属性アクセスするだけで要素が取得できます。ただし、これがパフォーマンス低下を招く原因になることがあります。

10.4

親子モデルの情報の取得を改善する

親子モデルを扱ううえで頻繁に発生する問題とその改善方法について解説します。

実行時間の計測——デコレータで特定ビューの実行時間を計測する

実装する前に、各ビューで実行される時間を計測できるようにします。Pythonのデコレータ記法を使用した実装例は以下のとおりです。

第10章 Django ORMの速度改善
クエリ発行の基礎、計測、チューニング

```
projects/views.py
import time

def time_decorator(view):
    """時間を計測するデコレータ"""
    def _inner(*args, **kwargs):
        start = time.time()
        response = view(*args, **kwargs)
        end = time.time()
        print(f"計測時間: {end - start}")
        return response
    return _inner

@time_decorator  # デコレータの適用
def comments_with_issue(request):
    ...
```

これでビューの実行時間を簡単に測定できるようになりました。

子から親の情報参照——select_relatedメソッド

子から親の情報参照の例として、課題付きコメント一覧APIを実装します。

素朴な実装方法——問題のあるコード

コードは以下のとおりです。

```
projects/views.py
from django.http import JsonResponse
from projects.models import Comment

def comments_with_issue(request):
    """課題付きコメント一覧"""
    contents = []
    comments = Comment.objects.all()
    for comment in comments:
        contents.append({
            "comment.content": comment.content,
            "issue.content": comment.issue.content,
        })
    return JsonResponse({'contents': contents})
```

ここでも先ほどのloggingを使用して発行されているSQLを確認しましょう。コマンドは`curl -s http://localhost:8000/comments_with_issue/ > /dev/null`です。実行後、このような出力が確認できます。

```
(0.000) SELECT "projects_comment"."id",
             (略)
       FROM "projects_comment" LIMIT 3; args=()
(0.000) SELECT "projects_issue"."id",
             (略)
       FROM "projects_issue"
       WHERE "projects_issue"."id" = 4951 LIMIT 21
       ; args=(4951,)
```
以下issue取得のクエリが続く
計測時間: 3.95727801322937

　`projects_issue.id`の指定以外が同じである大量のSELECT文が出力されます。このSELECT文を減らせないでしょうか?

改善方法──INNER JOINによるクエリ数の削減

　SQLで考えると、INNER JOINで複数テーブルにまたがる情報を連結できます。Djangoでは`QuerySet`の`select_related`メソッドを使用することでINNER JOINできます。実際に置き換えてみましょう。

projects/views.py
```
def comments_with_issue(request):
  ...
  comments = Comment.objects.select_related("issue").all()
  ...
```

　もう一度APIにアクセスして発行されたSQLを確認します。

```
(0.000) SELECT "projects_comment"."id", (略),
             "projects_issue"."id", (略)
       FROM "projects_comment"
       INNER JOIN "projects_issue"
        ON ("projects_comment"."issue_id"
         = "projects_issue"."id"); args=()
```
計測時間: 0.1926259994506836

　INNER JOINされていることが確認できました。実行時間も3.95秒から0.19秒と、5%に短縮されました。

　注意点としては、不要なJOINがあると実行クエリによっては遅くなってしまうことがあります。不要なテーブルはJOINしないよう、必要最低限のモデルのみ指定するようにしましょう。

第10章 Django ORMの速度改善
クエリ発行の基礎、計測、チューニング

親から子の情報参照——prefetch_relatedメソッド

次に、親から子の情報参照の例として、ユーザーごとのコメント一覧API
を実装します。

素朴な実装——問題のあるコード

コードは以下のとおりです。

```
projects/views.py
@time_decorator
def comments_by_user(request):
    """ユーザーごとのコメント一覧"""
    contents = []
    users = User.objects.all()
    for user in users:
        comments = user.comment_set.all()
        for comment in comments:
            contents.append({
                "name": user.username,
                "content": comment.content,
            })
    return JsonResponse({"contents": contents})
```

発行されているSQLを確認します。ターミナル上で`curl -s http://
localhost:8000/comments_by_user/ > /dev/null`を実行します。

```
(0.000) SELECT "auth_user"."id", (略)
        FROM "auth_user"; args=()
(0.000) SELECT "projects_comment"."id", (略)
        FROM "projects_comment"
        WHERE "projects_comment"."user_id" = 1; args=(1,)
(0.000) SELECT "projects_comment"."id", (略)
        FROM "projects_comment"
        WHERE "projects_comment"."user_id" = 2; args=(2,)
(略)
```
id指定が異なるが同じようなクエリが続く
```
計測時間: 0.2275681495666504
```

大量のクエリが発行されているのが確認できます。どこで大量のクエリ
が発行されているでしょうか？それは`user.comment_set.all()`の記述です。
`users`で`for`ループ内に記述されているため、次の`comments`の`for`ループ実
行時にSQLがループの数だけ発行されてしまいます。そのため、パフォー
マンスが低下しています。

親子モデルの情報の取得を改善する　10.4

改善方法──Pythonでの結合によるクエリ数の削減

　ここでの改善方法は**prefetch_related**メソッドです。このメソッドは親モデルから子モデルへのリレーションの関係で使用できます。改善例は以下のとおりです。

```
def comments_by_user(request):
    ...
    users = User.objects.prefetch_related("comment_set").all()
    ...
```

　ここではユーザーに紐付いているコメントを取得するために**comment_set**という属性を参照しています。そのため**prefetch_related**の引数に文字列で**comment_set**を指定します。

　改善後に発行されているSQLを確認しましょう

```
(0.001) SELECT "auth_user"."id", (略)
        FROM "auth_user"; args=()
(0.001) SELECT "projects_comment"."id", (略)
        FROM "projects_comment"
        WHERE "projects_comment"."user_id" IN (1, 2, 3, (略) 98, 99, 100);
        args=(1, 2, 3, (略), 98, 99, 100)
計測時間: 0.1927661895751953
```

　クエリが削減されたことが確認できました。実行時間も0.27秒から0.19秒と、約70%に短縮されました。

　prefetch_relatedの引数にリレーション先の属性を文字列で指定すると事前に取得します。もし事前取得する**QuerySet**や取得した値の設定先を変更したい場合は、**django.db.models.Prefetch**オブジェクトを使用すると設定可能です。

　内部的には親オブジェクトと子オブジェクトでそれぞれ1回ずつクエリを発行し、Django内のPythonで行われる処理で結合しています。一般的にクエリの多重発行よりPythonコードでの結合のほうが実行速度が速いため、高速化できます。

215

第**10**章 **Django ORMの速度改善**
クエリ発行の基礎、計測、チューニング

10.5

大量レコードの作成・更新を改善する

　大量のレコードを作成・更新するときに頻繁に発生する問題と、その改善方法について解説します。

大量レコードの作成——bulk_createメソッド

　課題を大量作成するAPIを実装します。実際には複雑なパラメータ指定やバリデーションなどが必要ですが、説明用に簡易的なコードとしています。

素朴な実装——問題のあるコード

　素朴に実装した場合のコードは以下のとおりです。

```
projects/views.py
POSTリクエストのためcsrf_exemptを付加
from django.views.decorators.csrf import csrf_exempt

@csrf_exempt
@time_decorator
def import_issues(request):
    """課題の一括作成"""
    posted_issue_contents = request.POST["contents"].split(",")
    posted_user_id = request.POST["user_id"]
    for content in posted_issue_contents:
        Issue.objects.create(user_id=posted_user_id,
                             content=content)
    return JsonResponse({})
```

　実行されているSQLを確認します。ターミナル上で`curl -s http://localhost:8000/import_issues/ -d 'contents=1,2,3,4,5&user_id=1'`を実行します。

```
(0.002) INSERT INTO "projects_issue"
        ("user_id", "content", "created_at")
        VALUES (1, '1', '2021-10-25 10:39:00.941723')
        ; args=[1, '1', '2021-10-25 10:39:00.941723']
1から5までのパラメータで同一の記述が並ぶ
(略)
計測時間: 0.008231163024902344
```

216

INSERT文が課題の件数分、発行されます。パラメータの差分は1から5までの数値です。このクエリを減らせないでしょうか？

改善方法──bulk_createメソッドの使用

この問題の改善方法としてQuerySetのbulk_createメソッドを使用します。

```python
# projects/views.py
def import_issues(request):
    ...
    issues = [Issue(user_id=posted_user_id,
                    content=content)
              for content in posted_issue_contents]
    Issue.objects.bulk_create(issues)
    ...
```

実際に発行されたSQLを確認します。

```
(0.001) INSERT INTO "projects_issue"
        ("user_id", "content", "created_at")
        SELECT 1, '1', '2021-10-25 10:41:02.546553'
        UNION ALL SELECT
        1, '2', '2021-10-25 10:41:02.546605'
        1から5までのパラメータで同一の記述が並ぶ
        (略)
        args=(1, '1', '2021-10-25 10:41:02.546553',
        1から5までのパラメータで同一の記述が並ぶ
        (略)
        )
計測時間: 0.0026717185974121094
```

クエリが削減されたことが確認できました。実行時間も0.0082秒から0.0026秒と、約30%に短縮されました。

ちなみに、bulk_createメソッドのbatch_size引数を指定すると、指定した数のチャンクに分割してINSERTクエリを実行できます。大量件数を扱う場合、DBとの接続で接続エラーなどが発生することがあるため有用です。

大量レコードの更新──bulk_updateメソッド

課題を一括更新するAPIを実装します。

素朴な実装──問題のあるコード

コードは以下のとおりです。実際には複数の条件をもとにそれぞれの値

第 10 章 **Django ORMの速度改善**
クエリ発行の基礎、計測、チューニング

を更新する複雑な処理のAPIの想定ですが、ここではすでに登録されている課題の本文に対して文字列を付加するAPIとします。そのため、事前にクエリセットを取得し .update() メソッドで更新する方法では対応が難しいものとします。

```
projects/views.py
@csrf_exempt
@time_decorator
def update_issues(request):
    """ 課題の一括更新 """
    issues = Issue.objects.all()
    for issue in issues:
        if issue.created_at.date() == timezone.now().date():
            issue.content = f"(today):{issue.content}"
        else:
            issue.content = f"(past):{issue.content}"
        issue.save()
    return JsonResponse({})
```

発行されているSQLを確認しましょう。ターミナル上で **curl -s http://localhost:8000/update_issues/** を実行します。

```
(0.001) UPDATE "projects_issue"
        SET "user_id" = 198,
            "content" = '(today):fdb6669e7c0d428eb9...',
            "created_at" = '2021-10-25 10:47:20.700853'
        WHERE "projects_issue"."id" = 2030
        ; args=(198, '(today):fdb6669e7c0d428eb1d9c...',
            '2021-10-25 10:47:20.700853', 2030)
以下パラメータ違いの同じようなクエリが続く
(略)
計測時間: 1.6778428554534912
```

UPDATEクエリが課題の件数分、発行されるため大量で、実行パフォーマンスが低下しています。これを減らせないでしょうか。

改善方法——bulk_updateによる更新

QuerySetの **bulk_update** メソッドを使用することで改善できます。

```
projects/views.py
def update_issues(request):
    ...
    issues_updated = []
    for issue in issues:
```

```
        if issue.created_at.date() == timezone.now().date():
            issue.content = f"(today):{issue.content}"
        else:
            issue.content = f"(past):{issue.content}"
        issues_updated.append(issue)
    Issue.objects.bulk_update(issues_updated,
                                ["content"])
...
```

発行されているSQLを確認しましょう

```
(0.001) UPDATE "projects_issue" SET "content" =
        CASE WHEN ("projects_issue"."id" = 1031)
            THEN '(today):85dc45fd833046dbb485d86...'
```
以下CASE WHENが続く
```
        (略)
計測時間: 0.00669097900390625
```

　SQLのWHEN/THENを使用して分岐し、それぞれの値でUPDATEされ、クエリが削減されたことが確認できました。実行時間も1.677秒から0.006秒と、約0.35%に短縮されました。

※

　DjangoのO/Rマッパで発行されているSQLの確認方法と、大量レコードを扱う際の改善方法を紹介しました。O/Rマッパは開発生産性を上げるために有用なので、発行されているクエリに気を付けつつ使用しましょう。

第 **11** 章

Django ORM
トラブルシューティング

ORMにまつわる問題を解決するための
型を身に付けよう

第10章「Django ORM の速度改善」では Django ORM における、性能に問題が発生しやすい書き方と正しい書き方を体系的に説明してきました。しかし、避けるべき書き方を知識としては知っていても、実際の開発では意図せず効率の悪い SQL を発行する実装をしていることはよくあります。本章では、「相談者さん」との対話という形式で、実際の開発でありがちな3つの事例を題材に Django ORM にまつわるトラブルとそれを解決するための考え方や技法を説明していきます[注1]。

11.1

ORM利用の3つの基本

まずは相談者さんのコードを見てみましょう。（のちほど登場するコードを読みながら）……うーん？ ……あー、なるほどなるほど。これはコードがかなり混乱してしまっていますね。コードが読みづらいだけでなく、DBへのSQL発行にもかなりムダがありそうです。こういうときどこから手を付けたらよいか迷いませんか？ でも大丈夫です。「ORM利用の3つの基本」を押さえておけば、混乱してしまったコードをスッキリさせられますよ。それでは、次の3つの基本を順番に適用して、その効果を見ていきましょう。

- ● **ORM利用の3つの基本**
  - ● SQLを確認する
  - ● 意図しないタイミングでのSQL発行を避ける
  - ● 理想のSQLからORMを組む

注1　サンプルコードは本書サポートサイトからダウンロードできます。
https://gihyo.jp/book/2024/978-4-297-14401-2/support

第**11**章 **Django ORMトラブルシューティング**
ORMにまつわる問題を解決するための型を身に付けよう

11.2

SQLを確認する

スポーツであれば鏡を見ながらトレーニングしたり、動画を撮って自分の動きやフォームを見ながら練習しますよね。ソフトウェア開発も同じで、プログラムの実行結果を最後まで確認せずにコードを書くことはほとんどありません。ORMクエリの場合、「期待する値が取れたか」に注目してしまいがちですが、「ORMクエリが発行するSQL文」をよく観察する必要があります。試合の結果(実行結果や処理速度)だけ見るのではなく、そこに至る過程としてのフォーム(SQL文)を観察して磨いていくことが大事なのです。

問題のあるORMクエリ例

まずは簡単な例として、スタッフの一覧を表示するだけのシンプルな画面を見ていきましょう。えっ、そこは特に相談したいところじゃない、ですか? いえいえ、このちょっとした画面にも問題が潜んでいるみたいですよ。そして、このあとに続く大きな問題を解決するための基本、SQL文を確認することの大切さもこの例で説明できそうです。

では、Staffモデル(**リスト1**)に対して、どのようなSQL文が発行されるのか見ていきましょう。

```
リスト1 Staffモデル (proj/app/models.py)
from django.db.models import (
    Model, CharField, DateTimeField)

class Staff(Model):
    name = CharField("名前", max_length=32)
    last_login = DateTimeField("最終ログイン")
    # 実際には多数のカラムがある
    class Meta:
        db_table = "staff"
```

このStaffモデルから、一覧を取得して画面表示するビュー関数があります(**リスト2**)。

222

> リスト2 スタッフ一覧を返すビュー関数（proj/app/views.py）

```python
from django.shortcuts import render
from .models import Staff


def staff_list(request):
    staffs = (
        Staff.objects.order_by("-last_login")
        .only("pk", "name")
    )
    return render(
        request, "index.html",
        context={"staffs": staffs})
```

　このコードはたった数行ということもあって、特に問題がなさそうに見えますが、実際はどうでしょうか？ この処理を実行したときにどのようなSQLが発行されているかわかりますか？ SELECT文が1回ですか？ 仮説を立てたら、次は事実を検証しましょう。ソフトウェア開発において、仮説検証のループを小さくすばやく回すことはとても大事です。

Django ORMのログ出力設定

　どんなSQL文が発行されているかを見る方法には、django-debug-toolbarや第10章で説明したdjango-silkを導入してWeb画面を操作してブラウザ上でSQLを表示する方法や、DjangoのログにSQLを出力する方法があります。頻繁にSQLを見ながら試行錯誤するには、能動的に見に行くよりも自動的に表示されるほうが確認しやすいので、ここではDjangoのログ出力に出すようにしてみましょう。具体的な設定方法は第10章で説明済みなのでそちらを参照してください。

　スタッフ一覧画面を表示すると、今度はSQL文がずらーっとコンソールに表示されましたね（**リスト3**）。これがビュー関数（リスト2）のORMクエリにある「ちょっとした問題」です。

> リスト3 SQL文のログ出力（一部）

```
(0.000) SELECT "staff"."id", "staff"."name" FROM "staff" ORDER BY "staff"."last_
login" DESC; args=(); alias=default
(0.000) SELECT "staff"."id", "staff"."last_login" FROM "staff" WHERE "staff"."id"
= 1 LIMIT 21; args=(1,); alias=default
(0.000) SELECT "staff"."id", "staff"."last_login" FROM "staff" WHERE "staff"."id"
= 2 LIMIT 21; args=(2,); alias=default
(0.000) SELECT "staff"."id", "staff"."last_login" FROM "staff" WHERE "staff"."id"
= 4 LIMIT 21; args=(4,); alias=default
```

第11章 Django ORMトラブルシューティング
ORMにまつわる問題を解決するための型を身に付けよう

```
(0.000) SELECT "staff"."id", "staff"."last_login" FROM "staff" WHERE "staff"."id"
= 3 LIMIT 21; args=(3,); alias=default
（以下、数十行のSQL文ログ出力）
```

ビュー関数のORMクエリで発行されるSQLは「SELECT文が1回」という仮説を立てましたが、実際には数十回もSQLが発行されていました。このように、ORMクエリを見ただけで実際に発行されるSQLを予想するのは困難です。ORMクエリで作成したクエリセットは、受け取った先の処理で新しいデータ取得のために利用できてしまいます。クエリセットは便利で開発スピードを上げてくれますが、一方でDB問い合わせ制御が難しくなるという側面もあります。今回のような単純な実装でもSQL文発行を予測するのが難しいのですから、もう少し複雑な画面ではもっと難しいでしょう。

ところでどうしてこんなにSQLが発行されてしまったのか、もう少しコードを追ってみましょう。今回のケースでは、ビュー関数のコードは数行でほとんどヒントがないので、render()に指定しているテンプレートindex.htmlに目を向けてみましょう。index.htmlは**リスト4**のように書かれています。

```
リスト4  Staffを表示するDjangoテンプレート（一部）（proj/app/templates/index.html）
...
{% for staff in staffs %}
  <a href="{% url 'staff-detail' staff.pk %}">
    {{ staff.name }}
  </a>
  : {{ staff|staff_status }}
{% endfor %}
```

Djangoテンプレートではforループが使えますが、このループ実行ごとに追加でSQL文によるDBへの問い合わせが行われているのだと思われます。原因は何でしょうか？ ループ内では**staff**オブジェクトの属性を出力するほかに、ステータス表示用に**staff_status**フィルタで整形する処理があります。おそらくこのフィルタ関数がリスト2の**only**指定によって取得していなかった属性にアクセスして、ループごとにDBから1件ずつ再取得が行われているのだと思います。想像ですが、開発の途中でテンプレート側の表示を調整したときに、クエリセットを確認せずにStaffモデルの属性にアクセスするフィルタを実装してしまった……といった経緯かもしれませんね。

今回の問題を解決するには、単に**only**指定を削除すればよいでしょう（**リ**

スト5)。実際のところonlyを使って取得するカラムを制限するのは、全カラム取得がボトルネックとなるなど、何らかの必要性がある状況です。「とりあえずonly」的に使ってしまうと、別のところで再取得する今回のような影響が出てしまいます。クエリを最適化する際には、局所最適化とならないようにしましょう。今回の修正でも、only削除によってSQLログがどう変わるのかを確認します。変更と確認をセットで行うのがフォーム改善の基本ですよ。必ず期待するSQLになっているかチェックしてくださいね。

リスト5　ビュー関数のクエリからonlyを削除 (proj/app/views.py)

```
staffs = (
    Staff.objects.order_by("last_login")
    # .only("pk", "name")
)
```

数十行あったSQL文のログ出力が1行になりました(**リスト6**)。やりましたね!

リスト6　SQL文のログ出力 (見なおし版)

```
(0.000) SELECT "staff"."id", "staff"."name", "staff"."last_login" FROM "staff"
ORDER BY "staff"."last_login" DESC; args=(); alias=default
```

ログは現状を映す鏡

今回の直接的な原因はonlyを指定していたことですが、たとえば「必要なカラムのみをSELECTする」と開発標準で決まっている場合には、実装時点では必要なことだったといえます。何にしても常に意識しておきたいのは、実装したORMクエリが実際にどのようなSQL文を発行をしているか、常に観察する習慣を付けることです。そのために、SQL文のログ出力は有効な手段の1つとなります。

今回、ログ出力によって現状を見なおす鏡を手に入れました。今後の開発では、ORMクエリを実装するときにはSQL文のログ出力を使って、期待するSQLと実際のSQLを見比べながら実装していってくださいね。

第11章 Django ORMトラブルシューティング
ORMにまつわる問題を解決するための型を身に付けよう

11.3

意図しないタイミングでの SQL発行を避ける

前節の相談のあと、相談者さんの開発チームではクエリセットをテンプレートに渡さないように開発標準が変更されたようです。これによってテンプレートからDBへの問い合わせは発生しなくなりましたが、どうやら別の問題が発生しているようです……。さっそく次の相談を見ていきましょう。

相談内容はこうです。テンプレートからORMのメソッドが実行されるのを防ぐために、ビューであらかじめデータを取得し、テンプレート表示に必要な最低限のフィールドを定義したオブジェクトとしてデータ転送オブジェクトを作成しました。これを使うことによって、ORMクエリをテンプレートに渡す代わりに、データ転送オブジェクトに詰め替える実装になりました。結果として、アプリケーションの構造が複雑になって開発しづらくなった、ということのようですね。ビューの処理内にSQL発行を閉じ込めることで意図しないタイミングでのSQL発行を避ける方針はよいですが、方針のために手間ばかり増えてしまうのも考え物ですよね。

さっそく手間の削減を検討したいところですが、実装コードのままでは、データ転送用データクラスの定義、テンプレートでの参照、ビュー関数でのデータ詰め替え、ORMクエリの実装、とそれぞれ実装箇所がコードのあちこちに分散していて、状況を把握するのが難しくなってしまっています。問題点を明らかにするためにも、まずは試行錯誤しやすい状態にしておきましょう。

PythonスクリプトでDjango ORMを実行

試行錯誤しやすいように、一連の処理から必須のコードを抽出して、1つのPythonスクリプトにまとめてみましょう。

Djangoでは、モデル定義を`models.py`、ビュー関数を`views.py`、表示用テンプレートは`templates/`以下、さらにDjangoのテンプレートタグとフィ

ルタのコードは templatetags/ 以下と、1つの画面を表示するためにコードをあちこちのファイルに実装します。このように実装場所が目的に応じて決まっているのはフレームワークのメリットですが、コードを調整しながら発行されるSQLを確認するには手間が大きく、試行錯誤しづらい状況です。そこで、ORMクエリを扱うコードの要点を抜き出して確認していきましょう。

まずは各モジュールからORMクエリを扱うコードを抽出します。次に検証方法を考えます。第10章と同様に python manage.py shell コマンドで対話シェルを開いてクエリを実行する方法が真っ先に思い付くでしょう。単体のクエリを調査する場合はこの方法で十分です。しかし、今回のケースはコードが数十行あり、かつ試行錯誤して何度も実行することが想定されるため、対話シェルで1行ずつ実行するのは非効率です。そこで、任意のPythonスクリプトにコードを集めて実行できるようにしてみましょう。

今回の相談コードから要点を抽出する前に、練習を兼ねて前節の相談コードを題材に1ファイルにまとめてみます。ここでまとめるコードはリポジトリにコミットしない使い捨てコードのため、コーディング規約よりも試行錯誤のしやすさを優先してかまいません。ファイル名は何でもよいのですが、ここでは try1.py として**リスト7**のようにまとめました。

リスト7　リスト5までの必須コードを集約（try1.py）

```python
# Djangoの初期化
import os
import django
os.environ.setdefault(
    "DJANGO_SETTINGS_MODULE", "proj.settings")
django.setup()

# ここから集約したコード
from app.models import Staff
from app.templatetags.status import staff_status

staffs = (
    Staff.objects.order_by("-last_login")
    .only("pk", "name")
)
for staff in staffs:
    print({
        "pk": staff.pk, "name": staff.name,
        "status": staff_status(staff)})
```

第**11**章 Django ORMトラブルシューティング
ORMにまつわる問題を解決するための型を身に付けよう

これを python try1.py で実行すると、print関数による出力と、第10章で説明した LOGGING 設定により**リスト8**のように SQLのログがコンソールに表示されます。

```
リスト8  ログ出力とprint出力
(0.000) SELECT "staff"."id", "staff"."name" FROM "staff" ORDER BY "staff"."last_
login" DESC; args=(); alias=default
(0.000) SELECT "staff"."id", "staff"."last_login" FROM "staff" WHERE "staff"."id"
= 1 LIMIT 21; args=(1,); alias=default
{'pk': 1, 'name': 'staff1', 'status': '最終ログイン:2023-02-13'}
(0.000) SELECT "staff"."id", "staff"."last_login" FROM "staff" WHERE "staff"."id"
= 2 LIMIT 21; args=(2,); alias=default
{'pk': 2, 'name': 'staff2', 'status': '最終ログイン:2023-02-12'}
（以降のSQL文やprint関数による出力は省略）
```

リスト7のようにコードを1ヵ所に集めると、**manage.py runserver** コマンドによる Django サーバの起動や、コード書き換えごとのプロセスリロード、Web画面操作などをしなくても、コマンドライン上で簡単に試行錯誤できます。

そしてもう1つ、重要なメリットがあります。リスト7のコードをあらためて見てください。only を指定した ORMクエリのあとには3行の for ループしかなく、SQLをループごとに発行している怪しいコードは staff_status(staff) だろうと推測できますよね。このように、コードを1ヵ所に集めたことで問題が把握しやすくなっています。コードを仮り組みするときに、この方法で一度実装して動かしてみるのもよいですね。

┃コードを集めて処理の要点を押さえる

あらためて、相談内容を確認していきます。ORMクエリをテンプレートに渡す代わりにデータ転送用クラスに詰め替える実装にしたためにアプリケーションの構造が複雑になって開発しづらくなった、というのが相談内容でした。そこで、先ほど紹介した1ファイルへのコード集約をして、手間を削減できるところがないか見てみましょう。あちこちのファイルに分散していた必須のコードを集めると、**リスト9**、**リスト10**のようになりました。

```
リスト9  相談コードで参照しているモデルの定義（proj/app/models.py）
from django.db.models import (
    Model, CharField, DateField, DateTimeField,
    ForeignKey, ManyToManyField, DO_NOTHING)
```

意図しないタイミングでのSQL発行を避ける　11.3

```python
class Staff(Model):
    name = CharField("名前", max_length=32)
    last_login = DateTimeField("最終ログイン")
    # 実際には多数のカラムがある
    class Meta:
        db_table = "staff"

class Delivery(Model):
    date = DateField("配達日")
    receiver = ForeignKey(
        "Person", null=True, on_delete=DO_NOTHING)
    mailman = ForeignKey(
        "Staff", on_delete=DO_NOTHING)
    # 送り主は省略
    class Meta:
        db_table = "delivery"

class Person(Model):
    name = CharField("利用者", max_length=32)
    # 住所などは省略
    class Meta:
        db_table = "person"
```

リスト10　相談コードを集約（try2.py）

```python
# Djangoの初期化
import os
import django
os.environ.setdefault(
    "DJANGO_SETTINGS_MODULE", "proj.settings")
django.setup()

import dataclasses
from datetime import date
from django.db.models import Count, Q
from app.models import Staff

today = date(2023, 2, 14)  # 動作検証用

# データクラスの定義
@dataclasses.dataclass
class DeliveryDesc:
    pk: int                        # 配達者pk
    name: str                      # 配達者名
    date: date                     # 配達日
    delivery_num: int|None = None  # 配達数
    unknown_num: int|None = None   # 宛先不明数
```

229

第11章 Django ORMトラブルシューティング
ORMにまつわる問題を解決するための型を身に付けよう

```python
# ORMクエリの実装
qs = (
    Staff.objects
    .annotate(
        delivery_num=Count("delivery", filter=Q(
            delivery__date=today,
            delivery__receiver__isnull=False,
        )),
        unknown_num=Count("delivery", filter=Q(
            delivery__date=today,
            delivery__receiver__isnull=True,
        )),
    )
)

# テンプレートへ渡すデータの詰め替え
desc_list = []
for staff in qs:
    desc = DeliveryDesc(
        pk=staff.pk,
        name=staff.name,
        date=today,
        delivery_num=staff.delivery_num,
        unknown_num=staff.unknown_num,
    )
    desc_list.append(desc)

# テンプレートでの参照
for desc in desc_list:
    print(desc)
```

　テンプレートにクエリセットを渡さないために、データ転送用クラスとしてデータクラスへ詰め替える発想は良いと思います[注2]。これによって、テンプレートはモデル層の実装の詳細に触れることなく、レンダリングに専念できるようになりますね[注3]。Djangoの文脈では、モデルがテンプレートやビューの事情を知りすぎる実装、たとえばモデルクラスにrequestオブジェクトを渡して遷移先URLを生成する実装は避けるべきです。また、テンプレートがモデルを参照している状況は依存方向としては間違いではあり

注2　テンプレート内でのSQL発行を見越してキャッシュ制御を実装している場合は、合わせて見直しが必要です。

注3　モデル層とテンプレート層の責任分解点を意識するのはとても大事です。アーキテクチャ設計においては「依存関係逆転の原則」という「依存の内側が外側の詳細を知ってはいけない」という原則があります。

ませんが、これによって意図しないSQLを発行してしまうのが問題になるのであれば、設計で何か対策したほうがよいでしょう。

リスト10のコードは、モデルとテンプレートを切り離すために新しいデータ転送用のデータクラスにデータを詰め替える処理をしています。この実装には良い点と悪い点があります。

- **良い点**
  - 画面表示上の都合をビューでもテンプレートでもなく、データクラスで吸収できている
  - データクラスによって扱いたいデータが何なのか、データ型が何なのかが明確になっている

- **悪い点**
  - 詰め替えたデータをテンプレートでしか使っていないため良い点を活かせていない
  - この詰め替え処理をプログラムで毎回書くのはとても手間がかかりそう
  - 今後テーブルにカラムが追加された場合には、画面に表示するまでに修正が必要なコードが増える

上記の良い点と悪い点を比較した場合に、今回のようなケースでは、データクラスを単純なデータ転送用に用意するのはやりすぎであり、辞書形式でも問題ないと判断できます。そのため、クエリセットオブジェクトから値を詰め替えるのではなく、はじめから QuerySet.values() メソッドで必要なフィールドを持つ辞書形式で取得してしまいましょう。リスト10のコードを .values() を使って**リスト11**のように修正しました。

リスト11　valuesを使ったコードの改善（try2.py）

```python
# データクラスの定義は不要（ここより前のコードはリスト10と同じ）
# ORMクエリの実装
qs = (
    Staff.objects
    .annotate(
        delivery_num=Count("delivery", filter=Q(
            delivery__date=today,
            delivery__receiver__isnull=False,
        )),
        unknown_num=Count("delivery", filter=Q(
            delivery__date=today,
            delivery__receiver__isnull=True,
        )),
```

第**11**章 Django ORMトラブルシューティング
ORMにまつわる問題を解決するための型を身に付けよう

```
    )
).values("pk", "name", "delivery_num", "unknown_num")

# クエリセットを辞書のリストに展開。データの詰め替えは不要
values = list(qs)

# テンプレートでの参照
print(today)  # todayは各行に持たせず別で渡せばよい
for staff in values:
    print(staff)
```

　これで、意図しないSQL発行は防止できますし、実装の複雑度も押さえられました。やりましたね！念のため、修正前と修正後のログ出力を比較しておいてくださいね（**リスト12**）[注4]。

```
リスト12  ログ出力とprint出力
(0.000) SELECT "staff"."id", "staff"."name", COUNT("delivery"."id") FILTER (WHERE
("delivery"."date" = '2023-02-14' AND "delivery"."receiver_id" IS NOT NULL)) AS
"delivery_num", COUNT("delivery"."id") FILTER (WHERE ("delivery"."date" = '2023-
02-14' AND "delivery"."receiver_id" IS NULL)) AS "unknown_num" FROM "staff" LEFT
OUTER JOIN "delivery" ON ("staff"."id" = "delivery"."mailman_id") GROUP BY
"staff"."id", "staff"."name", "staff"."last_login"; args=('2023-02-14', '2023-02-
14'); alias=default
2023-02-14
{'pk': 1, 'name': 'staff1', 'delivery_num': 0, 'unknown_num': 0}
{'pk': 2, 'name': 'staff2', 'delivery_num': 3, 'unknown_num': 1}
{'pk': 3, 'name': 'staff3', 'delivery_num': 4, 'unknown_num': 2}
{'pk': 4, 'name': 'staff4', 'delivery_num': 0, 'unknown_num': 0}
```

　Djangoテンプレートに辞書データを渡す場合、画面変更時にテンプレート側で使いたい値が辞書に含まれていない場合にはテンプレートの修正だけではすまなくなるデメリットがあります。しかし、意図しないタイミングでのSQL発行が問題になるのであれば、テンプレートに渡すのはクエリセットではなく辞書にしてしまうほうがよいでしょう。また、Web APIのレスポンスにJSONを返すのが目的であれば、クエリセットや独自のデータクラスである必要はあまりなく、辞書データがあれば十分でしょう。はじめから辞書形式で取得できれば、データ変換処理も不要になります。もし将来、後続処理でほかのカラムが必要になったとしても、ORMクエリの修正をすれば新しい辞書データが手に入ります。

注4　紙幅の都合により修正後のログのみ掲載します。

理想のSQLからORMを組む　11.4

11.4

理想のSQLからORMを組む

　次の相談は、「ログ出力されるSQLをもとにクエリ効率を改善したいけれど」、おお、良いですね、「長いSQL文を把握するためにエディタにコピペして整形する手間が大きい」、ですか。その状況、よくわかります。それにしても相談者さんの開発方法もだいぶSQL寄りになってきたようですね。

　デバッグ情報を把握しやすく整形することは開発の本流ではありませんが、試行錯誤をすばやく回す役に立ちます。django-debug-toolbarやsilkであれば整形表示してくれますが、前節で紹介したようなスクリプト実行中やDjango本体のSQLログ出力では整形されません。そこで、ちょっとした関数を用意してSQL文を整形してみましょう。

SQLを整形表示する治具を作る

　今回はSQLにsqlparseパッケージのformat関数を使います。この関数は、任意のSQL文を人間が読みやすいように整形して出力してくれますし、パラメータで調整もできます。また、このパッケージは現在主流のDjango 4系が内部で利用しているため、別途インストールせずに使えるのも手軽な点です。

　さっそくSQLを整形して出力してみましょう。SQL文のサンプルとして、前節のログ出力（リスト12）にあるSQLを使います。対話コンソールを起動して**リスト13**のように実行してみてください。

```
リスト13 SQL文の整形
>>> sql = '''SELECT "staff"."id", "staff"."name", COUNT("delivery"."id") FILTER
(WHERE ("delivery"."date" = '2023-02-14' AND "delivery"."receiver_id" IS NOT
NULL)) AS "delivery_num", COUNT("delivery"."id") FILTER (WHERE ("delivery"."date"
= '2023-02-14' AND "delivery"."receiver_id" IS NULL)) AS "unknown_num" FROM
"staff" LEFT OUTER JOIN "delivery" ON ("staff"."id" = "delivery"."mailman_id")
GROUP BY "staff"."id", "staff"."name", "staff"."last_login";'''
>>> from sqlparse import format as sfmt
>>> print(sfmt(sql, reindent_aligned=True))
SELECT "staff"."id",
       "staff"."name",
```

233

第**11**章 **Django ORMトラブルシューティング**
ORMにまつわる問題を解決するための型を身に付けよう

```
          COUNT("delivery"."id") FILTER (WHERE ("delive
            ry"."date" = 2023-02-14 AND "delivery"."rec
            eiver_id" IS NOT NULL)) AS "delivery_num",
          COUNT("delivery"."id") FILTER (WHERE ("delive
            ry"."date" = 2023-02-14 AND "delivery"."rec
            eiver_id" IS NULL)) AS "unknown_num"
  FROM "staff"
  LEFT OUTER JOIN "delivery"
    ON ("staff"."id" = "delivery"."mailman_id")
 GROUP BY "staff"."id",
          "staff"."name",
          "staff"."last_login"
```

　SQLがうまく整形されましたね（実際には、長い行は改行されずに出力さ
れます）。ただ、このコードを整形したい箇所で毎回書くとなるとまた手間
になってしまいます。そこで、関数化していつでも使えるようにしておき
ましょう。

　SQL文を整形する関数を**リスト14**のように実装しました。この関数をデ
バッグ用コードとしてどこかのモジュールに実装しておいてもよいですし、
コードスニペットとしてどこかに保存しておいて必要なときにコピーして
使ってもよいでしょう。リスト14のコードはスニペットとして扱いやすく
するため関数定義内で`import`をしています。

> リスト14　SQL文を整形する関数

```python
def printsql(sql):
    from sqlparse import format as sfmt
    print(sfmt(sql, reindent_aligned=True))
```

　今回のケースでは、**try2.py**に実装して使うのがよさそうです。**try2.py**
（リスト11）に**リスト15**のように実装しました。それでは、動作を確認して
みてください（実行結果はリスト13のSQL文と同等になります）。

> リスト15　Django ORMが発行するSQL文を整形して出力（try2.py）

```python
def printsql(query):
    from sqlparse import format as sfmt
    print(sfmt(str(query), reindent_aligned=True))


# ORMクエリの実装
qs = (
    # 詳細はリスト11を参照
).values("pk", "name", "delivery_num", "unknown_num")

printsql(qs.query)
```

リスト15では、`printsql`の引数を少し調整しています。SQL文字列だけでなく、Djangoのクエリオブジェクトも受け取れるようにして、Djangoの開発で少し使いやすくしています。関数に渡している **query** はクエリセットオブジェクトの属性で、文字列化すると SQL 文になります[注5]。今回はprint()関数で出力しましたが、代わりにloggerで出力してもよいかもしれませんね。

このような、ソフトウェア開発で使える便利な道具をソフトウェア治具、あるいは単に治具と呼びます。自分の道具箱にこういった治具をいくつか用意しおいて、開発中にサッと取り出して使えるようになると、効率的に開発できるようになりますよ。

理想のSQLを考える

これで長い SQL 文が把握しやすくなったでしょうか？ えっ、整形したことで SQL のムダが気になってきた、ですか。なるほど、たしかにこの SQL 文は SELECT 句にある 2 つの COUNT で同じ日付での絞り込み条件がありますね。これをどうしたいですか？ ……（もらった**リスト 16** の SQL を読んで）なるほど、`LEFT OUTER JOIN "delivery"` の ON 句で日付も条件に加えることで、JOIN する前にデータを絞っておきたいんですね。

```
リスト16  理想のSQL
SELECT "staff"."id",
       "staff"."name",
       COUNT(dlist."receiver_id") AS "delivery_num",
       COUNT("delivery"."id") FILTER (WHERE (dlist."
         receiver_id" IS NULL)) AS "unknown_num"
  FROM "staff"
  LEFT OUTER JOIN "delivery" dlist
    ON ("staff"."id" = dlist."mailman_id" AND
       (dlist."date" = 2023-02-14))
 GROUP BY "staff"."id",
          "staff"."name",
          "staff"."last_login"
```

クエリ効率を考慮して理想の SQL を考え、そこから ORM を組むのは良い戦略ですね。この SQL を目指すのは局所最適化が過ぎるような気もしま

注5 ドキュメント化されていないため使用には注意が必要です。コードは https://github.com/django/django/blob/stable/4.2.x/django/db/models/sql/query.py#L277 で参照できます。

第**11**章　Django ORMトラブルシューティング
ORMにまつわる問題を解決するための型を身に付けよう

すが、練習としてやってみましょう。

テーブルを条件で絞り込んでから JOINするには、FilteredRelationが使えます注6。FilterdRelation はQuerySet.annotte() メソッドと組み合わせて使い、ON句に指定する条件を設定できます。これを組み込むと、コードは**リスト17**のようになります。

```
リスト17 FilteredRelationによるON句の指定（try2.py）
# ORMクエリの実装
qs = (
    Staff.objects
    .annotate(
        dlist=FilteredRelation(
            "delivery",
            condition=Q(delivery__date=today)),
        delivery_num=Count("dlist__receiver"),
        unknown_num=Count(
            "dlist",
            filter=Q(dlist__receiver__isnull=True)),
    )
).values("pk", "name", "delivery_num", "unknown_num")

printsql(qs.query)
```

実際にどのようなSQLが発行されるか、確認してみましょう。**リスト18**のSQLが出力されました。

```
リスト18 ORMが出力した理想のSQL
SELECT "staff"."id",
       "staff"."name",
       COUNT(dlist."receiver_id") AS "delivery_num",
       COUNT(dlist."id") FILTER (WHERE dlist."receiv
        er_id" IS NULL) AS "unknown_num"
  FROM "staff"
  LEFT OUTER JOIN "delivery" dlist
    ON ("staff"."id" = dlist."mailman_id" AND
        (dlist."date" = 2023-02-14))
 GROUP BY "staff"."id",
          "staff"."name",
          "staff"."last_login"
```

ON句で日付も条件に加えることができました。やりましたね！ただし意図したSQLが作れたからといって、SQLの性能も改善しているとは限りま

注6　https://docs.djangoproject.com/en/4.2/ref/models/querysets/#filteredrelation-objects

せん。SQLの性能は「実行計画」と呼ばれるデータの検索方法に依存します。
実行計画はインデックスやデータ量など、DBの状態によって変わってきます。そのため、理想とするSQLの実行計画も確認しておくとよいでしょう。
Django ORMではqs.explain()でSQLの実行計画を確認できます。実行すると**リスト19**のような結果が出力されます。これがSQLの実行計画です。

```
リスト19  理想のSQLの実行計画
(0.000) EXPLAIN QUERY PLAN SELECT "staff"."id", "staff"."name", COUNT(dlist."rec
eiver_id") AS "delivery_num", COUNT(dlist."id") FILTER (WHERE dlist."receiver_id
" IS NULL) AS "unknown_num" FROM "staff" LEFT OUTER JOIN "delivery" dlist ON ("s
taff"."id" = dlist."mailman_id" AND (dlist."date" = '2023-02-14')) GROUP BY "sta
ff"."id", "staff"."name", "staff"."last_login"; args=('2023-02-14',); alias=defa
ult
8 0 0 SCAN staff
10 0 0 SEARCH dlist USING INDEX delivery_mailman_id_66026506 (mailman_id=?) LEFT
-JOIN
```

　具体的な実行計画の見方はそれ自体が一つの大きなテーマですし、SQL
製品ごとに異なるため本書では扱いません。

現実的な時間で開発を進める

　ここまで理想のSQLからORMを組み立てる戦略を説明してきました。この方法は多くの場合に有効ですが、難易度が高い場合もあります。たとえば、理想のSQLを書いたとしてもDjango ORMの機能がそのSQLの構文に対応しておらず、コードに落とし込めないケースが考えられます。また、ORMを組むだけに集中しすぎて、ほかの開発がおろそかになってもいけません。ですので、SQLをもとにORMを組む際には、次の手順で進めることをお勧めします。

❶いったんコードを仮り組みして、SQLの効率が問題ないか検討する

❷問題があれば、効率の良い理想のSQLを考える

❸理想のSQLをORMクエリで実現する方法を考える

❹実現が難しいところは、実現可能な別のSQLに置き換えてみる

❺実装したORMクエリがわかりやすく、保守しやすいコードか見なおす

❻無理のあるコードは採用せず、多少効率が悪くても保守しやすいコードを採用する

❼どうしてもパフォーマンスが必要な箇所ではDjango ORM以外の方法を検

第11章 Django ORMトラブルシューティング
ORMにまつわる問題を解決するための型を身に付けよう

討する

※

　本章では、Django ORM を使い始めたときによくやってしまうトラブル
に対して、まずSQLを可視化し、状態を把握する方法を指南しました。見
えないまま試行錯誤を繰り返しても、目指すゴールがよほど単純でない限
りはたどり着けません。SQLが見えるようになれば、磨いていけるように
なります。あとは、磨くための治具や知識を少しずつ増やしていけばよい
でしょう。

第3部

機械学習・データ分析編

第3部では機械学習・データ分析に関わるさまざまな要素を説明します。pandasのパフォーマンス改善、JupyterLabでのレポート作成、日本語の形態素解析、プロダクションで運用するために必要な品質の担保や、数理最適化など、Pythonで可能な要素を説明します。

第12章

データサイエンスプログラム
の品質改善
5つのステップで製品レベルの品質へ

機械学習や数理最適化などデータサイエンスの分野では、モデルの構築やアルゴリズムの設計をしPoC（*Proof of Concept*）までを担当する人と、それらをシステムや製品に組み込む担当者が分かれて協業することがあります。前者の人はモデルやアルゴリズムの数理的性能を高めることを目的とするのに対し、後者の人はコードの品質を製品レベルに高めるということが重要です。本章では後者の「コードの品質を高める」ことにフォーカスし、アルゴリズムやデータ分析手法にかかわらず、行うことができる手順を紹介します[注1]。

12.1

PoCフェーズのあとに必要なこと

データサイエンスのプロジェクトでは多くの場合、PoCを初めに行います。PoCとは、対象業務に想定しているアルゴリズムが有効かどうかを検討する工程です。PoCで業務への適用効果をある程度実証することによって、続く開発フェーズでは対象のアルゴリズムが目的に有効であることを前提に開発できます。

しかし、PoCはアルゴリズムが有効なことを調べるのが目的であり、システムとして品質の良いコードを書くことまでは考えられていません。システムとして品質の良いコードとは、不具合がなく、パフォーマンスが良く、コードの可読性や保守性が良くて仕様変更や問題調査がしやすいコードです。PoCによって効果が検証されたコードをシステムに導入する際は、これらを満たせるようにコードを整える作業を行いましょう。

架空のシナリオについて

本章では架空のシナリオをもとに説明します。この架空の世界では、ビープラウドメンバーがあるゲームA、B、Cをプレイしたところ、ゲームA、

注1　サンプルコードは本書サポートサイトからダウンロードできます。
　　　https://gihyo.jp/book/2024/978-4-297-14401-2/support

第12章 データサイエンスプログラムの品質改善
5つのステップで製品レベルの品質へ

Bの得点とゲームCの得点に相関関係があると一人が気付きました。そこでA、Bの得点を入力して、まだゲームCをプレイしていないメンバーの得点を予想するプログラムを作り、各種評価を行った結果、十分に価値があると判断され、製品化することになったという設定です。実際はもっと実用的なプログラムを扱っていることを想像してください。

品質向上のための5つのステップ

次のステップでコードの品質を良くしていきます。

ステップ1：単体コマンドとして実行できるようにする
ステップ2：回帰テストを行えるようにする
ステップ3：パフォーマンス対策をできるようにする
ステップ4：コードの可読性を向上する
ステップ5：コードの保守性を向上する

12.2 ステップ1：単体コマンドとして実行できるようにする

PoCではJupyterLabが使われることが多く、成果物のコードはNotebook（.ipynb）形式で提供されることが多いです。JupyterLabはアルゴリズムのパラメータを変えながら試行錯誤するのに向いていますが、ほかのプログラムから呼び出したり、自動で起動するようにはできません。そこでまずはNotebookから対象のコードを抜き出して単体実行ができるようにしましょう。

一般的なディレクトリ構成にする

次のようにPythonプロジェクトでよくあるディレクトリ構成にしましょう。

ステップ1：単体コマンドとして実行できるようにする **12.2**

❶のxxxx.pyはプログラム本体です。あとあとリファクタリングしてファイルを分割する可能性がありますが、最初は1つのPythonファイルに固めておきます。❷のtestsはユニットテストを配置するディレクトリです。❸のrequirements.txtはプログラム実行に必要なライブラリと、開発を円滑にするためにpytest、black、ruff、mypyを導入します。

```
requirements.txt
pandas==2.2.2
scikit-learn==1.4.2
pytest==8.1.1
black==24.4.0
ruff==0.3.7
mypy==1.9.0
```

❹のpyproject.tomlを記述してpytest、black、ruff、mypyを設定します。

```
pyproject.toml
[tool.pytest.ini_options]
pythonpath = ['src', 'tests']
norecursedirs = 'venv'

[tool.black]
target-version = ['py312']
include = '\.pyi?$'
exclude = '''
(
      .git
    | .mypy_cache
    | .venv
)
'''

[tool.ruff]
src = ['src', 'tests']
lint.select = [
    "C9", # mccabe
    "E", # pycodestyle Error
    "F", # Pyflakes
    "W", # pycodestyle Warning
    "I", # isort
]

[tool.mypy]
check_untyped_defs = true
exclude = 'venv'
```

243

第12章 データサイエンスプログラムの品質改善
5つのステップで製品レベルの品質へ

実行可能コマンドを作成する

まずはNotebookのセルのコードを上から順に貼り付けて、コマンドラインとして実行可能な状態にしましょう。

結果として以下のようになったとします。

```
src/samplecommand.py
import pandas as pd
from sklearn.linear_model import LinearRegression

# データを読み込み
train_df = pd.DataFrame(
    {
        "name": [
            "susumuis",
            "nao_y",
            "altnight",
            "kameko",
            "furi",
        ],
        "score_a": [98, 130, 120, 84, 105],
        "score_b": [200, 40, 300, 260, 95],
        "score_c": [10, 15, 13, 8, 11],
    }
)

# 線形回帰
lr = LinearRegression()
X = train_df[["score_a", "score_b"]]
y = train_df["score_c"]
lr.fit(X, y)

# 適用
test_df = pd.DataFrame(
    {
        "name": ["haru", "shimizukawa", "takanory"],
        "score_a": [130, 108, 95],
        "score_b": [68, 200, 210],
    }
)
result = lr.predict(test_df[["score_a", "score_b"]])

# 結果出力
result_df = pd.DataFrame(
    {"name": test_df["name"], "score_c": result}
)
print(result_df)
```

244

ステップ1:単体コマンドとして実行できるようにする 12.2

仮想環境を作成し、ライブラリを導入する

プログラムを実行するための仮想環境を作成し、ライブラリをインストールしましょう。なお、本章のサンプルコードはmacOS、Windows上のPython 3.12で動作確認をしています。

Windowsの場合は次のとおりです。

```
(PS) > python -m venv venv    仮想環境を作成する
(PS) > Set-ExecutionPolicy RemoteSigned -Scope CurrentUser -Force
(PS) > venv\Scripts\activate.ps1    仮想環境内に入る
```

macOSの場合は次のとおりです。

```
$ python3 -m venv venv    仮想環境を作成する
$ source venv/bin/activate    仮想環境内に入る
```

以降のコマンド例ではOS共通で (venv) $ と記載していたら仮想環境内でコマンドを実行し、$ と記載していれば仮想環境外で実行することとします。どちらの場合もカレントディレクトリはプロジェクトルートとします。

以下のコマンドでライブラリをインストールしましょう。

```
(venv) $ pip install -r requirements.txt
```

フォーマッター、静的チェックを実行

せっかく black、ruff を入れたので、これらを使って自動整形をしましょう。詳しくは第1章「最新Python環境構築」を参照してください。

```
(venv) $ black src tests
(venv) $ ruff check src tests --fix
```

ruff check の --fix オプションでは安全に修正できる箇所のみ修正を行うため、いくつかのエラーが出ているかもしれませんが、この段階では修正せず、次のステップに進んでください。

プログラムを実行する

それではプログラムを実行して、haru、shimizukawa、takanoryの得点を予想してみましょう。

```
(venv) $ python src/samplecommand.py
        name    score_c
```

245

```
0        haru   14.837426
1  shimizukawa   11.456698
2    takanory    9.557136
```

12.3

ステップ2:
回帰テストを行えるようにする

　無事コマンドで実行できたら、リファクタリングに着手する前に、回帰テストを作成しましょう。回帰テストとは、プログラムの変更後に新たな不具合を発生させないようにするためのテストです。

回帰テスト導入のために最低限の修正をする

　まずは、回帰テストを行えるようにするために、最低限の修正を行います。ここでは、入力と出力を外部ファイルに切り出せるようにし、入出力ファイルを格納するディレクトリをコマンドラインで指定できるようにしましょう。テストモジュールからimportしたときにコマンドが実行されてしまわないようにif __name__ == "__main__": ブロックからprocess関数を呼ぶようにします。

```python
src/samplecommand.py
import argparse  追加する
from pathlib import Path  追加する

...省略...

def process(args):
    # データを読み込み
    train_df = pd.read_csv(
        Path(args.in_dir) / "train.csv"
    )

    # 線形回帰
    lr = LinearRegression()
    ...省略...

    # 適用
    test_df = pd.read_csv(
```

```
        Path(args.in_dir) / "test.csv"
    )
    result = lr.predict(
        test_df[["score_a", "score_b"]]
    )

    # 結果をファイルに出力
    result_df = pd.DataFrame(
        {"name": test_df["name"], "score_c": result}
    )
    result_df.to_csv(
        Path(args.out_dir) / "result.csv",
        index=False,
    )
    print(result_df)


if __name__ == "__main__":
    # コマンドラインパラメータの登録
    parser = argparse.ArgumentParser()
    parser.add_argument(
        "-i",
        "--in_dir",
        type=str,
        help="入力ファイルを格納するディレクトリ",
    )
    parser.add_argument(
        "-o",
        "--out_dir",
        type=str,
        help="出力ファイルを格納するディレクトリ",
    )
    args = parser.parse_args()
    process(args)
```

　プロジェクトルート直下にinput/、output/ディレクトリを作成します。input/には入力ファイルを格納します。train_df用のデータとしてtrain.csv、test_df用のデータとしてtest.csvを作成します。

input/train.csv
```
name,score_a,score_b,score_c
susumuis,98,200,10
nao_y,130,40,15
altnight,120,300,13
kameko,84,260,8
furi,105,95,11
```

第12章 データサイエンスプログラムの品質改善
5つのステップで製品レベルの品質へ

```
input/test.csv
name,score_a,score_b
haru,130,68
shimizukawa,108,200
takanory,95,210
```

実行するときは、次のように指定します。

```
(venv) $ python src/samplecommand.py -i input -o output
          name    score_c
0          haru  14.837426
1   shimizukawa  11.456698
2      takanory   9.557136
```

pytest-snapshotを使用して回帰テストを実現する

それでは回帰テストを作成しましょう。ここでは **pytest-snapshot**[注2] と
いう pytest のプラグインを使用します。pytest-snapshot を使用すれば、あ
る時点のプログラムの出力を記憶して、プログラム変更による出力の変化
を確認するテストを作成できます。ここでは差分がないことを目標とした
テストを作ります。

まずは以下のコマンドで pytest-snapshot をインストールします。

```
(venv) $ pip install pytest-snapshot
```

次に、tests/ ディレクトリの下に test_snapshot というディレクトリを
作成します。

```
Project Root
├── src/
├── tests/
│   └── test_snapshot/
│       └── inputs/
│           └── case01/  ❶
:
```

❶にプロジェクトルート /input/ のファイルをすべてコピーします。複
雑な入力に対応できるように case02、case03 というように複数の入力パタ
ーンを作成することも可能です。

そして次のテストプログラムを作成します。

注2　https://github.com/joseph-roitman/pytest-snapshot

ステップ2:回帰テストを行えるようにする　12.3

```
tests/test_snapshot/test_snapshot.py
from unittest import mock
from pathlib import Path

import pytest
import numpy as np


@pytest.fixture(autouse=True)
def setup_random_seed():
    """乱数によって結果が変わらないようにシードを固定
    """
    np.random.seed(1)


@pytest.fixture()
def target():
    from samplecommand import process

    return process


@pytest.mark.parametrize(
    "case_name",
    # 入力ケースを増やす場合は以下を追加
    ["case01"]
)
def test_snapshot(
    target, tmp_path, snapshot, case_name
):
    """入力値に対する出力値をスナップショットテストする
    """
    # arrange
    args = mock.Mock()
    # 入力ケースを読み込み先に指定
    args.in_dir = (
        Path("tests/test_snapshot/inputs") / case_name
    )
    # 結果は一時ディレクトリに出力
    args.out_dir = tmp_path

    # act
    target(args)

    # assert
    # 一時ディレクトリから実行結果を読み込む
    result_txt = (tmp_path / "result.csv").read_text()
    # snapshotモジュールで結果を比較
```

249

第**12**章 データサイエンスプログラムの品質改善
5つのステップで製品レベルの品質へ

```
    snapshot.assert_match(
        result_txt, f"{case_name} result"
    )
```

回帰テストを実行する

それでは回帰テストを実行しましょう。初回は次のコマンドでテストを
実行します。

```
(venv) $ pytest tests/test_snapshot --snapshot-update
```

すると次のようなメッセージが出力され、テストは必ず失敗します。

```
...省略...

ERROR tests/test_snapshot/test_snapshot.py::test_snapshot[case01] - Failed: Snap
shot directory was modified: tests/test_snapshot/snapshots/test_snapshot/test_sn
apshot/case01
```

同時に tests/test_snapshot/snapshots/test_snapshot/test_
snapshot/case01 というディレクトリが作成され、スナップショットファ
イルが保存されます。このディレクトリはGitにコミットしましょう。

もう一度、pytest コマンドを実行すると、今度は成功します。以降はコ
ードを修正するたびにpytest コマンドを実行し、エラーが出ない状態を維
持していけば安心です。

```
(venv) $ pytest tests/test_snapshot

...省略...

tests/test_snapshot/test_snapshot.py .              [100%]
================= 1 passed in 1.03s =================
```

スナップショットテストでエラーが出た場合、次のようにエラーメッセ
ージが表示されます。

```
>           snapshot.assert_match(result_txt, f"{case_name} result")
E           AssertionError: value does not match the expected value in snapshot t
ests/test_snapshot/snapshots/test_snapshot/test_snapshot/case01/case01 result
E           (run pytest with --snapshot-update to update snapshots)
E           assert 'name,score_c...35570147596\n' == 'name,score_c...35570147596\n'
E
E           Skipping 66 identical trailing characters in diff, use -v to show
E             name,score_c
```

250

```
E              - haru,14.83742636
E              ?         ^
E              + haru,15.83742636
E              ?         ^
tests/test_snapshot/test_snapshot.py:41: AssertionError
```

　このようなエラーが出てしまった場合は、プログラムの結果が変わってしまったことを意味しています。プログラムの仕様を変えずにコードを修正しているときにこのエラーが出てしまった場合は、修正した箇所をもとに戻し、何が原因で挙動が変わってしまったのか調査しましょう。

　なお、もし意図的に結果が変わるような修正を行った場合は初回同様`--snapshot-update`を使ってテストを実行すると、スナップショットファイルが更新されます。スナップショットファイルを更新したらGitにコミットしましょう。以降は同様です。

12.4

ステップ3:
パフォーマンス対策をできるようにする

　これからコードの可読性や保守性の向上を目指す過程で、うっかり実行速度やメモリ使用量のパフォーマンスを悪くしてしまう恐れがあります。そこでプロファイラを導入し、パフォーマンスをチェックできるようにしましょう。

プロファイラを導入する

　プロファイラは主に**Line Profiler**[注3] と **Memory Profiler**[注4] の2種類を使用します。Line Profilerは行ごとの実行時間を計測します。Memory Profilerは行ごとの使用メモリ推移を計測します。

注3　https://github.com/pyutils/line_profiler
注4　https://github.com/pythonprofilers/memory_profiler

第**12**章 データサイエンスプログラムの品質改善
5つのステップで製品レベルの品質へ

それぞれpipコマンドでインストールします[5]。

```
(venv) $ pip install line_profiler memory_profiler
```

Line Profilerで実行時間を計測する

まずはLine Profilerを使ってみましょう。Line Profilerを使うにはプロファイル対象の関数に@profileというデコレータを付与します。ここではprocess関数に付与します。

```
src/samplecommand.py
```
```
...省略...

@profile
def process(args):
    # データを読み込み
    train_df = pd.read_csv(

...省略...
```

そしてpythonコマンドの代わりにkernprofコマンドに-lオプションを付けて実行します。

```
(venv) $ kernprof -l src/samplecommand.py -i input -o output
```

するとWrote profile results to samplecommand.py.lprofというメッセージが表示され、samplecommand.py.lprofというファイルが作成されています。

この状態で次のように実行すると解析結果が表示されます。

```
(venv) $ python -m line_profiler samplecommand.py.lprof
```

このサンプルコードは目立って遅い箇所がないので、遅い箇所が見つかった例を掲載します。この例では実行に25秒もかかっており、18行目で全体の99.7%の処理時間を費やしています。このような箇所を見つけたら重点的に改善を試みましょう。

注5 Windowsの場合、2024年4月時点ではMicrosoft C++ Build Toolsが必要です。https://visualstudio
.microsoft.com/ja/visual-cpp-build-tools/からVisual Studio Build Toolsをダウンロードし、「C++
によるデスクトップ環境」をインストールしてから以降の手順を行ってください。

ステップ3:パフォーマンス対策をできるようにする　12.4

```
Timer unit: 1e-06 s

Total time: 25.1325 s
File: slow_sample.py
Function: main at line 14

Line #      Hits         Time  Per Hit   % Time  Line Contents
==============================================================
    14                                           @profile
    15                                           def main():
    16         1      41199.0  41199.0      0.2      data = get_data()
    17         1         52.0     52.0      0.0      print('data created')
    18         1   25046577.0 25046577.0    99.7      very_slow_process(data)
    19         1         30.0     30.0      0.0      print('slow process finishe
d')
    20         1      43412.0  43412.0      0.2      xxxxx
    21         1         28.0     28.0      0.0      xxxxx
```

Memory Profilerでメモリ使用量を計測する

　次にMemory Profilerを導入します。こちらは冒頭に`from memory_profiler import profile`と記述してから対象の関数にデコレータを付与したうえで、`python`コマンドでプログラムを実行します。

`src/samplecommand.py`

```
...省略...

from memory_profiler import profile


@profile
def process(args):
    # データを読み込み
    train_df = pd.read_csv(

...省略...
```

　すると、次のように画面にプロファイル結果が表示されます。

```
(venv) $ python src/samplecommand.py -i input -o output
        name    score_c
0       haru   14.837426
1 shimizukawa  11.456698
2    takanory   9.557136
Filename: /Users/susumuis/sample/src/samplecommand.py
```

253

```
Line #    Mem usage    Increment  Occurrences   Line Contents
================================================================
     9    109.6 MiB    109.6 MiB           1    @profile
    10                                           def process(args):
    11                                               # データを読み込み
    12    110.1 MiB      0.5 MiB           2        train_df = pd.read_csv(
    13    109.6 MiB      0.0 MiB           1            Path(args.in_dir) /
"train.csv"
    14                                               )
    15
    16                                           # 線形回帰
    17    110.1 MiB      0.0 MiB           1        lr = LinearRegression()
...省略...
```

　今回はある行番号で極端にMem usageが増加することはありませんでした。ファイルを読み込むなど明らかな箇所以外で、極端にメモリ使用量が増える箇所が見つかった場合は、そこは改善の余地がありそうです。

実行速度改善のテクニック

　プログラムの実行速度を改善するためのポイントをいくつか紹介しておきましょう。

多重ループをしている箇所を探そう

　一般的に多重ループはボトルネックになりがちです。多重ループを見つけたら、結果をキャッシュするなどで、ループの回数を削減できないか検討してみましょう。リストに対するin演算子の使用は内部でループをしているので、さらにループをかぶせると低速になる場合があります。集合(set)に変更するかループを外せないか検討しましょう。

メモリを十分に活用しよう

　データを逐次読み込むよりも一気にメモリに展開してから処理したほうが高速です。このことは、Webプログラミングに慣れた方には違和感があるかもしれません。Webプログラムでは、多くのリクエストを同時に処理できるように逐次読み込みしてメモリを節約する習慣があります。一方、計算を行う環境は専用のハードや仮想インスタンスが割り当てられることがほとんど

なので、メモリなど使えるリソースは計画的に使い果たしましょう。

自分で実装せずライブラリを活用しよう

　一般的にPythonは処理速度が遅く、NumPy[注6]などのライブラリは内部でCなどで書かれたバイナリコードを呼び出しています。そのため自分で最適化をしようとして独自のPythonのコードを増やすとかえって遅くなることがあります。NumPyなどのAPIを利用できるなら極力利用しましょう。

プログラムを書き換えたらプロファイラを再実行しよう

　今後は、コードを修正したらプロファイラを再実行しましょう。コードの修正を行った結果、今までよりもLine Profilerの`Total time`や、Memory Profilerの`Mem Usage`が急激に増えてしまった場合は、修正方法の変更を検討しましょう。

12.5
ステップ4:
コードの可読性を向上する

　ここまで準備が整えば、プログラムを書き換えることによって結果が変わってしまったり、処理速度や使用メモリが急に増えてしまうことを防げます。変更に対する安全を確保したうえで、まずは可読性の向上を目指しましょう。

処理を関数に分割して可読性を向上する

　計算プログラムはほぼすべて、入力と出力があります。なるべく少ない入力と出力の関数の組み合わせになるように（内部の意味を考えながら）処理を分割すると、可読性が良くなります。関数の入出力にはtypehintを記述するのも可読性を助けるでしょう。関数の仕様や入出力をdocstringを使って説明しましょう。また、この段階でruff、mypyのチェックによってエ

注6　https://numpy.org/

第12章 データサイエンスプログラムの品質改善
5つのステップで製品レベルの品質へ

ラーが出ないように修正しましょう。以下は修正後のコード例です。

`src/samplecommand.py`

```python
import numpy as np  追加する
...省略...


def load_train_data(in_dir: str) -> pd.DataFrame:
    """学習データを読み込む
    :param in_dir: 入力ファイルを格納したディレクトリ
    :return: 学習データ
    """
    return pd.read_csv(Path(in_dir) / "train.csv")


def load_test_data(in_dir: str) -> pd.DataFrame:
    """適用先データを読み込む
    :param in_dir: 入力ファイルを格納したディレクトリ
    :return: 適用対象のデータ
    """
    return pd.read_csv(Path(in_dir) / "test.csv")


def fit_lr(train_df: pd.DataFrame) -> LinearRegression:
    """学習済みモデルを作成する
    :param train_df: 学習データを格納したDataFrame
    :return: 学習済みモデル
    """
    # 線形回帰
    lr = LinearRegression()
    X = train_df[["score_a", "score_b"]]
    y = train_df["score_c"]
    lr.fit(X, y)
    return lr


def predict(
    learned_model: LinearRegression,
    test_df: pd.DataFrame,
) -> np.ndarray:
    """モデルを使って予測する
    :param learned_model: 使用する学習済みモデル
    :param test_df: 適用対象のデータを格納したDataFrame
    :return: 予測結果
    """
    return learned_model.predict(
        test_df[["score_a", "score_b"]]
```

```python
    )


def output_result(
    out_dir: str,
    test_df: pd.DataFrame,
    result: np.ndarray,
) -> None:
    """結果を出力する
    :param out_dir: 出力先ディレクトリ
    :param test_df: 適用対象のデータを格納したDataFrame
    :param result: 予測結果
    """
    result_df = pd.DataFrame(
        {"name": test_df["name"], "score_c": result}
    )
    result_df.to_csv(
        Path(out_dir) / "result.csv", index=False
    )
    print(result_df)


def process(args) -> None:
    # データを読み込み
    train_df = load_train_data(args.in_dir)

    # 学習
    lr = fit_lr(train_df)

    # 適用
    test_df = load_test_data(args.in_dir)
    result = predict(lr, test_df)

    # 結果をファイルに出力
    output_result(args.out_dir, test_df, result)

...省略...
```

これで、だいぶ見通しが良くなりました！

第**12**章 データサイエンスプログラムの品質改善
5つのステップで製品レベルの品質へ

12.6

ステップ5:
コードの保守性を向上する

　コードの可読性が向上したら、コードの保守性を向上しましょう。「保守性」といっても範囲が広く紙幅の都合で詳細は触れられませんが、ポイントだけ挙げておきましょう。

- loggingモジュールを使用して必要十分なログを出力する
- 適切な粒度のユニットテストを作成する
- モジュール化の方針を定め、共通的に使える関数・クラスをモジュール化する

12.7

まとめ
──限られた時間で最大の効果を

　本章では5つのステップでデータ分析や機械学習のプログラムの品質向上を行いました。ステップ1ではコマンドラインでプログラムを実行できるようにしました。ステップ2ではpytest-snapshotプラグインを使用して回帰テストを作成しました。ステップ3ではプロファイラ（Line Profiler、Memory Profiler）を導入し、パフォーマンスをチェックできるようにしました。そしてステップ4でコード可読性の向上を、ステップ5で保守性の向上を行いました。

　最後に大事なメッセージがあります。本章で紹介した各ステップをどこまで深くやるかは、状況に応じて計画的に行うことを忘れないでください。パフォーマンスやコードの可読性や保守性向上は奥が深く、時間をかければいくらでも改善できます。しかし、時間は有限です。プロジェクトの性質やスケジュールの中で「このプロジェクトでパフォーマンス向上に使う時間は1日、可読性に使うのは2日」のように期限を設定して、その中で最大限の効果を得られるように対応しましょう。

258

まとめ——限られた時間で最大の効果を **12.7**

　本章で説明したテクニックや考え方はWebや業務システム開発ではお馴染みでした。データ分析プログラミングでも同じ考え方で品質の良いコードを書くことができることを知っていただけたら幸いです。

第 **13** 章

データ分析レポートの作成

JupyterLab＋pandas＋Plotlyで
インタラクティブに

Pythonはデータ分析の分野で大きな注目を集め続けています。

業務でのデータ分析では、チームや関係者に分析結果をレポートとして報告する場面があります。Pythonはデータ分析のみならず、レポート作成にも力を発揮します。

本章では、分析結果がより伝わりやすいレポートを作成するという観点で、pandasによる表のカスタマイズ、Plotlyによるインタラクティブなグラフの描画について解説します。

pandasはデータ分析ツールとして知られていますが、JupyterLab上でのDataFrameの見た目を変更する機能もあります。そして、Plotlyはインタラクティブなグラフを容易に作成できるツールです。

本章では以下に示すデータの可視化とレポート作成に役立つJupyterLabの活用法を解説していきます。

- **条件付き書式による可視化**
  pandasのStyling機能

- **動的なグラフを容易に作成**
  Plotlyの高レベルAPIであるPlotly Express

- **レポートを出力**
  Jupyterのnbconvertオプションで作成したレポートをHTMLとして出力する

13.1

環境構築

本章ではPython 3.12を使用します。また、本章で扱うパッケージのバージョンは以下のとおりです。なお、nbconvertはJupyterのノートブックを出力するためのツールです。

- **JupyterLab：4.1.5**
- **pandas：2.2.1**
- **Plotly：5.20.0**
- **nbconvert：7.16.3**

パッケージのバージョンを固定するために`requirements.txt`を作成しておきます。

```
requirements.txt
jupyterlab==4.1.5
pandas==2.2.1
plotly==5.20.0
nbconvert==7.16.3
```

それでは仮想環境を作成して、各パッケージをインストールしていきましょう。

```
Windows (PowerShell) の場合
> python -m venv venv  仮想環境の作成
  仮想環境有効化のためのactivate.ps1を実行できない場合があるので、以下のコマンドで回避する
> Set-ExecutionPolicy RemoteSigned -Scope CurrentUser -Force  一度だけ実行する
> venv\Scripts\activate.ps1  仮想環境の有効化
> pip install -r requirements.txt  作成したrequirements.txtを使用する
> mkdir data  サンプルデータを配置するディレクトリを作成
```

```
macOSの場合
$ python3 -m venv venv  仮想環境の作成
$ source venv/bin/activate  仮想環境の有効化
$ pip install -r requirements.txt  作成したrequirements.txtを使用する
$ mkdir data  サンプルデータを配置するディレクトリを作成
```

`data`ディレクトリには本章のサンプルコードをダウンロード[注1]し、そこに含まれている`sample/data/Future50.csv`を配置してください。準備が整ったらJupyterLabを起動します。

```
$ jupyter lab
```

サンプルデータ

本章でサンプルデータとして使う`Future50.csv`は、2020年時点のアメリカにおける飲食チェーン店の売上高の増加率ランキングです。アメリカの飲食業界メディアRESTAURANT BUSINESSによる記事「The Future 50」[注2]

注1　本書サポートサイトからダウンロードできます。
　　　https://gihyo.jp/book/2024/978-4-297-14401-2/support

注2　https://www.restaurantbusinessonline.com/future-50-2020

をもとに作成されており、データはKaggle Datasetsで「Restaurant Business Rankings 2020」[注3]として配布されています。ライセンスはCC0:Public Domainとなっているため、改変や再配布を自由に行えます。

13.2
表にスタイルを適用する
——pandasのStyling機能

pandasでは、Excelの条件付き書式のように、セルの値によってセルの色や文字色を変えられます。

pandasのインポートとサンプルデータの読み込み

ここからは実際にJupyterLabのノートブックにコードを書いていきます。まずはpandasをpdとしてインポートします(**図13-2-1**)。

セル1
```
import pandas as pd
```

図13-2-1　pandasをインポートするセル

```
[1]: import pandas as pd
```

read_csv関数を使って、今回使うCSV(*Comma-Separated Values*、カンマ区切り)ファイルをDataFrameとして読み込みます。

セル2
```
df = pd.read_csv("data/Future50.csv")
```

CSVファイルをDataFrameとして読み込んだら、`DataFrame.head`関数でどのようなデータになっているか確認しておきましょう。デフォルトでは先頭から5行を表示します(**図13-2-2**)。表示する行数を変更するときは、キーワード引数nを使い、n=10のように任意の桁数を指定します。

注3　https://www.kaggle.com/michau96/restaurant-business-rankings-2020

第**13**章　**データ分析レポートの作成**
JupyterLab＋pandas＋Plotlyでインタラクティブに

> **セル3**
```
df.head()
```

図13-2-2　サンプルデータの先頭5行を表示

	Rank	Restaurant	Location	Sales	YOY_Sales	Units	YOY_Units	Unit_Volume	Franchising
0	1	Evergreens	Seattle, Wash.	24	130.5%	26	116.7%	1150	No
1	2	Clean Juice	Charlotte, N.C.	44	121.9%	105	94.4%	560	Yes
2	3	Slapfish	Huntington Beach, Calif.	21	81.0%	21	90.9%	1370	Yes
3	4	Clean Eatz	Wilmington, N.C.	25	79.7%	46	58.6%	685	Yes
4	5	Pokeworks	Irvine, Calif.	49	77.1%	50	56.3%	1210	Yes

　ここで各列の意味をJupyterLabのセルに書いておきましょう。JupyterLab
ではMarkdown記法を使うことができます。空のセルに移動したら、上部
のツールバーにある**Code**と書かれたプルダウンメニューから**Markdown**を選
択します（**図13-2-3**）。これでそのセルへの記述はMarkdown記法として解
釈されます。データセットの説明や分析結果からわかる事実、考察などを
Notebook上に書くときはMarkdownモードのセルを使いましょう。

図13-2-3　セルをMarkdown記法モードに変更

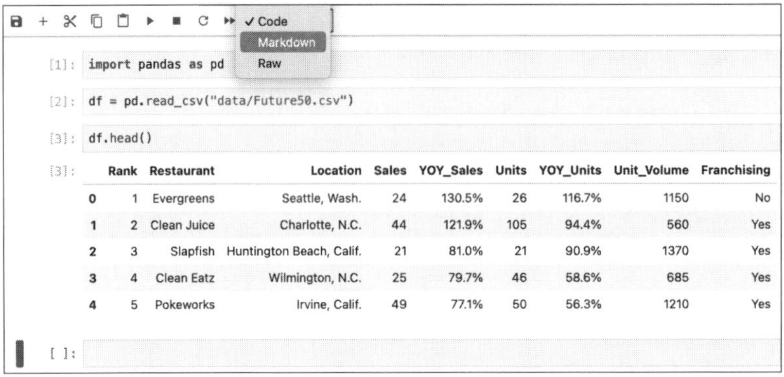

　各列の意味は**表13-2-1**のとおりです。これを**図13-2-4**のように
Markdown記法で箇条書きします。セルを実行するとMarkdown記法に沿っ
て**図13-2-5**のようにレンダリングされます。

264

表にスタイルを適用する——pandasのStyling機能 13.2

表13-2-1　データの各列の意味

列名	意味
Rank	売上高の前年比(YOY_Sales)による順位
Restaurant	レストランチェーン名
Location	発祥地
Sales	2019年の全店売上高(単位は `$000,000`)
YOY_Sales	売上高の前年比
Units	店舗数
YOY_Units	店舗増加数の前年比
Unit_Volume	2019年の店舗ごと平均売上高(単位は `$000`)
Franchising	経営形態(Yes:フランチャイズ方式、No:直営方式)

図13-2-4　各列の説明をMarkdownで記述

```
## 各列について

- Rank: 売上高の前年比(YOY_Sales)による順位
- Restaurant: レストランチェーン名
- Location: 発祥地
- Sales: 2019年の全店売上高(単位は `$000,000`)
- YOY_Sales: 売上高の前年比
- Units: 店舗数
- YOY_Units: 店舗増加数の前年比
- Unit_Volume: 2019年の店舗ごと平均売上高(単位は `$000`)
- Franchising: 経営形態(フランチャイズ方式か否か)
```

図13-2-5　レンダリングされたMarkdown

各列について

- Rank: 売上高の前年比(YOY_Sales)による順位
- Restaurant: レストランチェーン名
- Location: 発祥地
- Sales: 2019年の全店売上高(単位は `$000,000`)
- YOY_Sales: 売上高の前年比
- Units: 店舗数
- YOY_Units: 店舗増加数の前年比
- Unit_Volume: 2019年の店舗ごと平均売上高(単位は `$000`)
- Franchising: 経営形態(フランチャイズ方式か否か)

265

第13章 データ分析レポートの作成
JupyterLab＋pandas＋Plotlyでインタラクティブに

DataFrameのStyling機能とは

データを探索して試行錯誤しているときや報告資料を作るとき、「行ごとの最大値のセルの背景色を変える」「負の値を赤字にする」など、表の一部の値を強調したい場面があります。このような場合にpandasのStyling機能が力を発揮します。

前提として、JupyterLab上に表示されるDataFrameはHTMLでレンダリングされています。Styling機能では、このHTMLに適用されるCSSを条件付き書式によって変化させます。結果として、JupyterLab上のDataFrameの見た目（スタイル）を変更できます。

スタイル変更ではDataFrameオブジェクトのstyleプロパティを使います。styleプロパティはStylerオブジェクトを返します。Stylerオブジェクトのメソッドによってスタイルを変更します。

セルの値を棒グラフで表現する

まずデータの準備をします。今回は「2019年の全店売上高」「売上高の前年比」「店舗数」「店舗数増加数の前年比」「2019年の店舗ごと平均売上高」の5つのデータを扱います。これらのうち、パーセント表記されている売上高の前年比（YOY_Sales列）と店舗数増加数の前年比（YOY_Units列）が文字列で扱いにくいので、末尾の％を取って数値に変換した列を追加します。

```
セル4
# 売上高の前年比を実数に変換
sales = df['YOY_Sales'].str[:-1].astype(float) / 100
# 元の列の右隣に追加
df.insert(5, 'YOY_Sales(float)', sales)
# 店舗増加数の前年比を実数に変換
units = df['YOY_Units'].str[:-1].astype(float) / 100
# 元の列の右隣に追加
df.insert(8, 'YOY_Units(float)', units)
df.head()  # 追加した列を確認
```

図13-2-6のように追加した列を確認できます。

266

図13-2-6　追加した列

　列の追加ができたら、実際にセルに棒グラフを表示します。Styler オブジェクトの bar メソッドにより、値を横向きの棒グラフとして表示できます。対象の列は引数 subset で指定します。bar メソッドはデフォルトでは、subset 引数で指定されたデータの最小値を棒グラフの基準値として扱います。データの最小値がゼロではなく、かつ負数がないときは vmin 引数にゼロを指定して、基準値をゼロにしておきましょう。

```
セル5
# 紙幅の都合上、先頭から20行目までを扱う
df[:20].style.bar(
    subset=[
        'Sales',
        'YOY_Sales(float)',
        'Units',
        'YOY_Units(float)',
        'Unit_Volume',
    ],
    vmin=0,
)
```

図13-2-7 のように棒グラフが表示されます。

図13-2-7　セル内に棒グラフを表示

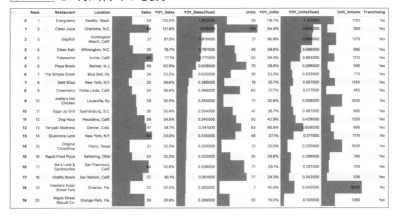

第13章 データ分析レポートの作成
JupyterLab＋pandas＋Plotlyでインタラクティブに

条件付き書式でセルの背景色を変更する

次はセルの値に条件付き書式を適用してスタイルを変更してみましょう。Franchising列はYesまたはNoの値が記述されています。この値によって背景色を変更します。まずは条件に沿ってセルの背景色を変更する関数を作成します[注4]。

セル6

```python
def change_franchising_bg_color(val):
    """
    Franchising列の値によってセルの背景色を変更する
    Yes: 背景色 gray, 文字色 white
    No:  背景色 white, 文字色 black
    """
    color = 'white' if val == 'Yes' else 'black'
    bg_color = 'gray' if val == 'Yes' else ''
    return (
        f'color: {color};'
        f'background-color:{bg_color};'
    )
```

CSSでスタイルを変更できるので、戻り値にCSSのプロパティとプロパティ値を指定しました。

作成した関数をStylerオブジェクトのmapメソッドでDataFrameに適用します。change_franchising_bg_color関数は()を付けずに関数オブジェクトとして渡します。また、適用する列をsubset引数で指定するのを忘れないようにしましょう。

セル7

```python
df[:20].style.map(
    change_franchising_bg_color,
    subset=['Franchising'],
)
```

図13-2-8のようにFranchising列の背景色が変更できました。

注4 スタイル変更での色名は、Webカラー（Web colors）と呼ばれるHTMLやCSSで用いられる色の表現を使うことができます。red、green、blue、MediumTurquoiseのように色名での指定のほか、#0000FF、#FFFF00、#FFA500、#008000といった16進数での指定もできます。

268

図13-2-8　Franchising列の値によるセルの背景色の変更

[7]:	Rank	Restaurant	Location	Sales	YOY_Sales	YOY_Sales(float)	Units	YOY_Units	YOY_Units(float)	Unit_Volume	Franchising
0	1	Evergreens	Seattle, Wash.	24	130.5%	1.305000	26	116.7%	1.167000	1150	No
1	2	Clean Juice	Charlotte, N.C.	44	121.9%	1.219000	105	94.4%	0.944000	560	Yes
2	3	Slapfish	Huntington Beach, Calif.	21	81.0%	0.810000	21	90.9%	0.909000	1370	Yes
3	4	Clean Eatz	Wilmington, N.C.	25	79.7%	0.797000	46	58.6%	0.586000	685	Yes
4	5	Pokeworks	Irvine, Calif.	49	77.1%	0.771000	50	56.3%	0.563000	1210	Yes
5	6	Playa Bowls	Belmar, N.J.	39	62.9%	0.629000	76	28.8%	0.288000	580	Yes
6	7	The Simple Greek	Blue Bell, Pa.	24	52.5%	0.525000	36	33.3%	0.333000	775	Yes
7	8	Melt Shop	New York, N.Y.	20	39.6%	0.396000	19	35.7%	0.357000	1260	Yes
8	9	Creamistry	Yorba Linda, Calif.	24	36.8%	0.368000	60	27.7%	0.277000	465	Yes
9	10	Joella's Hot Chicken	Louisville, Ky.	29	35.5%	0.355000	17	30.8%	0.308000	1930	No
10	11	Eggs Up Grill	Spartanburg, S.C.	30	35.4%	0.354000	41	36.7%	0.367000	860	Yes
11	12	Dog Haus	Pasadena, Calif.	39	34.5%	0.345000	50	42.9%	0.429000	1200	Yes
12	13	Teriyaki Madness	Denver, Colo.	41	34.1%	0.341000	63	65.8%	0.658000	890	Yes
13	14	Bluestone Lane	New York, N.Y.	48	33.0%	0.330000	48	37.1%	0.371000	1175	No
14	15	Original ChopShop	Plano, Texas	21	32.5%	0.325000	12	20.0%	0.200000	1930	No
15	16	Rapid Fired Pizza	Kettering, Ohio	24	32.2%	0.322000	35	29.6%	0.296000	780	Yes
16	17	Ike's Love & Sandwiches	San Francisco, Calif.	44	30.8%	0.308000	71	29.1%	0.291000	700	Yes
17	18	Vitality Bowls	San Ramon, Calif.	37	30.1%	0.301000	77	24.2%	0.242000	535	Yes
18	19	Hawkers Asian Street Fare	Orlando, Fla.	22	30.0%	0.300000	7	40.0%	0.400000	3800	No
19	20	Maple Street Biscuit Co.	Orange Park, Fla.	39	28.9%	0.289000	33	10.0%	0.100000	1260	Yes

1つのDataFrameに複数のスタイルを適用する

1つのDataFrameに対して、複数のスタイルを続けて適用できます。map
メソッドとbarメソッドを適用しましょう。

```
セル8
df[:20].style.map(
    change_franchising_bg_color,
    subset=['Franchising'],
).bar(
    subset=[
        'Sales',
        'YOY_Sales(float)',
        'Units',
        'YOY_Units(float)',
        'Unit_Volume',
    ],
    vmin=0,
)
```

複数のスタイルを適用することで、**図13-2-9**のようにデータの特徴がよ
り可視化されました。

第13章 データ分析レポートの作成
JupyterLab＋pandas＋Plotlyでインタラクティブに

図13-2-9　複数スタイルの適用

	Rank	Restaurant	Location	Sales	YOY_Sales	YOY_Sales(float)	Units	YOY_Units	YOY_Units(float)	Unit_Volume	Franchising
0	1	Evergreens	Seattle, Wash.	24	130.5%	1.305000	26	116.7%	1.167000	1150	No
1	2	Clean Juice	Charlotte, N.C.	34	121.9%	1.219000	106	94.4%	0.944000	560	Yes
2	3	Slapfish	Huntington Beach, Calif.	21	81.0%	0.810000	21	90.9%	0.909000	1370	Yes
3	4	Clean Eatz	Wilmington, N.C.	25	79.7%	0.797000	46	58.6%	0.586000	685	Yes
4	5	Pokeworks	Irvine, Calif.	49	77.1%	0.771000	50	56.3%	0.563000	1210	Yes
5	6	Playa Bowls	Belmar, N.J.	39	62.9%	0.629000	76	28.8%	0.288000	580	Yes
6	7	The Simple Greek	Blue Bell, Pa.	24	52.5%	0.525000	36	33.3%	0.333000	775	Yes
7	8	Melt Shop	New York, N.Y.	20	39.6%	0.396000	19	35.7%	0.357000	1260	Yes
8	9	Creamistry	Yorba Linda, Calif.	24	36.8%	0.368000	60	27.7%	0.277000	465	Yes
9	10	Joella's Hot Chicken	Louisville, Ky.	29	35.5%	0.355000	17	30.8%	0.308000	1930	No
10	11	Eggs Up Grill	Spartanburg, S.C.	30	35.4%	0.354000	41	36.7%	0.367000	860	Yes
11	12	Dog Haus	Pasadena, Calif.	34	34.5%	0.345000	50	42.9%	0.429000	1200	Yes
12	13	Teriyaki Madness	Denver, Colo.	41	34.1%	0.341000	63	65.8%	0.658000	890	Yes
13	14	Bluestone Lane	New York, N.Y.	44	33.0%	0.330000	48	37.1%	0.371000	1175	No
14	15	Original ChopShop	Plano, Texas	21	32.5%	0.325000	12	20.0%	0.200000	1930	Yes
15	16	Rapid Fired Pizza	Kettering, Ohio	24	32.2%	0.322000	35	29.6%	0.296000	780	Yes
16	17	Ike's Love & Sandwiches	San Francisco, Calif.	44	30.8%	0.308000	71	29.1%	0.291000	700	Yes
17	18	Vitality Bowls	San Ramon, Calif.	37	30.1%	0.301000	77	24.2%	0.242000	535	Yes
18	19	Hawkers Asian Street Fare	Orlando, Fla.	22	30.0%	0.300000	7	40.0%	0.400000	3360	No
19	20	Maple Street Biscuit Co.	Orange Park, Fla.	39	28.9%	0.289000	33	10.0%	0.100000	1260	Yes

条件付き書式で行の背景色を変更する

　行全体の背景色も変更できます。ここでは「店舗数が平均値より少ない」かつ「店舗ごと平均売上高が平均値より高い」レストランチェーンの行の背景色を変更してみましょう。まずは条件に沿って行の背景色を変更する関数を作成します。

セル9

```python
def emphasize_efficient_unit_row(
    row,
    units_avg,
    unit_volume_avg,
):
    """
    店舗数が平均値より少ない かつ 店舗ごと平均売上高が平均値より多いレストランを
強調表示する
    """
    if (
        row['Units'] <= units_avg
        and row['Unit_Volume'] >= unit_volume_avg
    ):
        color = 'yellow'
    else:
        color = 'white'
    return [f'background-color: {color}'] * len(row)
```

　emphasize_efficient_unit_row関数には、後述するStylerオブジェクト

のapplyメソッドによりDataFrameの行が渡されます。渡された行は第1引数のrowに代入されます。引数rowはDataFrameの行に対応しているので、row['Units']のように、その行の各列の値を取得できます。

スタイルの変更は列ごとに設定されます。そのため行全体の背景色を変更する際は、列の数に応じた要素が必要です。そこで、各列に適用するスタイルが同じ場合は、列数分のbackground-color: {color}のリストを返します。

次にemphasize_efficient_unit_row関数をDataFrameに適用してスタイルを変更します。

```
セル10
# Units列の平均値を取得
units_avg = df['Units'].mean()
# Unit_Volume列の平均値を取得
unit_volume_avg = df['Unit_Volume'].mean()
df[:20].style.apply(
    emphasize_efficient_unit_row,
    units_avg=units_avg,
    unit_volume_avg=unit_volume_avg,
    axis=1,
)
```

DataFrameのスタイルを変更する前に、DataFrameの列（Series）のSeries.meanメソッドでUnits列とUnit_Volume列の平均値を取得しておきます。

行を対象にスタイル変更をするにはStylerオブジェクトのapplyメソッドを使います。has_efficient_units関数を第1引数として渡すのはmapメソッドと同様です。has_efficient_units関数の引数はキーワード引数として渡します。そして、行方向へのスタイル変更であることを示すaxis=1を忘れずに指定します。

これで**図13-2-10**のように「店舗数が平均値より少ない」かつ「店舗ごと平均売上高が平均値より多い」条件に当てはまるレストランチェーンの行の背景色が変わりました。

第13章 データ分析レポートの作成
JupyterLab＋pandas＋Plotlyでインタラクティブに

図13-2-10　行ごとのスタイル変更

	Rank	Restaurant	Location	Sales	YOY_Sales	YOY_Sales(float)	Units	YOY_Units	YOY_Units(float)	Unit_Volume	Franchising
0	1	Evergreens	Seattle, Wash.	24	130.5%	1.305000	26	116.7%	1.167000	1150	No
1	2	Clean Juice	Charlotte, N.C.	44	121.9%	1.219000	105	94.4%	0.944000	560	Yes
2	3	Slapfish	Huntington Beach, Calif.	21	81.0%	0.810000	21	90.9%	0.909000	1370	Yes
3	4	Clean Eatz	Wilmington, N.C.	25	79.7%	0.797000	46	58.6%	0.586000	685	Yes
4	5	Pokeworks	Irvine, Calif.	49	77.1%	0.771000	50	56.3%	0.563000	1210	Yes
5	6	Playa Bowls	Belmar, N.J.	39	62.9%	0.629000	76	28.8%	0.288000	580	Yes
6	7	The Simple Greek	Blue Bell, Pa.	24	52.5%	0.525000	36	33.3%	0.333000	775	Yes
7	8	Melt Shop	New York, N.Y.	20	39.6%	0.396000	19	35.7%	0.357000	1260	Yes
8	9	Creamistry	Yorba Linda, Calif.	24	36.8%	0.368000	60	27.7%	0.277000	465	Yes
9	10	Joella's Hot Chicken	Louisville, Ky.	29	35.5%	0.355000	17	30.8%	0.308000	1930	No
10	11	Eggs Up Grill	Spartanburg, S.C.	30	35.4%	0.354000	41	36.7%	0.367000	860	Yes
11	12	Dog Haus	Pasadena, Calif.	39	34.5%	0.345000	50	42.9%	0.429000	1200	Yes
12	13	Teriyaki Madness	Denver, Colo.	41	34.1%	0.341000	63	65.8%	0.658000	890	Yes
13	14	Bluestone Lane	New York, N.Y.	48	33.0%	0.330000	48	37.1%	0.371000	1175	No
14	15	Original ChopShop	Plano, Texas	21	32.5%	0.325000	12	20.0%	0.200000	1930	No
15	16	Rapid Fired Pizza	Kettering, Ohio	24	32.2%	0.322000	35	29.6%	0.296000	780	Yes
16	17	Ike's Love & Sandwiches	San Francisco, Calif.	44	30.8%	0.308000	71	29.1%	0.291000	700	Yes
17	18	Vitality Bowls	San Ramon, Calif.	37	30.1%	0.301000	77	24.2%	0.242000	535	Yes
18	19	Hawkers Asian Street Fare	Orlando, Fla.	22	30.0%	0.300000	7	40.0%	0.400000	3800	No
19	20	Maple Street Biscuit Co.	Orange Park, Fla.	39	28.9%	0.289000	33	10.0%	0.100000	1260	Yes

mapとapplyの違い

Stylerオブジェクトのmapメソッド、applyメソッドの違いはどこにあるのでしょうか？mapメソッドは要素ごとにスタイル変更を適用します。要素とはsubset引数で指定する列名です（**図13-2-11**）。

図13-2-11　mapとapplyの違い

一方、applyメソッドでのスタイル変更の対象はaxis引数で変化します。各行を対象にする場合はaxis=1、各列を対象にする場合はaxis=0です。

すべてのスタイル変更をまとめる

最後にここまで行ったDataFrameのスタイル変更をまとめて適用しましょう。

```
セル11
units_avg = df['Units'].mean()
```

```
unit_volume_avg = df['Unit_Volume'].mean()
df[:20].style.bar(
    subset=[
        'Sales',
        'YOY_Sales(float)',
        'Units',
        'YOY_Units(float)',
        'Unit_Volume',
    ],
).apply(
    emphasize_efficient_unit_row,
    units_avg=units_avg,
    unit_volume_avg=unit_volume_avg,
    axis=1,
).map(
    change_franchising_bg_color,
    subset=['Franchising'],
)
```

結果は**図13-2-12**のように表示されます。

図13-2-12　ここまでのスタイル変更をすべて適用

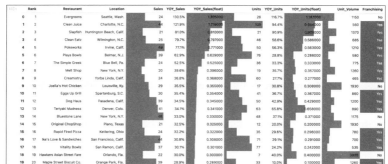

これを見ると、店舗数が平均値より少なく、店舗ごと平均売上高が平均値より高いレストランチェーンには直営形態で経営しているケースが多いようです。この考察もMarkdown記法でまとめておきましょう。スタイル変更をすべて適用したDataFrameの直後のセルに書きます。

> 少ない店舗数・高い店舗ごと売上高のレストランチェーンには、「直営形態」で経営しているという特徴があるように見える。
>
> - 料理のジャンル
> - 出店場所

第13章 データ分析レポートの作成
JupyterLab＋pandas＋Plotlyでインタラクティブに

などに着目して、さらに共通する特徴がないか調査を進めたい。

セルを実行すると**図13-2-13**のようにレンダリングされます。

図13-2-13 考察をMarkdownで記述

少ない店舗数・高い店舗ごと売上高のレストランチェーンには、「直営形態」で経営しているという特徴があるように見える。

- 料理のジャンル
- 出店場所

などに着目して、さらに共通する特徴がないか調査を進めたい。

DataFrameをExcel形式で出力するには

DataFrameはExcel形式（xlsx形式）でも出力できます。DataFrame.to_excelメソッドを使います。このメソッドを使うためにはopenpyxlというパッケージが必要です。pipコマンドでインストールしておきましょう。本書執筆時点での最新バージョンは3.1.2です。

```
$ pip install openpyxl==3.1.2
```

変数dfにDataFrameが代入されているとして、以下のようにしてExcel形式で出力します。

```
df.to_excel("output.xlsx")
```

また、sheet_name引数を指定することでシート名を付けることもできます。詳しくはpandas公式ドキュメント「DataFrame.to_excel」[a]を参照ください。barメソッドなどいくつかのスタイル変更はExcel形式にしたときに反映されないことに注意してください。

注a https://pandas.pydata.org/docs/reference/api/pandas.DataFrame.to_excel.html

動的なグラフを描画する——Plotly Express　13.3

13.3

動的なグラフを描画する
——Plotly Express

　Plotlyを使うとインタラクティブなグラフを作成できます。Plotlyはさまざまな種類のグラフの作成／カスタマイズのための数多くのクラスや関数を持っていますが、Plotly Expressと呼ばれる高レベルAPIを使うことでグラフ作成が容易になります。

　まずはPlotly Expressをインポートします。Plotly Expressはpxという別名を付けるのが一般的です。

セル12

```
import plotly.express as px
```

　ここではDataFrameのスタイル変更で表現した「店舗数」「店舗ごと平均売上高」「経営形態」を散布図として表します。コードは次のようになります。

セル13

```
fig = px.scatter(
    df,
    x='Units',
    y='Unit_Volume',
    hover_data=['Restaurant'],
    color='Franchising',
    symbol='Franchising',
    symbol_sequence=['circle', 'square'],
)
fig.show()
```

　散布図はplotly.express.scatterメソッドで作成します。plotly.expressにpxという別名を付けているので、px.scatterとなります。入力データとなるDataFrameは第1引数として渡します。引数x、引数yにUnits、Unit_Volumeを指定して、軸を定義します。引数hover_dataはプロットにマウスカーソルを乗せたときに表示される情報です。今回はレストランチェーン名を示すRestaurantを指定します。プロットにマウスカーソルを乗せると、引数hover_dataで指定したデータ以外にもX軸、Y軸の値などが表示されます。

275

第13章 データ分析レポートの作成
JupyterLab+pandas+Plotlyでインタラクティブに

　値によってプロットの表現を変えたいときには、プロットの色や形状を設定します。プロットの色は引数color、プロットの形状は引数symbolにもととなる列名を指定します。今回は経営形態を示すFranchisingです。また、引数symbol_sequenceでプロットの形状を設定できます。ここではcircle（丸）とsquare（四角形）とします。

　plotly.express.scatterメソッドで作成したグラフは、showメソッドでJupyterLab上に描画します（図13-3-1）。

図13-3-1　plotlyで散布図を作成

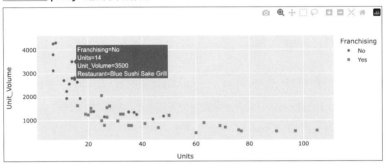

　Plotlyで作成したグラフは右上のツールバーから、グラフの保存やズームイン／ズームアウトが行えます。

　また本章では取り扱いませんが、Plotlyではテキストフォームやプルダウンメニュー、スライダーを使ったよりインタラクティブなグラフも作成できます。詳細は、Plotly公式ドキュメントのJupyter Widgets Interaction[注5]やAdd Custom Controls[注6]でサンプルコードとともに解説されています。

注5　https://plotly.com/python/#jupyter-widgets
注6　https://plotly.com/python/#controls

13.4
レポートを出力する
──ノートブックのHTML化

　データ分析結果の報告は、zoomなどでJupyterLabの画面を共有するのが最も手軽です。しかしこの方法では、インタラクティブなグラフの強みが失われてしまいます。

　GitHub上のプレビューURLを共有するという手段もありますが、GitHub上ではCSSやJavaScriptの処理が反映されないため、本章で扱ったpandasのスタイルやPlotlyのグラフが意図どおりに表示されません。

　そこで、ノートブックをHTMLとして出力すれば、インタラクティブなグラフ操作ができるという強みを保ったまま報告できます。

　nbconvertというJupyterの拡張コマンドを使うことでノートブックをHTMLやPDFとして出力できます。HTML化のメリットはPlotlyで作成したグラフのインタラクティブさを保ったまま共有できることです。

　ノートブックをHTMLとして出力する際の基本的なコマンドは、以下のとおりです。

```
$ jupyter nbconvert --to html {ipynbファイルのパス}
```

　これでipynbファイルと同じディレクトリにHTMLファイルが出力されます（**図13-4-1**）。

第**13**章 データ分析レポートの作成
JupyterLab＋pandas＋Plotlyでインタラクティブに

図13-4-1 notebookをHTML出力する

```
In [1]: import pandas as pd

In [2]: df = pd.read_csv("data/Future50.csv")

In [3]: df.head()
```

	Rank	Restaurant	Location	Sales	YOY_Sales	Units	YOY_Units	Unit_Volume	Franchising
0	1	Evergreens	Seattle, Wash.	24	130.5%	26	116.7%	1150	No
1	2	Clean Juice	Charlotte, N.C.	44	121.9%	105	94.4%	560	Yes
2	3	Slapfish	Huntington Beach, Calif.	21	81.0%	21	90.9%	1370	Yes
3	4	Clean Eatz	Wilmington, N.C.	25	79.7%	46	58.6%	685	Yes
4	5	Pokeworks	Irvine, Calif.	49	77.1%	50	56.3%	1210	Yes

各列について

- Rank: 売上高の前年比(YOY_Sales)による順位
- Restaurant: レストランチェーン名
- Location: 発祥地
- Sales: 2019年の全店売上高(単位は $000,000)
- YOY_Sales: 売上高の前年比
- Units: 店舗数
- YOY_Units: 店舗増加数の前年比
- Unit_Volume: 2019年の店舗ごと平均売上高(単位は $000)
- Franchising: 経営形態(フランチャイズ方式か否か)

　ただし、デフォルトではコードも出力されます。データの分析結果のレポートとしては、コードの部分は不要ですね。--no-inputオプションを付けることでコードを除いて出力できます(**図13-4-2**)。

```
$ jupyter nbconvert --to html {ipynbファイルのパス} --no-input
```

レポートを出力する──ノートブックのHTML化 **13.4**

図13-4-2 notebookをHTML出力する（コードなし）

	Rank	Restaurant	Location	Sales	YOY_Sales	Units	YOY_Units	Unit_Volume	Franchising
0	1	Evergreens	Seattle, Wash.	24	130.5%	26	116.7%	1150	No
1	2	Clean Juice	Charlotte, N.C.	44	121.9%	105	94.4%	560	Yes
2	3	Slapfish	Huntington Beach, Calif.	21	81.0%	21	90.9%	1370	Yes
3	4	Clean Eatz	Wilmington, N.C.	25	79.7%	46	58.6%	685	Yes
4	5	Pokeworks	Irvine, Calif.	49	77.1%	50	56.3%	1210	Yes

各列について

- Rank: 売上高の前年比(YOY_Sales)による順位
- Restaurant: レストランチェーン名
- Location: 発祥地
- Sales: 2019年の全店売上高(単位は `$000,000`)
- YOY_Sales: 売上高の前年比
- Units: 店舗数
- YOY_Units: 店舗増加数の前年比
- Unit_Volume: 2019年の店舗ごと平均売上高(単位は `$000`)
- Franchising: 経営形態(フランチャイズ方式か否か)

※

　本章ではデータ分析に付随する結果報告に着目して、Pythonによるレポート作成を解説しました。 JupyterLabとpandasは、Pythonによるデータ分析で一般的なツールです。データ分析にとどまらず、pandasのStyling機能によってDataFrameにCSSのスタイルを適用することで、JupyterLab上でのデータをよりわかりやすくする可視化にも力を発揮します。そして、そこにPlotlyとnbconvertを組み合わせることで、分析結果をインタラクティブな形式で共有できるレポートが作成できます。

第 **14** 章

pandasを使った処理を
遅くしないテクニック

4つの視点でパフォーマンス改善

pandasはオープンソースのデータ分析・操作ツールです。pandasはデータ分析の場面だけでなく、Webアプリケーションや業務システム内のデータ処理で使っても便利です。しかし、pandasの使い方に慣れない人がデータ処理のコードを書こうとすると、パフォーマンスに問題が出ることがしばしばあります。本章ではpandasを用いてデータ処理を行う際に、パフォーマンスを悪くしないように気を付けるポイントを説明します。

14.1
なぜpandasによるデータ処理が遅くなってしまうのか

一般にパフォーマンスチューニングというと、アルゴリズムやデータ構造の効率化を思い浮かべるでしょう。しかし、pandasを使ったプログラミングでは、それも含めて以下のことを考える必要があります。

- 遅い機能を使わない
- 「Pythonの遅さ」に対処する
- アルゴリズムやデータ構造を効率化する
- マルチコアCPUを使い切る

本章ではこれらの観点について説明していきます[注1]。

手もとでコードを試行錯誤する場合は、JupyterLabの使用をお勧めします。以下はmacOSで環境を構築する例です。なお執筆時にはPython 3.12、NumPy 1.26.4、pandas 2.2.2にて動作確認をしています。

```
% python3 -m venv venv    仮想環境を作成
% . venv/bin/activate    仮想環境に入る
(venv) % pip install pandas jupyterlab    ライブラリをインストール
(venv) % jupyter lab    JupyterLabを起動
```

以降のサンプルコードでは、先頭のセルで以下のimportを実行している前提で記載します。

注1 サンプルコードは本書サポートサイトからダウンロードできます。
https://gihyo.jp/book/2024/978-4-297-14401-2/support

第**14**章 pandasを使った処理を遅くしないテクニック
4つの視点でパフォーマンス改善

```
import numpy as np
import pandas as pd
```

14.2

遅い機能を使わないようにしよう

　pandasのパフォーマンス改善において、最も効果があり、すぐに実践すべきことは「pandasの遅い機能の使用を避ける」ことです。pandasには非常に多くの関数やメソッドが用意されていますが、それらの中にはパフォーマンスが悪いものもあります。そのことを知らないと、遅い機能を使ってしまいがちです。

　遅い機能を使わずに同じ処理を書く方法はほぼ確立されているので、それを押さえるだけでpandasを使ったプログラムのパフォーマンスを改善できるでしょう。

　ここでは、その中でも代表的な2つを紹介します。

iterrowsの使用は避けよう

　pandasの遅い機能として筆頭に挙げられるのが、DataFrameの`iterrows`メソッドです。

　以下のように、ランダムなx、y座標を格納したデータフレーム**a_df**から各行のデータを取得して処理することを考えます。

```
rnd = np.random.default_rng()

a_df = pd.DataFrame(
    rnd.random((100000, 2)), columns=["x", "y"]
)
```

　a_dfの内容は**表14-2-1**のようになっています。

表14-2-1　a_dfの内容例

	x	y
0	0.751718	0.047021
1	0.900212	0.381307
2	0.165144	0.114779
3	0.832481	0.091062
4	0.437535	0.703575
⋮	⋮	⋮

　iterrowsを使うと次のように書くことができます。idxにはインデックスの値、x、yにはx、y座標を格納し、さらに何か処理をすることを考えます。

```
for idx, row in a_df.iterrows():
    x, y = row["x"], row["y"]
    # 以下何か処理をする
```

　このループは非常に遅いことで有名です。a_dfが10万行ある場合、筆者のPCではループだけで3.24秒もかかりました。

iterrowsの代わりに、itertuples、zip関数を使う

　このコードは、iterrowsの代わりにitertuplesに変えることで大幅に高速化します。筆者のPCでは51.4ミリ秒でループが終わりました。約63倍の性能差です。

```
for row in a_df.itertuples():
    idx, x, y = row.Index, row.x, row.y
    # 以下何か処理をする
```

　また、zip関数で以下のように書いて実行することもできます。こちらはさらに高速です。筆者のPCでは21ミリ秒で処理ができました。iterrows版と比較すると154倍速いです！

```
for idx, x, y in zip(a_df.index, a_df["x"], a_df["y"]):
    pass  # このpassを消して、以下何か処理をする
```

　iterrowsという名前はわかりやすく、コードも書きやすいので、知らずに使ってしまっていた人も多いことでしょう。そして、処理が遅いことに直面したとき、ループによる逐次処理自体が悪いと勘違いしてしまい、コードの

大きな変更を試みてしまう方も多いかもしれません。しかし、同じループ処理でも、itertuplesやzip関数を使うと比較的高速に処理できます。

iterrowsはなぜ遅いのか?

では、なぜiterrowsはこんなに遅いのでしょうか? それは、Seriesオブジェクトを繰り返し生成するためです。iterrowsは各行ごとにSeriesオブジェクトを作成します。Seriesオブジェクトは生成コストが非常に大きいオブジェクトです。そのことを確かめてみましょう。まずは余計な処理時間を計測してしまわないように、以下のコードをあらかじめ実行しておきます。

```
index = pd.Index(['x', 'y'], dtype='object')
value = np.array([0.0, 0.0])
```

そのうえで以下のコードを実行してみましょう。

```
for _ in range(100000):
    pd.Series(value, index=index)
```

筆者のPCでは2.33秒の実行時間がかかっていました。つまり先ほどのiterrowsの実行時間の大半は、pd.Seriesの生成にかかるコストであったことがわかります。

それに対し、itertuplesメソッドはNamedTuple、zip関数はtupleを作成します。これらはSeriesに比べるとより小さな時間で生成できます。以下も試してみましょう。

```
for _ in range(100000):
    tuple(value)
```

```
itertuple = collections.namedtuple("Pandas", ["x", "y"])
for i in range(100000):
    itertuple(*value)
```

筆者のPCではどちらも70〜100ミリ秒以下で処理できました。このように、オブジェクトの生成コストは1つなら微々たるものですが、ループの中で大量に行われると無視できないコストになるのです。

遅い機能を使わないようにしよう　14.2

DataFrameのapplyメソッドはあまり速くないことを知ろう

同様に遅いと知られているのが、DataFrame の apply メソッドです。特に axis=1 を指定した使い方は便利なので、利用することも多いでしょう。しかし、このメソッドは実はあまり速くありません。

先ほどの a_df を使って確認してみましょう。

```
def foo(sr):
    x, y = sr["x"], sr["y"]
    # 以下何か処理をする

a_df.apply(foo, axis=1)
```

このコードは、筆者のPCでは507ミリ秒の実行時間がかかりました。iterrows を使ったループよりは速いですが、itertuples と比べて10倍以上遅いですね。apply が遅くなってしまう原因は apply の内部実装に起因します。現時点の pandas では apply はパフォーマンスが考慮された作りになっていないのです。

Seriesのapplyは遅くない

一方で、Series の apply にはパフォーマンスの問題はありません。よってデータフレーム [列名].apply(関数) のような使い方であれば問題ありません。たとえば、以下のコードは筆者のPCでは14ミリ秒で処理されました。

```
def foo(x):
    pass  # このpassを消して、以下何か処理をする

a_df["x"].apply(foo)
```

一方、以下のコードは20.9ミリ秒でした。パラメータの与え方などで簡単に逆転するので、この差はわずかであるといえます。どちらか使いやすいほうを選ぶとよいでしょう。

```
def foo(x):
    pass  # このpassを消して、以下何か処理をする

result = []
for x in a_df["x"]:
    result.append(foo(x))
```

285

第**14**章 pandasを使った処理を遅くしないテクニック
4つの視点でパフォーマンス改善

```
pd.Series(result, dtype="float64")
```

ユニバーサル関数化による改善

DataFrame の apply を使ったコードを高速にするには、いくつかの方法
があります。

その方法の一つとして、関数をユニバーサル関数にする方法があります。
ユニバーサル関数は NumPy の numpy.sin などの、配列を引数にして配列を
返す関数です。numpy.frompyfunc 関数を利用すると、任意の関数をユニバ
ーサル関数にすることができます。以下は先ほどのコードをユニバーサル

%%timeitと%%time

効率の良い書き方を試行錯誤したいとき、Jupyterのマジックコマンドの
%%time と %%timeit が便利です。

セルの先頭に %%time と記述すると、そのセルの実行時間が出力されます(**図
a**)。ただし、実行時間が非常に短い場合、%%time では誤差が相対的に大きく
なってしまい正しく計測できません。そのような場合は %%timeit を使えば、
同じ処理を繰り返し実行して、処理時間の平均値などを出力します(**図b**)。繰
り返し実行するため、計測が完了するまでに数秒から数十秒かかってしまう
こともあります。

そのため、計測対象の処理時間が長い場合は %%time、短い場合は %%timeit
というように使い分けましょう。筆者はまず %%time を使用し、実行時間が1
秒未満の場合は念のため %%timeit を使うようにしています。

図a %%time

```
In [13]:  %%time
          df["after"] = df["before"].apply(lambda x: "1だよ" if x == 1 else "1以外だよ")

          CPU times: user 2.62 s, sys: 101 ms, total: 2.72 s
          Wall time: 2.72 s
```

図b %%timeit

```
[3]:  %%timeit
      data.sort()

      501 µs ± 220 ns per loop (mean ± std. dev. of 7 runs, 1,000 loops each)
```

関数にした例です。実行時間は筆者のPCでは15.5ミリ秒でした。

```
def foo(x, y):
    pass  # このpassを消して、以下何か処理をする

ufoo = np.frompyfunc(foo, 2, 1)
result = ufoo(a_df["x"], a_df["y"])

pd.Series(result, dtype="float64")
```

このほかに、このあとで紹介するpandarallelによる高速化方法もあります。

このように、改善する手段はいくつかあるため apply の使用を避ける必要はありません。しかし、同じ目的を達成するうえで、apply を使わない方法のほうが高速である場合があることは頭に入れておくとよいでしょう。

14.3

「Pythonの遅さ」に対処しよう

次に意識すべきことは、Pythonの遅さです。最近のPythonはパフォーマンスが改善していますが、それでもインタプリタであるPythonは、C++などと比べてパフォーマンス面で有利な言語ではありません。

Pythonがどれくらい遅いのかを知ろう

Pythonがどれくらい遅いのか知っておいて損はないでしょう。たとえば、10万個の数を含むリストをソートするとしましょう。**図14-3-1**は筆者のPCで3種類のソート方法を実行したときの処理時間です。一番上は独自にPythonで実装したクイックソートの関数my_quicksort、真ん中はPython組込み関数のsorted、そして一番下はSeriesオブジェクトのsort_valueメソッドを利用しています。

第14章 pandasを使った処理を遅くしないテクニック
4つの視点でパフォーマンス改善

図14-3-1 ソートの実行時間

```
%%timeit

my_quicksort(data)

215 ms ± 4.02 ms per loop (mean ± std. dev. of 7 runs, 1 loop each)

%%timeit

sorted(data)

33.7 ms ± 639 µs per loop (mean ± std. dev. of 7 runs, 10 loops each)

%%timeit

data_series = pd.Series(data)
data_series.sort_values()

9.29 ms ± 279 µs per loop (mean ± std. dev. of 7 runs, 100 loops each)
```

　上記の結果では、Pythonで独自に実装したクイックソートは、ほかの2つの方法に比べて5倍から20倍の時間がかかってしまうことがわかります。これは、Pythonの組込み関数やpandasの一部メソッドは、内部的にCなどで実装されているからです。そのため、Pythonで独自に実装するよりも既存の機能を利用するほうが速い傾向があります。

　また、今回の場合はSeries.sort_valueが最も高速であることも興味深い結果でしょう。Seriesオブジェクトを繰り返し生成しないようにさえ気を付ければ、Seriesに用意されている高速で便利なメソッドを利用できるメリットがpandasにはあります。

なるべく列をまとめて計算しよう

　それでは「Pythonの遅さ」にどのように対処すればよいのでしょうか? 一番初めに考えることは、列をなるべくまとめて処理することです。

　少し複雑な例を考えてみましょう。先ほどのa_dfと同様にb_dfを作ります。なおa_dfは10万行ですが、b_dfは1000行とします。

```
b_df = pd.DataFrame(
    rnd.random((1000, 2)), columns=["x", "y"]
)
```

　a_dfに含まれる座標とb_dfに含まれる座標から1つずつ取り出した2点

「Pythonの遅さ」に対処しよう 14.3

の距離をすべて求めるプログラムを考えてみましょう。ループで作る場合、
以下のように書くことになるでしょう。

```
distance_list = []
for ax, ay in zip(a_df["x"], a_df["y"]):
    for bx, by in zip(b_df["x"], b_df["y"]):
        distance = ((ax - bx) ** 2 + (ay - by) ** 2) ** 0.5
        # 計算した距離を何かに使う
```

このコードを実行したところ、筆者のPCでは46秒の実行時間がかかり
ました。とはいえ、組み合わせが1億あるので、1秒あたりに265万件も処
理しています。

これを、以下のように書き換えてみましょう。

```
product_df = a_df.rename(
    {"x": "ax", "y": "ay"}, axis=1
).merge(
    b_df.rename({"x": "bx", "y": "by"}, axis=1
), how="cross")
dx = product_df["ax"] - product_df["bx"]
dy = product_df["ay"] - product_df["by"]
product_df["distance"] = (dx ** 2 + dy ** 2) ** 0.5
```

このコードを実行すると、たったの10.5秒で処理されました！1秒あた
り1000万件以上処理できています。このように、列をまとめて処理すれば
非常に高速に計算ができます。

列をまとめて計算すると高速に計算できる理由は、pandasの内部でNumPy
を使用しているからです。そして、NumPyは内部でBLASやLAPACKとい
ったFortranで作られた高速な計算エンジンを使っています。そのため
Pythonインタプリタのオーバーヘッドを受けることなく、CPUの性能を引
き出した高速な計算を行えます。

ただし、この書き方では計算前に必要なデータをメモリに展開する必要
があるため、多くのメモリを必要とする傾向があります。今回は計算前に
mergeメソッドを使って、ax、ay、bx、byの組み合わせを列挙するための
メモリが必要になります。

それでも、高速でコードも簡潔で読みやすくなるので、検討する価値が

289

あるでしょう[注2]。

loc、where、maskを活用してPythonでの分岐を減らそう

Pythonを使った処理を減らすテクニックとして、ブールインデックスによる代入を利用する方法があります。ブールインデックスとは、Seriesのインデックスに同じ長さのブール値のリストを渡す指定方法で、pandasではSeriesに対して比較演算を行うと生成されます。

たとえば、次のように1, 2, 3, 1, 2, 3, ...と繰り返していく3千万行のデータがあるとします。

```
df = pd.DataFrame({"before": [1, 2, 3] * 10000000})
```

このDataFrameの列**before**の値が1のときは"1だよ"、1以外のときは**"1以外だよ"**という列を作りたいとしましょう。このように条件分岐があるデータ処理をする場合、applyを使った次のようなコードを思い付くかもしれません。

```
df["after"] = df["before"].apply(
    lambda x: "1だよ" if x == 1 else "1以外だよ"
)
```

筆者のPCでは4.15秒の処理時間がかかりました。これは次のように書くことができます。

```
df["after_1"] = "1以外だよ"
df.loc[df["before"] == 1, "after_1"] = "1だよ"
```

```
df["after_2"] = "1だよ"
df["after_2"] = df["after_2"].where(
    df["before"] == 1, "1以外だよ"
)
```

```
df["after_3"] = "1以外だよ"
df["after_3"] = df["after_3"].mask(
    df["before"] == 1, "1だよ"
)
```

注2 今回はpandasの使い方にのみ注目しているため文中では触れませんでしたが、2点間の距離はSciPyライブラリの**scipy.spatial.distance.cdist**を使用するとさらに高速に求められます。筆者のPCでは0.5秒でした。必要に応じて検討してください。
https://docs.scipy.org/doc/scipy/reference/generated/scipy.spatial.distance.cdist.html

「Pythonの遅さ」に対処しよう　14.3

inplace=Trueの使用で速くなる？

一部の関数やメソッドでは inplace=True というパラメータを与えることで、現在のデータを直接更新するように指定できます。このようにすることによって、データのコピーを回避し、その分だけ処理が速くなると思うかもしれません。

たとえば以下のデータを用意し、sort_values でソートするパフォーマンスを比較してみましょう。

```
_df = pd.DataFrame(
    rnd.random((1000000, 10))
)
```

1回の処理でデータを書き換えてしまうのでこのケースでは %%timeit が使えません。そこで同じデータを100個ずつコピーします。

```
dfs1 = [
    _df.copy() for _ in range(100)
]
dfs2 = [
    _df.copy() for _ in range(100)
]
```

まずは inplace=True を指定しない場合の時間を計測してみます。筆者のPCでは26秒かかりました。

```
for i, df in enumerate(dfs1):
    dfs1[i] = df.sort_values(0)
```

次に inplace=True を指定したコードの処理時間を計測します。筆者のPCでは24.1秒かかりました。これは誤差の範囲でしょう。

```
for df in dfs2:
    df.sort_values(0, inplace=True)
```

sort_values 以外に rename、drop でも試しましたが、どちらかが優位な結果は確認できませんでした。このように、現在のpandasでは inplace 引数を使用しても、パフォーマンスに差がないようです。将来のバージョンでは、一部のメソッドを除いて inplace 引数の廃止も検討されています。

第14章 pandasを使った処理を遅くしないテクニック
4つの視点でパフォーマンス改善

これらのコードの結果もすべて同じです。筆者のPCでは上から393ミリ秒、536ミリ秒、537ミリ秒で処理できました。

このように`loc`メソッドと列の比較演算（ブールインデックス）による代入や`where`、`mask`メソッドをうまく使うことで、Pythonインタプリタによる`if`文の処理を回避して、高速化できます。

14.4
アルゴリズムやデータ構造の効率化を考えよう

次に考えるのがアルゴリズムやデータ構造の効率化です。といってもクイックソートのようなアルゴリズムを自ら実装する必要はありません。重要なのは無駄なループや効率の悪いデータの持ち方を避けることです。

groupbyを使って多重ループを回避しよう

たとえば、100万人が参加する国際的なゲーム大会があり、**表14-4-1**のような各参加者の所属国とスコアデータがあるとしましょう。

表14-4-1　各参加者の所属国とスコアデータ

	country	score
0	Brazil	59.3985
1	Germany	37.0619
2	Canada	98.8928
3	India	81.113
4	UK	58.3661
⋮	⋮	⋮

なお、このサンプルデータは次のコードで生成できます。

```
N = 5000000
countries = [
    "USA", "China", "USA", "Germany", "India",
    "UK", "France", "Canada", "Itary", "Brazil"
]
```

アルゴリズムやデータ構造の効率化を考えよう **14.4**

```
df = pd.DataFrame(
    {
        "country": np.random.choice(countries, N),
        "score": np.random.rand(N) * 100,
    }
)
```

　このデータから、国ごとに何らかの処理をしたいとします。たとえば、以下のようなコードは簡単に思い付くと思います。

```
for country in countries:
    country_df = df[df["country"] == country]
    # country_dfを使って何か処理をする
```

　しかし、このようなときはgroupbyを使いましょう。

```
for country, country_df in df.groupby("country"):
    pass  # country_dfを使って何か処理をする
```

　前者のコードは3.13秒、後者のコードは544ミリ秒で処理できました。前者のコードが遅い理由は、二重ループが発生しているためです。Pythonでの見かけ上のコードではループは1つですが、df[df["country"] == country]というコードを実行するためには、内部ですべての行を読み込みながら比較していく必要があります。ソートもされておらず、データベースのインデックスのようなしくみもないのでそれしか実現方法がありません。

　このようにpandasを使わなければ内部でどのような処理が行われ効率が悪いと気付ける処理であっても、pandasでは見かけ上のコードが短いため、うっかり遅いアルゴリズムを選択してしまうのです。

　一方、groupbyはグルーピングを行うことを目的としています。グルーピングを行うには一度すべての行を調べ、各行がどのグループに分類されるかを記憶すればよいでしょう。そうすれば、二重ループをせずに実現できます。二重ループでも実現できますが、より効率の良い方法が採用されていると想像するのが自然でしょう。

　このように、処理が遅いと感じたときは、pandasのその1つの処理が、実際は内部でどのようなループによって行われているかを想像してみるとよいでしょう。

第14章 pandasを使った処理を遅くしないテクニック
4つの視点でパフォーマンス改善

カテゴリ型を使おう

今回扱った「所属国」のような分類項目は、文字列ではなくカテゴリ型にすることも検討の余地があります。次のようにastypeで "category" を指定して変換してみましょう。

```
df["country"] = df["country"].astype("category")
```

なお、カテゴリ型に対してgroupbyを使う場合、observedパラメータを指定する必要があります。

```
for country, country_df in df.groupby(
    "country", observed=True
):
    pass  # country_dfを使って何か処理をする
```

これで、198ミリ秒にまで高速化されました。国のように決められた数の分類項目は、文字列ではなくカテゴリ型に変換してから処理をしましょう。

14.5

マルチコアCPUを使い切ろう

さて、ここまでの工夫をしてもなお遅い場合、マルチコアを活用ができているかを確認しましょう。最近のコンピュータはマルチコアのCPUを搭載しています。しかし、単純にfor文などを使ってアルゴリズムを書いても1つのコアしか使うことができません。1つのコアしか使用できていない場合は、コンピュータが8コア搭載しているなら1/8の性能しか出せていないことになります。

時間がかかる処理はマルチコアを使い切れているか確認しよう

時間がかかる処理を見つけたときは、コンピュータがマルチコアを使い切れているかどうかを確認しましょう。macOSの場合はアクティビティモニタのCPU使用率を表示する機能があります。複数のコアを使い切れてい

294

る場合は**図14-5-1**のような表示になります。一方、使い切れていない場合は**図14-5-2**のような表示になります

図14-5-1　マルチコアを使い切れている場合

図14-5-2　マルチコアを使い切れていない場合

　Linuxの場合は、topコマンドを実行後に1キーを押すことでコアごとのCPU使用率を確認できます。以下はマルチコアが使い切れていない例です。

```
top - 09:14:27 up 5 min,  2 users,  load average: 0.58, 0.19, 0.07
Tasks: 124 total,   2 running, 122 sleeping,   0 stopped,   0 zombie
%Cpu0  :  0.3 us,  0.0 sy,  0.0 ni, 99.7 id,  0.0 wa,  0.0 hi,  0.0 si,  0.0 st
%Cpu1  :  0.0 us,  0.0 sy,  0.0 ni,100.0 id,  0.0 wa,  0.0 hi,  0.0 si,  0.0 st
%Cpu2  :  0.0 us,  0.0 sy,  0.0 ni,100.0 id,  0.0 wa,  0.0 hi,  0.0 si,  0.0 st
%Cpu3  :100.0 us,  0.0 sy,  0.0 ni,  0.0 id,  0.0 wa,  0.0 hi,  0.0 si,  0.0 st
MiB Mem :    970.5 total,    601.1 free,    156.4 used,    213.0 buff/cache
MiB Swap:   1942.0 total,   1942.0 free,      0.0 used.    670.2 avail Mem
```

マルチコアを使い切る方法を知ろう

　時間がかかる処理でマルチコアを使い切れていないことがわかった場合、すべてのコアを使えるように工夫すれば、理論的にはコア数倍の分だけ処理を高速にできます。マルチコアを活用するには以下の方法があります。

- 列をまとめて計算する
- NumPyで計算する
- 並列化する

第14章 pandasを使った処理を遅くしないテクニック
4つの視点でパフォーマンス改善

このうち「列をまとめて計算する」についてはすでに説明しました。列を
まとめて計算するとpandasのバックエンドにある計算エンジンがマルチコ
アを効率良く使用するように実装されているため、マルチコアの性能を活
かせます。それも、複雑なコードを書かずに利用できるため、pandasでマ
ルチコア性能を活かすなら最善の方法です。

次に考えられる方法が、pandasのバックエンドにあるNumPyを直接使う
ことです。NumPyの計算エンジンであるBLASやLAPACKは、マルチコア
性能を活かすように実装されています。そのため、NumPyをうまく使いこ
なしたコードに置き換えることで、高速化できるかもしれません。しかし、
NumPyで効率良く計算をするためには、データを行列化して行列やベクト
ルの計算に落とし込む必要があり、コードの修正範囲が大きいというデメ
リットがあります。

最後に考えられるのが並列化することです。しかし、マルチプロセスプ
ログラムを自ら実装するのはなかなか難しいです。そこで便利なのが
pandarallelライブラリの利用です。

pandarallelでapplyを並列化しよう

pandarallelはDataFrameやSeriesの**apply**を並列化するライブラリです。
導入は簡単です。pipコマンドでインストールするのみです。Jupyterを使
っているときは、プログレスバーを出すためにipywidgetsも合わせてイン
ストールするとよいでしょう。

```
(venv) $ pip install pandarallel ipywidgets
```

そして、使う前にインポートし、**pandarallel.initialize**を呼び出します。

```
from pandarallel import pandarallel

pandarallel.initialize(progress_bar=True)
```

これで準備は終わりです。それではためしに、以下のコードを並列化し
てみましょう。

```
import time

df = pd.DataFrame({"before": [1] * 20})
```

```
def slow_func(x):
    time.sleep(1)
    return 2 * x

df["after"] = df["before"].apply(slow_func)
```

　このコードはapplyの行で約20秒かかります。理由はslow_funcの中に1秒のスリープがあるためです。このことからもapplyは順次処理されていることがわかります。

　このapplyを並列化するには、以下のようにapplyの代わりにparallel_applyと書くだけです。今回の場合、筆者のPCのCPUは8コア搭載しているため、約8倍高速の3秒あまりで処理が終了します。プログレスバーも出てくるので便利です（**図14-5-3**）。

```
df["after"] = df["before"].parallel_apply(slow_func)
```

図14-5-3　pandarallelによるapplyの並列化実行例

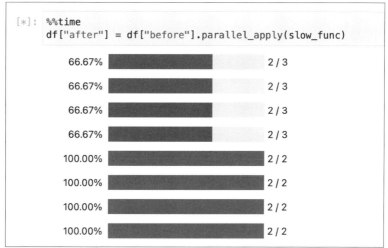

　このようにpandarallelは使いやすいですが、注意も必要です。pandarallelに限らず並列化によって高速化ができるのは、今回のslow_funcのように対象の処理そのものが遅く、かつそれがまだマルチコアを活用していない場面に限られます。slow_funcからsleep(1)を消して同様に実行しても8

倍高速にはなりません。それは、並列化のコントロールのためのオーバーヘッドが発生するためです。適用対象の処理の中でNumPyによる計算を使っていてすでにマルチコアを使っている場合も、同様に高速化できないでしょう。

しかし、導入が簡単という意味では検討の価値が非常に大きいといえるでしょう。

14.6
まとめ
——チューニングは必要になってから

本章ではpandasのパフォーマンスを改善するため、以下の方法を紹介しました。

- 遅い機能を使わない
- 「Pythonの遅さ」に対処する
- アルゴリズムやデータ構造を効率化する
- マルチコアCPUを使い切る

これらを日ごろから頭の片隅に入れておくことでパフォーマンスの良いプログラムをpandasで書くことができるでしょう。

ただし、はじめからパフォーマンスを考えすぎる必要はありません。はじめはパフォーマンスよりも読みやすさを優先してプログラムを書くことのほうが大切です。そして、パフォーマンスに問題があることに気付いたら、遅くなっている箇所を突き止めて、必要な箇所のみ改善していきましょう。pandasはうまく使えば複雑な処理を非常に高速に行う能力があります。本章で説明した方法で改善をすれば、数行直すだけでも全体の実行時間を簡単に数倍から数十倍速くできることもあるでしょう。

CSVの読み込み時に列を絞る

　本文では、データはすでに読み込み済みで、そこから処理時間を減らすことを前提に書きました。

　しかし、データの読み込み・書き込み部分も処理時間という観点では重要です。たとえば、以下のコードで作成したbig.csvを読み込むことを考えます。

```
# サンプルデータの作成
_df = pd.DataFrame(
    np.random.rand(100000, 100)
)
_df.to_csv("big.csv", index=False)
```

　このbig.csvは10万行100列のCSV（*Comma-Separated Values*、カンマ区切り）ファイルです。以下のようにそのまま読み込んだときの処理時間は1.7秒でした。

```
df = pd.read_csv("big.csv")
```

　もし、この100列のうち、実際に使うのは一部のみだとしたら、read_csv関数にusecolsパラメータを指定することによって処理時間を短くできます。以下のコードは0.9秒で処理が終わりました。

```
df = pd.read_csv("big.csv", usecols=[0, 1, 2])
```

　これは、書き込む際も同様です。不要な列を出力対象から除外できれば、処理時間を短くできます。

　また、そもそもCSVにすらする必要がなく、複数のプログラムの間で受け渡しをすることだけが目的なら、DataFrame自体をpickleでシリアライズして読み込ませる方法もあります。それができるのは双方のプログラムの入出力仕様を自分が決められる場合に限られますし、双方のライブラリバージョンを合わせる必要もありますが、CSVの入出力時間が問題になっている場合には検討の余地があるでしょう。

第15章

JanomeとSudachiPy による日本語処理

フリガナプログラム作成で学ぶ 自然言語処理の流れ

Pythonでは自然言語処理にも豊富なライブラリが提供されています。本章では「日本語の文章に対してフリガナを振る」というプログラムの作成を通じて、Pythonで日本語を処理する方法について説明します[注1]。

15.1

日本語の処理とは

　日本語などの会話に使う言語をプログラムなどで処理することを**自然言語処理**（NLP、*Natural Language Processing*）といいます。自然言語はPythonなどのプログラミング言語と違って厳格な構文がないため、プログラムで解析するには通常の文字列処理とは異なる手法が必要となります。自然言語処理には機械学習の手法もありますが、ここでは**形態素解析**という手法を使用します。

形態素解析とは

　形態素解析とは、自然言語の文章を**形態素**（単語などの要素）に分割し、品詞などの情報を判別する処理のことです。英語などはスペースで単語が区切られているため単語の判別がしやすいですが、日本語は区切り文字がありません。そのため、機械的に単語の分割ができません。

　たとえば「東京都」は「東京」+「都」と分割すべきですが、「小京都」は「小」+「京都」と分割すべきです。文字列だけではどのように分割すべきかを正しく判断できないため、日本語の辞書データを用いて正しく形態素に分割する必要があります。

品詞、原形、読み

　形態素解析では、文章を形態素に分割するだけでなく、各要素に**品詞**、**原形**、**読み**といったさまざまな情報を付加します。付加された情報は以下

注1　サンプルコードは本書サポートサイトからダウンロードできます。
https://gihyo.jp/book/2024/978-4-297-14401-2/support

のような用途に使用できます。

- **品詞**
  文章中の名詞だけを抜き出す（明日はビールを飲みたい→明日、ビール）

- **原形**
  動詞などの活用があるため、原形に戻して同一の単語として処理する（飲みたい→飲む、おいしさ→おいしい）

- **読み**
  漢字の読みを取得してフリガナを振ったり、音声に変換する（麦汁と麦酒→バクジュウトビール）

漢字の読みの難しさ

日本語では同一の漢字に対して複数の読みが存在します。そのため、形態素解析で熟語を正しく認識して適切な読みを設定する必要があります。「日」という漢字を例にすると、「一月一日は元日で昨日は大晦日」という文章では読みがすべて異なります。

形態素解析の用途

形態素解析の技術は以下のような用途で使用されています。

- 検索エンジンの検索用インデックスの作成
- 文章の分類（含まれている単語によって分類する）
- 文章に含まれている各単語の数によって、文章の特徴を表す（Bag of Words）
- 複数の文章から、文章に含まれる単語の重要度を調べる（TF-IDF、*Term Frequency-Inverse Document Frequency*）

文章にフリガナを振る

本章では、日本語の文章にフリガナを振るプログラムの作成を通じて、日本語の形態素解析プログラムの使い方を解説します。

コマンドラインで以下のように実行できるプログラムを作成していきます。ルビを表現するためにHTMLのrubyタグを使用しています。

本章で作るプログラムの実行イメージ
```
$ python furigana.py "麦酒を飲もう"
<ruby><rb>麦酒</rb><rt>びーる</rt></ruby>を<ruby><rb>飲</rb><rt>の</rt></ruby>もう
```

プログラムの実行結果をHTMLファイルに保存してブラウザで確認すると、**図15-1-1**のようにフリガナ（ルビ）が適切に表示されていることがわかります。

図15-1-1　ブラウザでのフリガナ表示例

このプログラムを作成したもとの要求は、以下のようなものでした。

- 中学生向けの学習教材のデータを作成している
- 海外出身などで漢字を読むことの不得意な生徒がいる
- そのような生徒が教材で学習できるように、すべての文章にフリガナを表示したい

上記の要求を実現するために、日本語の文章にフリガナを自動で付加するプログラムを作成していきます。

15.2 Janomeで形態素解析

さっそくJanome[注2]という日本語の形態素解析ライブラリを使用して、Pythonでフリガナを振るプログラムを作ってみましょう。

注2　https://mocobeta.github.io/janome/

Janomeとは

Janome は Python で書かれた日本語の形態素解析ライブラリです。Janome は Python のみで実装されているため、OS に依存しません。また、辞書を含んでいるため、インストールしてすぐ使い始められるという特徴があります。形態素解析がどういったものか体験するためには、非常に適したライブラリです。

Janomeをインストールして使ってみる

さっそく Janome をインストールして使ってみましょう。ここでは macOS 上の Python 3.12 で動作確認しています。Windows や Linux でも同様の手順で動作します。

まずは Python の仮想環境を作成し、その中に Janome をインストールします。執筆時点の最新バージョンは 0.5.0 です。

```
$ python3 -m venv venv
$ . venv/bin/activate
(venv) $ pip install janome
（省略）
Successfully installed janome-0.5.0
```

Janome がインストールできたので、Python の対話モードで動作確認をします。Tokenizer(トークナイザー)を作成し、解析対象の文字列を tokenize() メソッドに渡します。すると、実行結果として文章を単語などのトークンに分割して返します。各トークンには先述の品詞、原形、読みといった形態素情報が含まれています。

```
(venv) $ python
>>> from janome.tokenizer import Tokenizer
>>> t = Tokenizer()
>>> for token in t.tokenize("麦酒を飲もう。"):
...     print(token)
...
麦酒    名詞,一般,*,*,*,*,麦酒,ビール,ビール
を 助詞,格助詞,一般,*,*,*,を,ヲ,ヲ
飲も    動詞,自立,*,*,五段・マ行,未然ウ接続,飲む,ノモ,ノモ
う 助動詞,*,*,*,不変化型,基本形,う,ウ,ウ
。 記号,句点,*,*,*,*,。,。,。
>>> quit()
```

実行結果を見ると「麦酒」が一般名詞であること、読みが「ビール」であるという情報が取得できていることがわかります。また「飲も」の原形が「飲む」であるという情報も取得できています。単語ではない「。」も句点であるという情報が取得できています。

Janome はコマンドラインでも実行が可能です。文字列を janome コマンドの標準入力に渡すと、形態素解析の結果が出力されます。出力される内容は対話モードで print(token) したときと同じです。

```
(venv) $ echo "麦酒を飲もう。" | janome
麦酒  名詞,一般,*,*,*,*,麦酒,ビール,ビール
を 助詞,格助詞,一般,*,*,*,を,ヲ,ヲ
飲も  動詞,自立,*,*,五段・マ行,未然ウ接続,飲む,ノモ,ノモ
う 助動詞,*,*,*,不変化型,基本形,う,ウ,ウ
。 記号,句点,*,*,*,*,。,。,。
```

単語の読みが取得できることがわかったので、Janome でフリガナを振るプログラムを作成しましょう。

Janome でフリガナを振る

フリガナを振るために、まずはトークンから読みの情報を取得する必要があります。トークンの読みは .reading で取得できます。以下のコードはトークンからいくつかの情報を取得した例です。

```
(venv) $ python
>>> from janome.tokenizer import Tokenizer
>>> t = Tokenizer()
>>> token = next(t.tokenize("麦酒"))
>>> token.surface  〔元の表記〕
'麦酒'
>>> token.part_of_speech  〔品詞〕
'名詞,一般,*,*'
>>> token.reading  〔フリガナ〕
'ビール'
```

フリガナを振るプログラムを作成します。形態素に分割し、漢字の単語の場合にはフリガナを振るようにします。

〔furigana1.py〕
```
import re
import sys
```

第15章 JanomeとSudachiPyによる日本語処理
フリガナプログラム作成で学ぶ自然言語処理の流れ

```python
from janome.tokenizer import Tokenizer

# 漢字を表す正規表現
KANJI = re.compile(r"[\u3005-\u3007\u4E00-\u9FFF]")

t = Tokenizer()


def ruby(kanji: str, kana: str) -> str:
    """1つの単語にフリガナを振る"""
    return f"<ruby><rb>{kanji}</rb><rt>{kana}</rt></ruby>"


def furigana(s: str) -> str:
    """指定された文字列にフリガナを振る"""
    result = ""
    for token in t.tokenize(s):
        surface = token.surface
        # 漢字のときはフリガナを振る
        if KANJI.search(surface):
            result += ruby(surface, token.reading)
        else:
            result += surface
    return result


if __name__ == "__main__":
    print(furigana(sys.argv[1]))
```

このプログラムを実行すると結果は以下のようになります。

```
(venv) $ python furigana1.py "麦酒を飲もう。"
<ruby><rb>麦酒</rb><rt>ビール</rt></ruby>を<ruby><rb>飲も</rb><rt>ノモ</rt></ruby>う。
```

だいたい良さそうですが、フリガナを改善します。

フリガナの改善

フリガナの文字をカタカナではなく、ひらがなにしたいと思います。str型の maketrans メソッドを使用して、カタカナからひらがなへの変換テーブルを作成します。また「飲も」の「も」に対してフリガナが付いているので、「飲」だけにフリガナを付けるように修正します。正規表現を使用して送りがな（末尾のひらがな）を抜き出して、フリガナの対象外にします。

306

```
furigana2.py
（省略）
# 末尾のひらがなの正規表現
KANA = re.compile(r"[\u3041-\u309F]+$")

# カタカナをひらがなに変換
K2H = str.maketrans(
    "アイウエオカキクケコサシスセソ（省略）ャユョワ",
    "あいうえおかきくけこさしすせそ（省略）ゃゆょわ",
)
（省略）
def ruby(kanji: str, kana: str) -> str:
    """1つの単語にフリガナを振る"""
    kana = kana.translate(K2H)
    okuri = ""
    if m := KANA.search(kanji):
        okuri = m[0]
        # 送りがなを削除
        kanji = kanji.removesuffix(okuri)
        kana = kana.removesuffix(okuri)

    return f"<ruby><rb>{kanji}</rb><rt>{kana}</rt></ruby>{okuri}"
```

　改良したプログラムを実行すると結果は以下のようになります。フリガナがひらがなになり、送りがなにも対応できるようになりました。

```
(venv) $ python furigana2.py "麦酒を飲もう。"
<ruby><rb>麦酒</rb><rt>びーる</rt></ruby>を<ruby><rb>飲</rb><rt>の</rt></ruby>もう。
```

　次は辞書をカスタマイズします。

辞書をカスタマイズする

　実際に運用してみると、想定どおりにフリガナが振られない漢字が見つかりました。たとえば「新出漢字」「後付け」といった単語をJanomeに渡すと、それぞれ「にいでかんじ」「こうつけ」というフリガナになってしまいます。これはJanomeに内包されている辞書である**ipadic**に、これらの熟語が登録されていないためと考えられます。

　Janomeにはユーザー定義辞書を使用する機能があるので、これで解決したいと思います。ここでは「簡略辞書フォーマット」という形式を使用します。簡略辞書フォーマットは以下のようなCSV（*Comma-Separated Values*、カンマ区切り）ファイルです。

第15章 JanomeとSudachiPyによる日本語処理
フリガナプログラム作成で学ぶ自然言語処理の流れ

```user_dict.csv
新出,カスタム名詞,シンシュツ
後付け,カスタム名詞,アトヅケ
```

プログラムの`Tokenizer`を生成するところでユーザー辞書を指定します。簡略辞書フォーマットを使用するので、辞書の種類として`simpledic`を指定しています。

ユーザー定義辞書の詳細については、Janomeのドキュメント[注3]を参照してください。

```furigana3.py
（省略）
t = Tokenizer("user_dict.csv", udic_type="simpledic")
（省略）
```

改良したプログラムを実行すると結果は以下のようになります。ユーザー辞書が適用され、想定したフリガナが振られています。

```
(venv) $ python furigana3.py "新出漢字、後付け"
<ruby><rb>新出</rb><rt>しんしゅつ</rt></ruby><ruby><rb>漢字</rb><rt>かんじ</rt></ruby>、<ruby><rb>後付</rb><rt>あとづ</rt></ruby>け
```

しかし、さらに運用を続けると想定どおりのフリガナにならない漢字が大量に出てきました。都度ユーザー辞書に追加するのもなかなか手間がかかります。そこで、より良い辞書を持つ形態素解析ライブラリに載せ替えることとしました。

15.3
SudachiPyで形態素解析

いくつかの日本語用の形態素解析ライブラリを調査したところ、SudachiPy[注4]というライブラリが今回の用途に合っていそうです。

注3 https://mocobeta.github.io/janome/#id8
注4 https://github.com/WorksApplications/sudachi.rs

SudachiPyとは

SudachiPy は Python 用の形態素解析ライブラリの1つです。このライブラリは、Sudachi[注5] という Java 製の形態素解析ライブラリを Rust で再実装したものです。

SudachiPy は Python 用の wheel が用意されているため、インストールしやすいライブラリです。ほかにも以下のような特徴があります。

- 単語数の異なる3種類の辞書が存在する
- 処理速度が速い
- 単語分割の粒度を3種類から選べる
- 文字列の正規化にも対応している

SudachiPyをインストールして使ってみる

さっそく SudachiPy をインストールして使ってみましょう。Python の仮想環境に SudachiPy と辞書(SudachiDict)をインストールします。辞書は**small**、**core**、**full** の3種類から選択できます。ここではデフォルトの**core**を選択します。本書執筆時点の最新バージョンはそれぞれ 0.6.8、20240409 です。

```
(venv) $ pip install sudachipy sudachidict_core
 (中略)
Successfully installed sudachidict_core-20240409 sudachipy-0.6.8
```

SudachiPy と辞書がインストールできたので、Python の対話モードで動作確認をします。Janome のときと同様にトークナイザーを作成し、解析対象の文字列を tokenize() メソッドに渡します。

```
(venv) $ python
>>> from sudachipy import dictionary
>>> t = dictionary.Dictionary().create()
>>> for token in t.tokenize("麦酒を飲もう。"):
...     print(token)
...
麦酒
を
飲もう
。
```

注5　https://github.com/WorksApplications/Sudachi

第15章 JanomeとSudachiPyによる日本語処理
フリガナプログラム作成で学ぶ自然言語処理の流れ

トークンを print 関数で出力すると、もとの単語のみが出力されます。トークンから読みなどの形態素情報を取得するためには、reading_form などのメソッドを呼び出す必要があります。

```
>>> token = t.tokenize("麦酒")[0]
>>> token.part_of_speech()   品詞
('名詞', '普通名詞', '一般', '*', '*', '*')
>>> token.reading_form()   フリガナ
'ビール'
>>> quit()
```

SudachiPy はコマンドラインでも実行が可能です。文字列を sudachipy コマンドの標準入力に渡すと、形態素解析結果が出力されます。

```
(venv) $ echo "麦酒を飲もう。" | sudachipy
麦酒	名詞,普通名詞,一般,*,*,*	麦酒
を	助詞,格助詞,*,*,*,*	を
飲もう	動詞,一般,*,*,五段-マ行,意志推量形	飲む
。	補助記号,句点,*,*,*,*	。
EOS
```

出力に読みなどの情報を含める場合は -a オプションを指定します。デフォルトの辞書で、フリガナ「シンシュツカンジ」「アトヅケ」が正しく取得できていることがわかります。

```
(venv) $ echo "新出漢字、後付け" | sudachipy -a
新出	名詞,普通名詞,サ変可能,*,*,*	新出	新出	シンシュツ	0	[]
漢字	名詞,普通名詞,一般,*,*,*	漢字	漢字	カンジ	0	[]
、	補助記号,読点,*,*,*,*	、	、	、	0	[]
後付け	名詞,普通名詞,一般,*,*,*	後付け	後付け	アトヅケ	0	[13210]
EOS
```

SudachiPyでフリガナを振る

プログラムの形態素解析ライブラリを Janome から SudachiPy に変更します。

```
furigana4.py
import re
import sys

from sudachipy import dictionary
（省略）
t = dictionary.Dictionary().create()
（省略）
def furigana(s: str) -> str:
```

```
    """指定された文字列にフリガナを振る"""
    result = ""
    for token in t.tokenize(s):
        surface = token.surface()
        # 漢字のときはフリガナを振る
        if KANJI.search(surface):
            result += ruby(surface, token.reading_form())
        else:
            result += surface
    return result
```

SudachiPyバージョンのプログラムの実行結果は、Janomeでユーザー辞書を適用した場合と同様です。デフォルト辞書で想定したフリガナが振られています。

```
(venv) $ python furigana4.py "新出漢字、後付け"
<ruby><rb>新出</rb><rt>しんしゅつ</rt></ruby><ruby><rb>漢字</rb><rt>かんじ</rt></
ruby>、<ruby><rb>後付</rb><rt>あとづ</rt></ruby>け
```

さらにフリガナ処理を改善する

すでに気付いている方もいると思いますが、ここまで実装してきた送りがなの処理には問題がありました。送りがなは末尾にしか付かないものと思い込んでいましたが、実際にはそれ以外のパターンも存在します。以前のコードでは「追い出す」「しみ込む」「立ち入り禁止」などのように、送りがなが単語の最初や途中に存在するパターンに対応できていませんでした。このような単語にも対応できるようにプログラムを修正します。

また「アフリカ大陸」「東アジア」のように漢字とカタカナの組み合わせの単語の場合、カタカナ部分にもフリガナが振られていたので、カタカナは対象外とする修正も併せて行います（カタカナにフリガナを振る運用もあると思います）。

プログラムを修正する前に簡単なテストを追加します。ここではdoctest[注6]を使用します。doctestは対話モードのようなテキストを書くことによってテストが実行できます。ruby関数の動作を説明しつつテストが実行できるため、採用しました。

注6　https://docs.python.org/ja/3/library/doctest.html

第15章 JanomeとSudachiPyによる日本語処理
フリガナプログラム作成で学ぶ自然言語処理の流れ

```
furigana5.py
（省略）
def ruby(kanji: str, kana: str) -> str:
    """1つの単語にフリガナを振る

    >>> ruby("麦酒", "びーる")
    '<ruby><rb>麦酒</rb><rt>びーる</rt></ruby>'
    >>> ruby("飲もう", "のもう")
    '<ruby><rb>飲</rb><rt>の</rt></ruby>もう'
    >>> ruby("追い出す", "おいだす")
    '<ruby><rb>追</rb><rt>お</rt></ruby>い<ruby><rb>出</rb><rt>だ</rt></ruby>す'
    >>> ruby("しみ込む", "しみこむ")
    'しみ<ruby><rb>込</rb><rt>こ</rt></ruby>む'
    >>> ruby("東アジア", "ひがしあじあ")
    '<ruby><rb>東</rb><rt>ひがし</rt></ruby>アジア'
    """
    （省略）
```

この段階でdoctestを実行すると、送りがなが正しく処理できないため5件中3件のテストに失敗します。

```
(venv) $ python -m doctest furigana5.py
**********************************************************************
File "furigana5.py", line 28, in furigana5.ruby
Failed example:
    ruby("追い出す", "おいだす")
Expected:
    '<ruby><rb>追</rb><rt>お</rt></ruby>い<ruby><rb>出</rb><rt>だ</rt></ruby>す'
Got:
    '<ruby><rb>追い出す</rb><rt>おいだす</rt></ruby>い'
（省略）
1 items had failures:
   3 of   5 in furigana5.ruby
***est Failed*** 3 failures.
```

上記のテストが通るように修正したいと思います。

送りがな処理とカタカナに対応

単語の途中の送りがなと、カタカナと漢字の組み合わせに対応するようにプログラムを修正します。

```
furigana6.py
（省略）
# すべてのひらがなとカタカナを含む正規表現
KANA = re.compile(r"[\u3041-\u309F\u30A1-\u30FF]+")
（省略）
```

```python
def make_ruby(k: str, f: str) -> str:
    """rubyタグを生成して返す"""
    return f"<ruby><rb>{k}</rb><rt>{f}</rt></ruby>"


def ruby(kanji: str, kana: str) -> str:
    (省略)
    kana = kana.translate(K2H)
    text = ""
    # 漢字の中のかなをすべて抜き出す
    while m := KANA.search(kanji):
        okuri = m[0]
        # フリガナで最初にかなが出る位置を返す
        index = kana.find(okuri.translate(K2H), m.start())
        ruby = kana[:index]
        # 残りのフリガナ
        kana = kana[index + len(okuri):]
        # 漢字を送りがなで分割
        f_kanji, kanji = kanji.split(okuri, 1)
        if ruby:
            text += make_ruby(f_kanji, ruby)
        text += okuri
    if kanji:  # 漢字が残っている場合
        text += make_ruby(kanji, kana)

    return text
(省略)
```

修正したプログラムのdoctestを実行するとエラーが出なくなりました。念のため-vオプションを付けて実行すると、5件のテストすべてに成功していることが確認できます。

```
(venv) $ python -m doctest furigana6.py
(venv) $ python -m doctest -v furigana6.py
Trying:
    ruby("麦酒", "びーる")
Expecting:
    '<ruby><rb>麦酒</rb><rt>びーる</rt></ruby>'
ok
（省略)
5 passed and 0 failed.
Test passed.
```

送りがなにも正しく対応できるようになりました。しかし、まだ細かい問題が残っています。

第15章 JanomeとSudachiPyによる日本語処理
フリガナプログラム作成で学ぶ自然言語処理の流れ

ユーザー辞書をカスタマイズする

期待どおりにフリガナを振れるようになりましたが、まだ少し問題があります。運用をしていると「か条書き（カジョウガキ）」「四字熟語（ヨジジュクゴ）」で正しくフリガナが振られないという指摘がありました。sudachipyコマンドで確認してみます。

```
(venv) $ echo "か条書き、四字熟語" | sudachipy -a
か条    名詞,普通名詞,助数詞可能,*,*,*    箇条    か条    カジョウ    0    []
書き    動詞,一般,*,*,五段-カ行,連用形-一般    書く    書く    カキ    0    [21144]
、    補助記号,読点,*,*,*,*    、    、    、    0    []
四    名詞,数詞,*,*,*,*    4    四    ヨン    -1    []    (OOV)
字    名詞,普通名詞,一般,*,*,*    字    字    ジ    0    []
熟語    名詞,普通名詞,一般,*,*,*    熟語    熟語    ジュクゴ    0    []
EOS
```

「か条書き」は「箇条書き」であれば正しく解釈されますが、「か」だけひらがなの単語は登録されていないため「カジョウカキ」となっています（箇の漢字を中学生は習っていないため、この表記になっているようです）。「四字熟語」も1つの単語としては登録されていないため「ヨンジジュクゴ」というフリガナになっています。

これらの問題に対処するため、SudachiPyのユーザー辞書を作成したいと思います。まずはユーザー辞書のもととなるCSVファイルを作成します。今回登録する単語は一般名詞なので、以下のような形式となります。

```
sudachi_dic1.csv
か条書き,5146,5146,8000,か条書き,名詞,普通名詞,一般,*,*,*,カジョウガキ,箇条書き
*,*,*,*,*,*
四字熟語,5146,5146,8000,四字熟語,名詞,普通名詞,一般,*,*,*,ヨジジュクゴ,四字熟語
*,*,*,*,*,*
```

各項目の意味は以下のドキュメントを参照してください。

- 「Sudachiユーザー辞書作成方法」[注7]

sudachipy ubuildコマンドでCSVファイルからユーザー辞書を作成します。-sオプションにシステム辞書ファイルを指定する必要があるため、仮想環境(venv)の中のsystem.dicの場所を探して引数に指定しています。コ

注7　https://github.com/WorksApplications/Sudachi/blob/develop/docs/user_dict.md

マンドが成功するとユーザー辞書 user.dic が作成されます。

```
(venv) $ sudachipy ubuild -s `find venv -name system.dic` sudachi_dic1.csv
（省略）
(venv) $ ls user.dic
user.dic
```

これでユーザー辞書ファイルができました。

ユーザー辞書を有効化する

ユーザー辞書を有効にするには、sudachi.json という設定ファイルにユーザー辞書に関する設定を追加する必要があります。SudachiPy のデフォルトの sudachi.json をコピーして編集します。

```
(venv) $ find venv -name sudachi.json
venv/lib/python3.12/site-packages/sudachipy/resources/sudachi.json
(venv) $ cp `find venv -name sudachi.json` .
(venv) $ vi sudachi.json
```

変更箇所は以下の "userDict" の行を追加したのみです。

```
{
    "userDict" : ["user.dic"],   追記
    ...      以下はそのまま
}
```

ユーザー辞書が正しく適用されるか、動作確認をします。sudachipy コマンド実行時に -r オプションを使用すると、設定ファイルが指定できます。実行結果を見ると適切にユーザー辞書が読み込まれて、以下のように想定どおりの読みが取得できていることがわかります。

```
(venv) $ echo "か条書き、四字熟語" | sudachipy -r sudachi.json -a
か条書き    名詞,普通名詞,一般,*,*,*    箇条書き    か条書き    カジョウガキ    1    []
、    補助記号,読点,*,*,*,*    、    、    　    0    []
四字熟語    名詞,普通名詞,一般,*,*,*    四字熟語    四字熟語    ヨジジュクゴ    1    []
EOS
```

プログラムも設定ファイルを使用するようにします。トークナイザー生成時の config_path 引数に設定ファイルを指定します。ここではファイルパスを省略しているので、プログラムを実行するディレクトリに sudachi.json が存在する前提になっています。異なるパスの場合はパスを正しく指定してください。

第15章 JanomeとSudachiPyによる日本語処理
フリガナプログラム作成で学ぶ自然言語処理の流れ

```
furigana7.py
（省略）
t = dictionary.Dictionary(config_path="sudachi.json").create()
（省略）
```

　プログラムを実行すると、ユーザー辞書が適用されてフリガナが振られていることが確認できます。

```
(venv) $ python furigana7.py "か条書き"
か<ruby><rb>条書</rb><rt>じょうが</rt></ruby>き
(venv) $ python furigana7.py "四字熟語"
<ruby><rb>四字熟語</rb><rt>よじじゅくご</rt></ruby>
```

　SudachiPyでの設定ファイル、ユーザー辞書については以下のドキュメントも参考にしてください。

● 「日本語形態素解析器SudachiPyチュートリアル」[注8]

ユーザー辞書のコストを調整する

　運用している中でさらにユーザー辞書での調整が必要となりました。「日本」の読みがデフォルトでは「ニッポン」となっていますが、これを「ニホン」に変えたいと思います。まずは現在の読みを確認します。

```
(vnev) $ echo "日本出身" | sudachipy -r sudachi.json -a
日本    名詞,固有名詞,地名,国,*,*    日本    日本    ニッポン    0    [6418]
出身    名詞,普通名詞,一般,*,*,*      出身    出身    シュッシン 0    []
EOS
```

　先ほどまでと同様に、ユーザー辞書のCSVに変更したい読みで単語を追加して辞書を作成すればよさそうです。ユーザー辞書ファイルに以下を追記します。

```
sudachi_dic2.csv
（省略）
日本,4793,4793,8000,日本,名詞,固有名詞,地名,国,*,*,ニホン,日本,*,*,*,*,*
```

　しかし、ユーザー辞書を作成して再度実行してみますが、結果は変わりません。

```
(venv) $ rm user.dic
(venv) $ sudachipy ubuild -s `find venv -name system.dic` sudachi_dic2.csv
```

注8　https://github.com/WorksApplications/SudachiPy/blob/develop/docs/tutorial.md

316

SudachiPyで形態素解析 **15.3**

```
(venv) $ echo "日本出身" | sudachipy -r sudachi.json -a
日本    名詞,固有名詞,地名,国,*,*    日本    日本    ニッポン    0    [6418]
出身    名詞,普通名詞,一般,*,*,*      出身    出身    シュッシン 0    []
EOS
```

　これは辞書の**コスト**が影響しています。ユーザー辞書のCSVファイルの4番目の数値(この場合は**8000**)はコストを表す値で、値を小さくするほど解析結果として出やすくなります。コストは-32767から32767の範囲で指定ができ、ユーザー辞書のドキュメントには「名詞類であれば、"5000〜9000"を推奨」と書いてあるため、ここでは**8000**を指定していました。しかし、このコスト値が高いため、ユーザー辞書に定義した「ニホン」の読みが選ばれません。

　では具体的にコスト値をいくつにするとよいのでしょうか。トライ＆エラーという手段もありますが、ここではシステム辞書のコスト値を確認してそれより小さく設定する手法をとりたいと思います。SudachiDictの辞書の元データはS3でホストされています。「日本」は一般的な単語なので、`small_lex.csv`というファイルに入っています。

　Sudachi Dictionary Sources[注9]から`small_lex.zip`ファイルを取得します。ZIPファイルを展開し、CSVファイル内の単語のコスト値を確認します。

```
(venv) $ egrep "^日本," small_lex.csv
日本,4793,4793,1888,日本,名詞,固有名詞,地名,国,*,*,ニッポン,日本,*,A,*,*,*,006418
日本,4793,4793,2747,日本,名詞,固有名詞,地名,国,*,*,ニホン,日本,*,A,*,*,*,006418
```

　「ニッポン」のコスト値は**1888**となっているので、より小さい値を設定すればよさそうです。そこで、ユーザー辞書でのコスト値を**1500**に変更します。

> sudachi_dic3.csv
>
> （省略）
> 日本,4793,4793,1500,日本,名詞,固有名詞,地名,国,*,*,ニホン,日本,*,*,*,*,*

　再度ユーザー辞書を作りなおして実行すると、「日本」が「ニホン」と読まれるようになりました。

```
(venv) $ rm user.dic
(venv) $ sudachipy ubuild -s `find venv -name system.dic` sudachi_dic3.csv
(venv) $ echo "日本出身" | sudachipy -r sudachi.json -a
日本    名詞,固有名詞,地名,国,*,*    日本    日本    ニホン    1    []
出身    名詞,普通名詞,一般,*,*,*      出身    出身    シュッシン 0    []
EOS
```

注9 http://sudachi.s3-website-ap-northeast-1.amazonaws.com/sudachidict-raw/

第15章 JanomeとSudachiPyによる日本語処理
フリガナプログラム作成で学ぶ自然言語処理の流れ

```
(venv) $ python furigana7.py "日本出身"
<ruby><rb>日本</rb><rt>にほん</rt></ruby><ruby><rb>出身</rb><rt>しゅっしん</rt></ruby>
```

これでフリガナを振るプログラムはひとまず完成です。運用していく中で対応していない読みが発生したときには、ユーザー辞書に単語を追加して動作確認という流れで、辞書をより良くしていきましょう。

フリガナの漢字レベル対応

もともとの要求は「すべての文章でフリガナを表示したい」というものですが、漢字を理解できている生徒には、難しい漢字にのみフリガナを振れるようになるとより便利です。ここでは小学校で習う漢字のみを使用している単語にはフリガナを振らないようにしたいと思います。

小学校で習う漢字は文部科学省の「学年別漢字配当表」注10 で確認できます。漢字配当表は**図15-3-1**のように学年ごとに習う漢字が一覧で表示されています。

図15-3-1　学年別漢字配当表

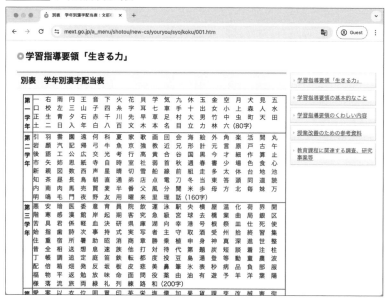

注10　https://www.mext.go.jp/a_menu/shotou/new-cs/youryou/syo/koku/001.htm

このWebページのHTMLを見てみると以下のような内容となっています。<td>と</td>の間を抜き出せば、小学校で習う漢字の一覧が作成できそうです。

```
学年別漢字配当表のHTML
<tr>
  <th valign="top">第一学年</th>
  <td>一  右  雨  円  王  音  下  火  花...力  林  六 (80字) </td>
</tr>
<tr>
  <th valign="top" scope="row">第二学年</th>
  <td>引  羽  雲  園  遠  何  科  夏  家...里  理  話 (160字) </td>
</tr>
```

上記のWebページから漢字の一覧を以下のコードで取得します。漢字配当表のWebページの内容を取得し、正規表現で漢字のみを取り出します。最後に漢字の一覧をJSON形式でファイルに保存します。

```python
kanji_grade.py
import re
import json
from urllib import request


def main():
    """学年別漢字配当表をJSON形式で保存"""
    URL = "https://www.mext.go.jp/a_menu/shotou/new-cs/youryou/syo/koku/001.htm"
    # 漢字配当表を格納する変数
    kanji_grade = []

    with request.urlopen(URL) as f:
        for line in f:
            if m := re.match(r"<td>(.*) (\d+字) </td>", line.decode("utf-8")):
                kanji_grade.append(m[1].replace(" ", ""))

    # JSON形式で保存
    with open("kanji_grade.json", "w") as f:
        json.dump(kanji_grade, f, indent=2, ensure_ascii=False)


if __name__ == "__main__":
    main()
```

このプログラムを実行するとkanji_grade.jsonというファイルに漢字の一覧が保存されます。内容は以下のように各学年ごとに習う漢字が長い文字列になっています。

第15章 JanomeとSudachiPyによる日本語処理
フリガナプログラム作成で学ぶ自然言語処理の流れ

```
(venv) $ python kanji_grade.py
(venv) $ cat kanji_grade.json
[
  "一右雨円王音下火花貝学気...理話",
  "引羽雲園遠何科夏家歌画回...理話",
  "悪安暗医委意育員院飲運泳...路和",
  "愛案以衣位囲胃印英栄塩億...労録",
  "圧移因永営衛易益液演応往...留領",
  "異遺域宇映延沿我灰拡革閣...朗論"
]
```

　漢字配当表に含まれていない漢字が存在する単語にのみ、フリガナを振るようにプログラムを修正します。get_kanji_grade_set()関数ではkanji_grade.jsonから漢字のデータを取得し、セット型にします。is_ruby_required()関数では、渡された文字列に漢字配当表に含まれていない漢字が存在するかを確認します。セット型どうしを<=で比較することにより、左のセットのすべての要素が右のセットに含まれているかを判定しています。そしてfurigana()関数の中でこの2つの関数を使用します。

furigana8.py

```python
import json
（省略）
def get_kanji_grade_set() -> set[str]:
    """漢字配当表の全漢字のセットを返す"""
    kanji_grade = set()
    with open("kanji_grade.json") as f:
        for s in json.load(f):
            kanji_grade.update(set(s))
    return kanji_grade


def is_ruby_required(surface: str, grade: set[str]) -> bool:
    """フリガナが必要かを判定する"""
    # 漢字を含んでいるか
    if re.search(KANJI, surface) is None:
        return False
    kanji_set = set(re.findall(KANJI, surface))

    # 配当表外の漢字があるか
    return not kanji_set <= grade


def furigana(s: str) -> str:
    """指定された文字列にフリガナを振る"""
    result = ""
```

```
    kanji_grade = get_kanji_grade_set()
    for token in t.tokenize(s):
        surface = token.surface()
        # 漢字配当表に含まれていない漢字のときはフリガナを振る
        if is_ruby_required(surface, kanji_grade):
            result += ruby(surface, token.reading_form())
        else:
            result += surface
return result
```

修正したプログラムでフリガナを振ってみると、以下のように「名前」「無い」「生れた」などにはフリガナが振られていないことが確認できます。これらの漢字は小学校で習うため、フリガナの対象外となっています。

```
(venv) $ python furigana8.py "吾輩は猫である。名前はまだ無い。どこで生れたかとんと見当がつかぬ。何でも薄暗いじめじめした所でニャーニャー泣いていた事だけは記憶している。"
<ruby><rb>吾輩</rb><rt>わがはい</rt></ruby>は<ruby><rb>猫</rb><rt>ねこ</rt></ruby>である。名前はまだ無い。どこで生れたかとんと見当がつかぬ。何でも<ruby><rb>薄暗</rb><rt>うすぐら</rt></ruby>いじめじめした所でニャーニャー泣いていた事だけは<ruby><rb>記憶</rb><rt>きおく</rt></ruby>している。
```

出力結果をHTMLファイルに保存してブラウザで確認すると、**図15-3-2**のような表示になります。小学校で習っていない漢字にのみ、適切にフリガナが振られていることが確認できます。

図15-3-2　学年別漢字配当表に対応したフリガナプログラム

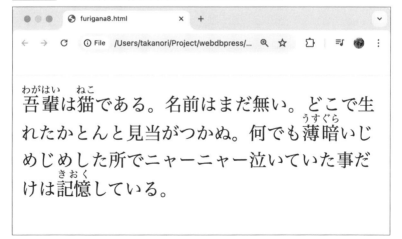

第15章 JanomeとSudachiPyによる日本語処理
フリガナプログラム作成で学ぶ自然言語処理の流れ

　このプログラムをさらに応用すると、小学校の各学年ごとにフリガナの表示を変えたり、常用漢字以外のみにフリガナを振るといったこともできそうです。

※

　以上でJanome、SudachiPyを利用したフリガナを振るプログラムは完成です。これらの形態素解析ライブラリを使用して、日本語を処理するプログラムを作成する方法が理解できたでしょうか？

　このプログラムをさらに改良して、FastAPIやFlaskのようなフレームワークを使用して、Web API化にチャレンジしてみるのもおもしろいと思います。

　大量の日本語のテキストを処理する必要があるときに、形態素解析を使って省力化ができるかもしれません。ぜひ、課題を見つけてチャレンジしてみてください。

第16章

第**16**章

データサイエンスのための
テスト入門

pandasやNumPyのテスト機能を使って
快適に実験

Pythonは、ソフトウェア開発だけではなく、データサイエンスの分野でも広く利用されています。

分析や実験の現場では試行錯誤しながらコードを書くことが多く、「テストを書く」というステップが疎かになりがちです。しかし、分析や実験で使用するプログラムに不具合があると結果の信頼性が損なわれ、大きな手戻りが発生する恐れがあります。またプログラムがテスト可能になっていないと、高速化が必要な場合や可読性を改善したい場合に、リファクタリングが困難です。そのため、分析や実験であってもテストコードを書くことは重要です。

本章では、JupyterLab（以下、Jupyter）上で書く一度きりのプログラムからスタートし、少しずつテストを導入する方法について紹介します。

16.1

データサイエンスにおけるテスト

世にあるテストの情報は、多くの場合、ソフトウェア開発を想定して書かれています。そのため、分析や研究に携わるPythonユーザーにとってはイメージがわきづらく、どこから手を付ければよいかわからないことがあります。

ソフトウェア開発におけるテストとの違い

データサイエンスにおけるテストには、ソフトウェア開発とは異なる点がいくつかあります。

1つ目は、業務上のプログラムの位置付けです。分析や実験では、多くの場合、プログラムそのものではなく、プログラムの実行結果から得られる知見に価値があります。試行錯誤を繰り返して実装を進めるため、ソフトウェア開発と比較して「一度しか実行されないコード」が多いです。そのため、最初からテストコードを書いても無駄になる恐れがあります。

2つ目は、扱うデータの性質です。分析や実験のプログラムでは、多くの場合pandasやNumPyが使われます。浮動小数点数を扱うことも多く、許容する誤差を考慮してテストを行う必要があります。

第**16**章　データサイエンスのためのテスト入門
pandasやNumPyのテスト機能を使って快適に実験

テスト導入のステップ

本章では、次の3つのステップで少しずつテストを導入する方法を紹介します。

❶ Jupyter上でのassert文による簡単なチェック

❷ pandasやNumPyの機能を使ったテスト

❸ プログラムをPythonモジュールに切り出し、pytestでテストの実行を自動化

16.2

仮想環境の作成

まずは、本章のサンプルコードを動かすための環境を作成しましょう。本章ではPython 3.12と以下のバージョンのパッケージを使います。

- jupyterlab（JupyterLab）：4.1.6
- numpy（NumPy）：1.26.4
- pandas（pandas）：2.2.2
- pytest（pytest）：8.1.1

本章のサンプルコードをダウンロードし[注1]、そこに含まれているrequirements.txtとdataディレクトリを配置してください。仮想環境を作成して、各パッケージをインストールします。

```
Windows (PowerShell) の場合
> python -m venv venv　仮想環境の作成
仮想環境有効化のためのactivate.ps1を実行できない場合があるので、以下のコマンドで回避する
> Set-ExecutionPolicy RemoteSigned -Scope CurrentUser -Force　一度だけ実行する
> venv\Scripts\activate.ps1　仮想環境の有効化
> pip install -r requirements.txt　ダウンロードしたrequirements.txtを使用する
```

```
macOSの場合
$ python3 -m venv venv　仮想環境の作成
```

注1　本書サポートサイトからダウンロードできます。
　　　https://gihyo.jp/book/2024/978-4-297-14401-2/support

```
$ source venv/bin/activate 仮想環境の有効化
$ pip install -r requirements.txt ダウンロードしたrequirements.txtを使用する
```

準備が整ったらJupyterを起動します。

```
$ jupyter lab
```

16.3

assert文による簡単なチェック

　分析や実験ではJupyter上でプログラムが書かれることが多く、成果物の
コードは関数化やモジュール化されていないことも多いです。テストの実
行を自動化するには、まず対象となるコードをPythonモジュールに切り出
して単体実行できるようにする必要がありますが、ある程度の作業コスト
がかかります。

　しかし、普段「ちゃんとしたテストコード」は書いていなくても、pandas
やNumPyでデータを操作したあとに「DataFrameの形状がおかしくないか」
「絞り込みの範囲を間違えていないか」といった目視確認はJupyter上で頻繁
に行われます。

　このような目視確認は手軽にできる反面、Notebookを複製して使い回す
ようになると、見落としが発生して異常に気付かないこともあります。テ
ストのはじめの一歩として、このような目視確認をassert文で行うと、見
落としを手軽に防ぎやすくなります。

　assert文とは、プログラムにデバッグ用のアサーションをしかけるため
の機能です。実行結果と期待する結果を比較し、一致していない場合に例
外(AssertionError)を発生させます。

目視確認からassert文へ

　ここからは、実際にコードを書きながら説明します。まず、今回扱う架
空のユーザーマスタのデータをJupyter上で読み込みます。

第**16**章　**データサイエンスのためのテスト入門**
pandasやNumPyのテスト機能を使って快適に実験

```
セル1
import pandas as pd
# ユーザーのマスタ情報の読み込み
user_df = pd.read_csv("data/user_master.csv")
user_df.head(3)  # 先頭3行を表示
```

出力結果は、**表16-3-1**のとおりです。

表16-3-1　出力結果

	user_id	display_name	area	created_at	updated_at
0	1	壱山はじめ	12	2022-01-01 08:09:10	2022-01-01 08:09:10
1	2	二宮ふた子	13	2022-01-01 11:00:22	2022-01-01 11:00:22
2	3	三ツ川みつる	14	2022-01-01 13:23:01	2022-01-01 13:23:01

目視によるチェック

まず、行数と列数を確認しましょう。shapeで確認すると、20行5列の
データだとわかります。

```
セル2
user_df.shape  # データの形状の確認
```

```
出力
(20, 5)
```

次に、列**user_id**のユニーク数を確認しましょう。ユーザーの「マスタ」
情報ということは、**user_id**は一意であることが期待されます。そのため、
期待どおりであれば行数と同じ**20**になるはずです。

```
セル3
user_df["user_id"].nunique()  # ユニーク数の確認
```

```
出力
12
```

user_idのユニーク数は12でした。行数は20なので、期待する結果とは
異なりますね。ユニーク数のほうが少ないことから、**user_id**が重複する
データがあると推測されます。duplicated()を使って重複するデータを確
認してみましょう。

328

セル4

```
# user_idが重複したユーザーを抽出
duplicated_df = user_df[
  user_df.duplicated(subset=["user_id"], keep=False)]
# 同じuser_idのデータを比較するためソートして表示
duplicated_df.sort_values("user_id").head(3)
```

　出力結果は**表16-3-2**です。同じ**user_id**で更新日時(**updated_at**)が異なるデータがあることがわかりました。どうやら、この「ユーザーマスタ」は複数時点のスナップショットを結合した可能性があります。

表16-3-2　**出力結果**

	user_id	display_name	area	created_at	updated_at
0	1	壱山はじめ	12	2022-01-01 08:09:10	2022-01-01 08:09:10
7	1	壱山一	12	2022-01-01 08:09:10	2022-01-01 20:03:32
8	1	いちやま	12	2022-01-01 08:09:10	2022-01-01 20:15:56

　このように、入手したデータが想定と違うことは分析の現場では多々あります。また、入手時点では問題がなくても、前処理過程の不具合によりデータが想定しない状態になることもあります。

　1回きりの分析であれば、このような目視によるチェックでも特に大きな問題になりません。しかしNotebookを複製して同じような分析を繰り返す場合、見落としが発生する恐れがあります。

assert文によるチェックへの置き換え

　先ほどのユニーク数のチェックをassert文で書きなおしてみましょう。**assert 条件式**と書くと、条件式の結果がFalseの場合に例外が発生します。Trueの場合は何も起きません。ここでは**user_df**の行数と**user_id**のユニーク数を比較する式を書きます。

セル5

```
# 行数とuser_idのユニーク数が一致するか
assert user_df.shape[0] == user_df.user_id.nunique()
```

　一致しないので、AssertionErrorが発生します。

出力

...省略...

第**16**章 データサイエンスのためのテスト入門
pandasやNumPyのテスト機能を使って快適に実験

```
     1 # 行数とuser_idのユニーク数が一致するか
----> 2 assert user_df.shape[0] == user_df.user_id.nunique()

AssertionError:
```

このように、普段行うチェックをassert文を使って書いておくと、データが意図しない状態になっても気付きやすくなります。

なお重複チェックは次のようにも書けます。まずは自分が書き慣れた方法を使えばよいでしょう。

セル6
```
assert not user_df["user_id"].duplicated().any()
```

assert文でチェックする内容とタイミング

まずは「普段目視でやっている確認」をassert文でチェックすることをお勧めします。たとえば、次のようなものです。

- DataFrameのマージ前後で行数や列数が意図しない数になっていないか
- 欠損値を想定していない列に欠損がないか
- 最大値や最小値が想定の範囲から外れていないか

特に、次のようなタイミングでassert文によるチェックを追加するとよいでしょう。

- 既存のNotebookを複製して同じような分析を行うとき
- ある処理のまとまりを関数化するとき

16.4
pandasのテスト機能
──pandas.testingモジュール

ここまではDataFrameのユニーク数などの数値をチェックしていました。しかし時には、DataFrameそのものを比較したいこともあります。たとえば前処理のコードを改善する場合、改善前後で結果が変わらないことを保

pandasのテスト機能——pandas.testingモジュール **16.4**

証する必要があります。

　そんなときは、pandasのテストのための関数をまとめたtestingモジュールが便利です[注2]。

DataFrameの比較——assert_frame_equal()

基本的な使い方

　pandasの `assert_frame_equal()` を使って2つのDataFrameを比較すると、結果が一致しない場合にどこが異なるのか差分が表示されます。また、行や列の並び順、型などをどこまで厳密にチェックするかパラメータで指定できます。

　まずは、シンプルなデータで基本的な使い方を見てみましょう。**a_df** と **b_df** は2行2列目の値が異なるDataFrameです。

セル1
```
import pandas as pd
# 2行2列目のデータが異なるDataFrameを用意
a_df = pd.DataFrame(
    [[1, 2, 3], [10, 20, 30], [100, 200, 300]],
    columns=["A", "B", "C"])
b_df = pd.DataFrame(
    [[1, 2, 3], [10, 22, 30], [100, 200, 300]],
    columns=["A", "B", "C"])
```

　`assert_frame_equal()` を使った結果と比較するため、まずは `equals()` とassert文を組み合わせて両者を比較してみます。

セル2
```
# 一致しないのでAssertionErrorが発生する
assert a_df.equals(b_df)
```

出力
```
...省略...
      1 # 一致しないのでAssertionErrorが発生する
----> 2 assert a_df.equals(b_df)

AssertionError:
```

　a_df と **b_df** が一致しないことはわかりましたが、どこが違うのかそれ以

注2　Testing（pandas公式ドキュメント）
　　　https://pandas.pydata.org/docs/reference/testing.html

331

第**16**章 **データサイエンスのためのテスト入門**
pandasやNumPyのテスト機能を使って快適に実験

上の情報がありません。

次に、`assert_frame_equal()`を使って書きなおしてみましょう。

```
セル3
from pandas.testing import assert_frame_equal
# a_dfとb_dfが一致しているかどうかチェック
assert_frame_equal(a_df, b_df)
```

```
出力
...省略...
AssertionError: DataFrame.iloc[:, 1] (column name="B") are different

DataFrame.iloc[:, 1] (column name="B") values are different (33.33333 %)
[index]: [0, 1, 2]
[left]:  [2, 20, 200]
[right]: [2, 22, 200]
```

先ほどの**equals()**とassert文の組み合わせより、情報量が増えていることがわかります。**DataFrame.iloc[:, 1] (column name="B") values are different (33.33333 %)**は、列**B**に差分があることを示しています。列**B**のデータのうち、3行中1行に差異があるため、**33.33333 %**と差分の割合が表示されています。その次の2行に、どこに差異があるのかdiffが表示されています。

チェック方法の指定──インデックス名の差異を無視する

`assert_frame_equal()`は、デフォルトでは2つのDataFrameをインデックス名、列名、並び順、型なども含めて比較します。しかし場合によっては一部の差異は無視したいこともあります。その場合、何をどこまでチェックするか引数で指定可能です。

具体的に、インデックス名の差異を無視する例を見てみましょう。ある架空の店舗の来店者数のデータが3年間分あります。1行に1日の来店者数が格納されており、欠けている日付はありません。

```
セル4
df = pd.read_csv("data/visitor.csv",
  index_col="日付", parse_dates=["日付"])
df.head(3)  # 先頭3行を表示
```

出力結果は**表16-4-1**です。このデータを月ごとに集約して、各月の来店

332

pandasのテスト機能──pandas.testingモジュール **16.4**

者数の合計と、1日あたりの最小値、最大値、中央値を出すことにします。

表16-4-1　**出力結果**

日付	来店者数
2019-01-01	69
2019-01-02	67
2019-01-03	62

pandasでは、グループ化を行う`groupby()`と集約を行う`aggregate()`を組み合わせることで、グループごとに計算を行えます。ここでは月ごとに集約を行いたいので、インデックスから年と月を抽出した列年-月を作成してから計算しています。

```
セル5
# 方法1
# インデックスから年と月だけを抽出した列を作成
df["年-月"] = df.index.map(
    lambda x: f"{x.date().year}-{x.date().month:02}"
).to_list()
# 列「年-月」でグループ化して来店者数を集約
agg_df_1 = df.groupby("年-月")["来店者数"].aggregate(
    ["sum", "min", "max", "median"])
del df["年-月"]  # 作業用に作成した列を削除
agg_df_1.head(3)
```

`agg_df_1`は**表16-4-2**です。集約で指定した年-月がインデックスになり、各月の値が計算できました。

表16-4-2　**方法1で作成したagg_df_1の中身**（先頭3行）

年-月	sum	min	max	median
2019-01	1789	1	123	62.0
2019-02	1800	3	120	67.0
2019-03	2124	12	114	75.0

さて、方法1は実はもっと良い書き方ができます。方法1ではわざわざ列年-月を作成しましたが、インデックスが日付時刻型の場合、`resample()`を使うと新たに列を作成しなくても月単位の集約が可能です。

333

第**16**章 **データサイエンスのためのテスト入門**
pandasやNumPyのテスト機能を使って快適に実験

```
セル6
# 方法2
# resample()で来店者数を集約（"ME"は月単位を示す）
agg_df_2 = df.resample("ME")["来店者数"].aggregate(
    ["sum", "min", "max", "median"])
# インデックスを「年-月」形式に変換
agg_df_2.index = agg_df_2.index.strftime("%Y-%m")
agg_df_2.head(3)
```

　agg_df_2は**表16-4-3**です。両者の処理時間を計測したところ、筆者の環境では方法1は約3.52ミリ秒、方法2は約1.44ミリ秒でした。方法2のほうが処理が速く可読性も高いので、結果が同じであれば方法2を採用したいところです。

表16-4-3　**方法2で作成したagg_df_2の中身（先頭3行）**

日付	sum	min	max	median
2019-01	1789	1	123	62.0
2019-02	1800	3	120	67.0
2019-03	2124	12	114	75.0

　しかし、`assert_frame_equal()`で結果を比較すると AssertionError が発生します。

```
セル7
# 方法1と方法2の結果を比較
assert_frame_equal(agg_df_1, agg_df_2)
```

```
出力
...省略...
AssertionError: DataFrame.index are different

Attribute "names" are different
```

　エラーメッセージによるとインデックスが異なるようです。方法1では集約結果のインデックス名が**年-月**ですが、方法2では**日付**になっています。
　後続の処理に影響するなどインデックス名が重要となる場合は、もとのコード自体を修正します。しかし、無視してよい場合は引数**check_names**にFalseを指定してインデックス名の差異を無視できます。

334

セル8の部分のコードブロック:

```
# インデックス名を無視して比較
assert_frame_equal(
    agg_df_1, agg_df_2, check_names=False)
```

AssertionErrorが発生しなくなりました。今回のデータでは、インデックス名以外の部分では方法1と方法2の結果が一致することが確認できました。

このように`assert_frame_equal()`を使うと、コードの改善前後で動作が変わらないことを保証しやすくなります。

チェック方法のそのほかのオプション

ほかにも`assert_frame_equal()`には多くのオプションがあります。以下はよく使うものです。

- check_like
  行や列の順序の差異を無視するかどうか。Trueの場合は無視する

- check_dtype
  型をチェックするかどうか。Falseの場合は無視する

- check_exact
  数値を厳密にチェックするかどうか。Trueだと浮動小数点数の誤差を許容せず厳密にチェックする

引数`check_dtype`でFalseを指定して型を無視すると、たとえば整数の1と浮動小数点数の1.0は同じ値として扱われます。pandasでは、欠損値の補完などで型がいつの間にか整数から浮動小数点数に変わることがよくあります。前処理の途中で型の差異は無視してよい場合に使うと便利です。

Seriesの比較——assert_series_equal()

pandasのSeriesどうしを比較したい場合、`assert_series_equal()`が使えます。使い方は`assert_dataframe_equal()`とほぼ同じですが、引数で指定可能なオプションがいくつか異なります。

特に便利なのは、pandas 1.3.0で登場した`check_index`です。Falseを指定すると、インデックスの違いを無視し、並び順に基づいて要素を比較し

第**16**章 データサイエンスのためのテスト入門
pandasやNumPyのテスト機能を使って快適に実験

ます。

このほか、多数のオプションが用意されています。必要に応じて、公式
のAPIリファレンスを参照して利用しましょう。

16.5
NumPyのテスト機能
──numpy.testingモジュール

アルゴリズム開発や数値実験などでは、NumPyで数式を実装することが
多々あります。pandas同様、NumPyにもテストのための機能が備わってい
ます[3]。

NumPy配列の比較──assert_array_equal()

assert_array_equal()はNumPy配列やリストを比較し、値と形状が一致
するかチェックします。

まずは簡単な例で見てみましょう。次のコードではNumPy配列を2つ用
意して比較しています。

```
セル1
import numpy as np
import numpy.testing as npt
# 1行1列目が異なる2つのNumPy配列を用意
a = np.array([[1, 2], [3, 4]])
b = np.array([[0, 2], [3, 4]])
# AssertionErrorが発生する
npt.assert_array_equal(a, b)
```

2つのNumPy配列は1行1列目が異なるため、実行するとAssertionError
が発生します。

```
出力
...省略...
AssertionError:
Arrays are not equal
```

注3　Test Support（Numpy公式ドキュメント）
　　　https://numpy.org/doc/stable/reference/routines.testing.html

336

NumPyのテスト機能——numpy.testingモジュール 16.5

```
Mismatched elements: 1 / 4 (25%)
Max absolute difference: 1
Max relative difference: 0.
 x: array([[1, 2],
       [3, 4]])
 y: array([[0, 2],
       [3, 4]])
```

　4個の要素のうち1個が異なるため、`Mismatched elements: 1 / 4 (25%)`と表示されます。今回は小さな配列を比較したため差分がわかりやすいですが、要素数が多い場合は一部の値が異なるのか、大半の値が異なるのか、差分の割合を見ることであたりを付けやすくなるため便利です。

　`assert_array_equal()`がチェックするのは形状と値だけで、型の違いは見ません。NumPy配列とリストの比較でも、形状と値が同じであれば例外は発生しません。また、実行列と複素行列も型の違いは考慮せず、形状と値だけをチェックします。

セル2
```python
a = np.array([[1, 2], [3, 4]])  # NumPy配列
b = [[1, 2], [3, 4]]  # リストのリスト
c = np.array([[1, 2], [3, 4]],
             dtype=complex) # 複素行列
# 値と形状が一致するためAssertionErrorは発生しない
npt.assert_array_equal(a, b)
npt.assert_array_equal(a, c)
```

　`assert_array_equal()`は値を厳密に比較するため、誤差が発生し得る場面では適さない点に注意しましょう。次のコードでは、NumPy配列aは1行2列目が2ですが、NumPy配列bは2の平方根を2乗しています。結果は2のはずですが、計算過程で誤差が発生して`2.0000000000000004`になり、AssertionErrorが発生します。

セル3
```python
a = np.array(np.array([[1, 2], [3, 4]]))
b = np.array(np.array([[1, np.sqrt(2) ** 2], [3, 4]]))
# 1行2列目の値の確認
print(f"{a[0][1]=}")
print(f"{b[0][1]=}")
# AssertionErrorが発生する
npt.assert_array_equal(a, b)
```

337

第**16**章　**データサイエンスのためのテスト入門**
pandasやNumPyのテスト機能を使って快適に実験

```
出力
a[0][1]=2
b[0][1]=2.0000000000000004
...省略...
AssertionError:
Arrays are not equal

Mismatched elements: 1 / 4 (25%)
Max absolute difference: 4.4408921e-16
Max relative difference: 2.22044605e-16
 x: array([[1, 2],
       [3, 4]])
 y: array([[1., 2.],
       [3., 4.]])
```

　結果に Max absolute difference: 4.4408921e-16 とあるように、2つの
値の絶対誤差は小数点以下16桁のレベルです。このような誤差は数値計算
ではどうしても発生します。また、たとえ期待値を小数点以下まで厳密に
定義しても、実行環境によって結果が変わる可能性があります。そのため、
誤差が生じ得る場合は assert_array_equal() ではなく、許容誤差を考慮で
きる別の関数を使う必要があります。

浮動小数点数を持つNumPy配列の比較──assert_allclose()

　assert_allclose() を使うと、誤差を許容した比較ができます。引数で
絶対誤差atolと相対誤差rtolを指定可能で、比較対象のaとbの誤差が次
の式を満たさない場合にAssertionErrorを発生させます。

```
abs(a - b) <= (atol + rtol * abs(b))
```

　先ほどのコードでは、絶対誤差が 4.4408921e-16 でした。引数 atol で
10**(-16) を指定すると、許容誤差を超えるため AssertionError が発生しま
す。10**(-15) を指定すると発生しません。

```
セル4
# AssertionErrorが発生する
npt.assert_allclose(a, b,  atol=10**(-16), rtol=0)
# AssertionErrorが発生しない
npt.assert_allclose(a, b,  atol=10**(-15), rtol=0)
```

　デフォルトではatolは0、rtolは1e-07です。誤差をどこまで許容するか
は目的に応じて変わるため、状況にあった有効数字でチェックしましょう。

16.6
Pythonモジュールに切り出し、pytestでテストの実行を自動化

　ここまでの例では、アサーション関数をJupyter上で実行して行う簡単なチェックを紹介しました。この方法は手軽にできる反面、コードの量が増えてNotebookが肥大化するなどのデメリットがあります。複数のNotebookで共通して使うようなコードはPythonモジュールに切り出し、テストの実行を自動化するほうがメンテナンスがしやすくなります。

テストに向いているコード

　テストに向いているのは、次のようなコードです。

- 入力と出力が明確なコード
- 使用頻度が高いコード（複数の実験で使うようなコード）
- 既存の動作を保ちつつ、頻繁に変更されるコード（回帰テストが必要となるテスト）

　たとえば、HTMLやExcelから一部のデータを抽出してDataFrameに変換するといった前処理は、期待する結果が明確なので比較的テストが書きやすいです。また数式を実装した関数も、シンプルなケースでテストコードを実装するとよいでしょう。

pytestによるテスト

　ここでは、テスティングフレームワークとしてpytestを利用します。pytestは、NumPyやpandas、SciPy、scikit-learnなどデータサイエンス領域のパッケージのユニットテストでも使用されています。参考になる情報が多いため、特に理由がなければpytestを使うとよいでしょう。

テスト対象のコードをPythonモジュールに切り出す

　ディレクトリ構成とテスト対象コードは、次のようなものを考えます。

第16章 データサイエンスのためのテスト入門
pandasやNumPyのテスト機能を使って快適に実験

```
Project Root
├── sample.ipynb    ❶
├── process.py      ❷
└── tests.py        ❸
```

```python
process.py
import numpy as np


def const_mult_identity(size: int, n: int
) -> np.ndarray:
    # 指定したサイズの単位行列の定数倍を返す関数
    # 冗長な書き方
    a = np.zeros((size, size))
    for i in range(size):
        a[i][i] = n
    return a
```

❶は、実験を行うNotebookです。❷は、Notebookから切り出したテスト対象となるコードです。ここではシンプルな例として、与えられたサイズの単位行列を定数倍する関数を記述しています。あとで修正を加えるため、あえて冗長な書き方をしています。❸は、テストコードを書くファイルです。

試しにsample.ipynbでconst_mult_identity()を呼んでみましょう。size=2、n=3を与えると2行2列で値が3の対角行列が得られます。

```python
sample.ipynb セル1
import process
# 2×2の単位行列を3倍したNumPy配列を作成する
process.const_mult_identity(size=2, n=3)
```

```
出力
array([[3., 0.],
       [0., 3.]])
```

先ほど紹介したassert_array_equal()を使って、Jupyter上で期待値と比較してみましょう。AssertionErrorが発生せず、期待どおりであることがわかります。

```python
sample.ipynb セル2
import numpy as np
import numpy.testing as npt
actual = process.const_mult_identity(size=2, n=3)
```

340

```
expected = np.array([[3, 0], [0, 3]])
npt.assert_array_equal(actual, expected)
```

テストコードの実装

Jupyter上で期待どおりの結果であることを確認しました。このチェックを自動化しましょう。tests.pyを作成し、const_mult_identity()をテストするためのtest_const_mult_identity()関数を用意します。関数名はほかの名前でもかまいませんが、test_*という形式である必要があります。関数には、Jupyter上でチェックした際と同様のコードを書きます。

```python tests.py
import numpy as np
import numpy.testing as npt
import process


def test_const_mult_identity():
    """const_mult_identityにsize=2, n=3を与えると
    2行2列で値が3の対角行列が得られること"""
    expected = np.array([[3, 0], [0, 3]])
    actual = process.const_mult_identity(size=2, n=3)
    npt.assert_array_equal(actual, expected)
```

テストコードの実行

コマンドプロンプトで次のコマンドを実行すると、tests.py内のテストコードが実行されます。

```
$ pytest tests.py
```

実行結果は以下のとおりです。collected 1 itemはテストが1件見つかったことを、1 passedはテストが1件成功したことを示します。

```
...省略...
collected 1 item

tests.py .                              [100%]

============== 1 passed in 0.09s ==============
```

第**16**章　データサイエンスのためのテスト入門
pandasやNumPyのテスト機能を使って快適に実験

コードの修正とテストの再実行

さて、`const_mult_idenity()` は次のような、より簡潔な書き方ができます。

```python
process.py
def const_mult_identity(size: int, n: int
) -> np.ndarray:
    # 指定したサイズの単位行列の定数倍を返す関数
    # より簡潔な書き方
    return n * np.eye(size)
```

再度pytestコマンドを実行すると、再び **1 passed** と表示されてテストが成功します。コードを改善しても動作が変わらないことを保証できました。

失敗する例を見てみましょう。次のように、`*`を`+`に変えてわざと異なる結果を返すようにしてみます。

```python
process.py
def const_mult_identity(size: int, n: int
) -> np.ndarray:
    # わざと間違えたコード（定数倍ではなく加算）
    return n + np.eye(size)
```

この状態でpytestコマンドを実行するとテストが失敗し、以下のとおり、結果の最後に **1 failed** と表示されます。Jupyter上で `assert_array_equal()` を使ったときと同様、エラーメッセージでどの程度の差異が発生しているか説明されています（`Mismatched elements: 4 / 4 (100%)`）。

```
...省略...
>         npt.assert_array_equal(actual, expected)

tests.py:11:
...省略...
E         AssertionError:
E         Arrays are not equal
E
E         Mismatched elements: 4 / 4 (100%)
E         Max absolute difference: 3.
E         Max relative difference: 0.33333333
E          x: array([[4., 3.],
E                [3., 4.]])
E          y: array([[3, 0],
E                [0, 3]])
...省略...
============== short test summary info ===============
```

342

```
FAILED tests.py::test_const_mult_identity - AssertionError:
================= 1 failed in 0.18s =================
```

　このようにテストの実行を自動化すると、コードを修正したときに既存の動作を損ねていないかすぐわかります。そのため可読性向上や速度改善などのリファクタリングに取り組みやすく、快適に、かつ安心して分析や実験を行えるようになります。

　紙幅が限られるため、本章では最低限の構成でpytestの使い方を紹介しました。ほかにもpytestには、多くの便利な機能があります。使い方の詳細はpytestのドキュメントを参照してください。

※

　本章ではデータサイエンスにおけるプログラムを、3つのステップで少しずつテストする方法を紹介しました。ソフトウェア開発で使われるテストのテクニックは、データサイエンスの分野でも必ず役に立ちます。しかし、普段の分析や実験が忙しい中で「テストを書く」という新しい習慣を身に着けることは大変です。まずは無理なく身近なところから少しずつ始めて「テストを書くと楽になる」という実感を得るとよいでしょう。

第 **17** 章

Pythonで始める数理最適化
看護師のスケジュール作成で基本をマスター

私たちビープラウドでは、数理最適化を用いた問題解決のコンサルティングをしています。本章では、まず簡単な例を用いて、数理最適化の概要とPythonのコード例を説明します。そして、看護師のスケジュール作成を題材に、Pythonで数理最適化を計算し、さらにWebアプリケーションで実行できるようにします。

数理最適化は、乗務員の勤務スケジュールの作成や住民の避難場所・避難経路の計画など、さまざま分野で役立てられています。専門家が所属する(公社)日本オペレーションズ・リサーチ学会[注1]が配布しているポスター[注2]に多くの利用例が紹介されているので、ぜひご覧ください。

17.1 数理最適化とは──数理モデルによる最適化

数理最適化とは、数理モデルを用いる手法です。

数理モデルは、「何をどうしたいのか」を定義したものです。**変数**と**目的関数**と**制約条件**から構成されます(**図17-1-1**)。数式を使って表現するので、「数理」という言葉が付きます。

図17-1-1　**数理モデル**

数理モデルを解くことで、**解**(最適となる変数の値[注3])が得られます[注4]。

注1　https://orsj.org/
注2　https://orsj.org/?page_id=3362
注3　最適解ということもあります。
注4　以降では、数理最適化を単に最適化、数理モデルを単にモデルということがあります。

第**17**章 **Pythonで始める数理最適化**
看護師のスケジュール作成で基本をマスター

数理モデルの構成要素

　数理モデルの構成要素を見ていきましょう。

　変数は、数値で表せる意思決定の対象です。「何かをやる／何かをやらない」のように数値でない場合も、「1または0」を使って数値として考えます。たとえば、「AさんがXの作業をする」を「1」、「AさんがXの作業をしない」を「0」のように考えます。

　目的関数は、基準を評価するための関数です。最大化か最小化を選べます。たとえば、売上の最大化、費用の最小化などがあります。

　制約条件は、モデルが満たすべき条件です。変数を使った数式で表します。

　一例を挙げましょう。以下の化学製品の問題に対して、数理モデルを考えてみます。

> 　材料AとBから合成できる化学製品XとYをたくさん生産したいです。
> 　Xを1kg作るのに、Aが1kg、Bが3kg必要です。
> 　Yを1kg作るのに、Aが2kg、Bが1kg必要です。
> 　また、XもYも1kg当たりの販売価格は100円です。
> 　材料Aは16kg、Bは18kgしかないときに、XとYの販売価格を最大にするには、XとYをどれだけ生産すればよいか求めてください。

　この問題を数理モデルで表すと**図17-1-2**のようになります。変数xは化学製品Xの生産量を、変数yは化学製品Yの生産量を表します。

図17-1-2　化学製品の問題の数理モデル

変数：$x, y \geqq 0$
目的関数：$100x + 100y$　最大化
制約条件：$x + 2y \leqq 16$
$3x + y \leqq 18$

数理モデルの解き方──ソルバー

　数理モデルをプログラムで記述します。そのモデルの解を求めるプログ

ラムをソルバー (*Solver*)[注5]といいます。ソルバーはモデルを入力とし、最適となる解の変数の値を出力するプログラムです (**図17-1-3**)。

図17-1-3　ソルバーの入出力

ソルバーは無料や有料でいろいろあります。筆者が普段使うのはCBC[注6]という無料のソルバーです[注7]。

17.2 ライブラリを使った数理モデルの作成

数理モデルはPythonで作成できます。ここでは、Python-MIP[注8]という数理モデルを作成するライブラリの使い方を紹介します[注9]。

化学製品の問題の数理モデル

先ほどの化学製品の問題をPython-MIPで記述すると、次のようになります。

```
from mip import (Model, OptimizationStatus,
                 maximize, minimize)

m = Model()  # モデル
x = m.add_var("x")  # 変数x
y = m.add_var("y")  # 変数y
# 目的関数
```

注5　ソルバーはCやC++で開発されたソフトウェアです。
注6　https://www.coin-or.org/Cbc/cbcuserguide.html
注7　近年、ソフトウェアとハードウェアの性能向上の相乗効果でソルバーの性能が飛躍的に向上しており、これまで解けなかった問題も解けるようになってきています。
注8　https://www.python-mip.com/
注9　本章で必要なライブラリは pip install mip==1.14.2 more-itertools==10.2.0 streamlit==1.33.0 でインストールできます。ソルバーのCBCもPython-MIPと一緒にインストールされます。

第17章 Pythonで始める数理最適化
看護師のスケジュール作成で基本をマスター

```
m.objective = maximize(100 * x + 100 * y)
# 制約条件
m += x + 2 * y <= 16 # 材料Aの上限の制約条件
m += 3 * x + y <= 18 # 材料Bの上限の制約条件
m.optimize()    # ソルバー実行
# 結果の表示
print(x.x, y.x)  # 4.0 6.0
```

`from mip import`で、利用する関数などをインポートします。

空のモデルは、`m = Model()`のように作成します。

変数は、`x = m.add_var("x")`のようにモデルを使って作成します。目的関数は、`m.objective`に代入して設定します。制約条件は、`m += x + 2 * y <= 16`のようにモデルに追加します。

モデルが作成できたら、`m.optimize()`でソルバーを実行します[注10]。

変数の値は、`x.x`や`y.x`のように参照できます。

2つの変数x、yを2次元の図で書くと**図17-2-1**のようになります。図のグレーの領域が変数の取り得る範囲を表していて、実行可能領域といいます。また、斜めの2本の線が2つの制約条件による境界です。最適解(x, y)は、(4, 6)です。

図17-2-1　実行可能領域と最適となる解

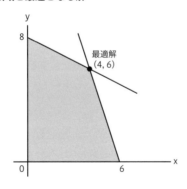

注10　ソルバーを実行し、計算後、変数に値が入ります。

Python-MIPのメソッドやプロパティ

Python-MIPのメソッド[注11]やプロパティ[注12]について、詳しく見ていきましょう。

変数の作成方法——m.add_var()メソッド

変数は、m.add_var(name=変数名, lb=下限, ub=上限, var_type=変数の種類)のように作成します。

- 変数の値は、下限から上限の範囲に制限される
- 変数の種類は、連続変数("C")[注13]、0-1変数("B")[注14]、整数変数("I")[注15]の3種類がある

先ほどの例では、変数はx = m.add_var("x")のようにして作成しました。これは次の記述と同等です。lb、ub、var_typeはデフォルト値と同じ値を指定しているため省略が可能です。

```
x = m.add_var(name="x", lb=0, ub=float("inf"),
              var_type="C")  # 連続変数
```

1次元の変数の作成方法——m.add_var_tensor()メソッド

実務では、1次元の変数をよく使います。その場合は、m.add_var_tensorメソッドを使います。1次元の変数は、m.add_var_tensor(shape=(個数,), name=変数名, lb=下限, ub=上限, var_type=変数の種類)のように作成します。引数のキーワードはm.add_var_tensor((個数,), 変数名)のように省略できます。

次のxは要素が3個の1次元の変数です。x[0]、x[1]、x[2]を変数として使えます。

```
x = m.add_var_tensor(shape=(3,), name="x")  # 1次元変数
```

注11 オブジェクトを通して実行する関数をメソッドといいます。
注12 オブジェクトを通して利用する属性の一種です。
注13 実数の値が使える変数(CONTINUOUS)です。
注14 0と1しか使えない変数(BINARY)です。
注15 整数の値しか使えない変数(INTEGER)です。

第17章 Pythonで始める数理最適化
看護師のスケジュール作成で基本をマスター

目的関数の設定方法──m.objective = 目的関数

目的関数は、**m.objective** プロパティに代入することで設定します。そのときに、**maximize** 関数を使うと最大化を、**minimize** 関数を使うと最小化を指定できます。最大化と最小化は省略可能ですが、モデルをわかりやすくするために必ず指定しましょう。

```
m.objective = maximize(式)  # 最大化のときの書き方
m.objective = minimize(式)  # 最小化のときの書き方
```

式は、変数と数値を使って作成します。式はただの数値でもかまいません。Python-MIP では、線形の式[注16] のみ使えます。たとえば、**x * y** や **1 / x** のような式は、線形ではないので使えません。

制約条件の追加方法──m += 制約条件

モデルに制約条件を追加するには、**m += ...** のように記述します。**...** は、以下のように表現しないといけません。

- **m += 式 <= 式**
- **m += 式 >= 式**
- **m += 式 == 式**

状態の確認と解の取得──m.status、x.x、x.astype(float)

ソルバー実行後の状態は、**m.status** で確認できます。最適となる解が得られた場合、**m.status** が **OptimizationStatus.OPTIMAL** になります。そうでないときは、変数に値が入っていなかったり、正しくない値が入っていたりすることがあるので、実務では確認してから変数の値を使うようにしましょう[注17]。

```
if m.status == OptimizationStatus.OPTIMAL:
    # 解が得られたので、目的関数の値を出力
    print(m.objective.x)
```

x や **y** が変数のとき、変数の値は **x.x** や **y.x** で取得できます。**m.objective.x** は目的関数の値です。

注16　一次式ともいいます。

注17　最適となる解があるはずなのに解が得られない場合は、制約条件が正しくないことが考えられます。

xが変数の1次元配列[注18]のとき、変数の値の1次元配列は x.astype(float) で取得できます。

Pythonによる数理モデルの書き方については、書籍『Pythonによる数理最適化入門』[注19]が参考になります。

17.3

数理最適化で看護師のスケジュールを作成

ここまでの数理モデルの基礎説明を踏まえて、簡単な問題に取り組んでみましょう。

看護師のスケジュール作成を題材にして、実際にPythonのコードで数理最適化を用いた計算をします。また、モデル作成をしてから関係者が結果を確認することをすばやく行うために、Webアプリケーション（**図17-3-1**）で実行できるようにします。

図17-3-1 Webアプリケーション画面

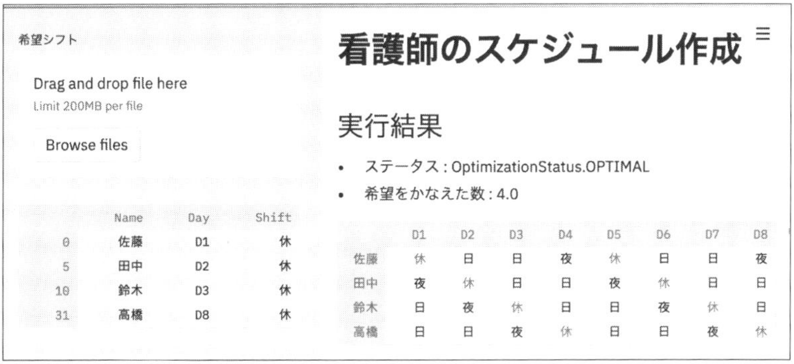

注18 add_var_tensorで作成した変数です。

注19 久保幹雄監修／並木誠著『Pythonによる数理最適化入門』朝倉書店、2018年

第**17**章 Pythonで始める数理最適化
看護師のスケジュール作成で基本をマスター

スケジュール作成の課題

看護師や店舗スタッフなどは、勤務に種類（シフト）があります。部署のリーダーは、毎月メンバーのシフトのスケジュールを決めないといけません。さまざまな条件を考慮しなければならず、スケジュール作成と調整に数日かかることもあります。特に求められるのが、勤務の希望や働きやすさや公平性です。

- ●「Aさんの希望ばかり通って、私の希望は通らないことがある」
- ●「勤務が連続すると、体力的につらい」
- ●「Bさんより勤務日数が少ない。増やしてほしい」[20]

数理最適化を使って、シフトのスケジュールを作成できます。もし、「何らかのルールに基づいてスケジュールを作成する」方法ですと、修正が困難になります。しかし、数理最適化では柔軟にモデルを修正できます。複数の制約条件を独立に検討できるからです。ここでは、いろいろな制約条件をPython-MIPで記述する方法を紹介します。

数理最適化では、誰かから優先的に決めていくわけではないので、ある意味公平です。ただし、数理最適化で得られるスケジュールが、そのまま使えるとは限りません。手直しや修正が必要になることもあります。それでも、部署のリーダーの作業軽減を期待できます。

最適化によるスケジュール作成に関しては、書籍『ナース・スケジューリング』[21]が参考になります。

問題——看護師のスケジュール作成

ここでは簡便化して次の問題を考えましょう。

4人の看護師の8日分のシフトを、なるべく希望がかなうように決めてください。

- ●シフトは日勤（日）と夜勤（夜）と休み（休）の3種類である

注20　歩合制の場合、勤務日数で給料が変わります。

注21　日本オペレーションズ・リサーチ学会編／室田一雄、池上敦子、土谷隆編／池上敦子著『ナース・スケジューリング』近代科学社、2018年

- **1人には、1日に1つのシフトが割り当てられる**
- **毎日、日勤2名以上、夜勤1名以上必要である**
- **看護師ごとに、日勤4日以下、夜勤2日以下にする**
- **夜勤の次の日は休みにする**
- **3連続勤務の次の日は休みにする**

変数、目的関数、制約条件

　問題からモデルを考えます。モデルの作成方法は、一通りとは限りません。しかし、看護師のスケジュール作成のような問題の場合は、変数を「看護師が日付にシフトをするかどうか」とすることが多いです。ここでは、モデルを**表17-3-1**のようにします。

表17-3-1　**数理モデル**

変数	看護師が日付にシフトをするかどうか
目的関数	希望を満たす数
制約条件	「看護師と日付」の組み合わせごとにシフトは1つ(❶) 日付ごとに日勤は2以上(❷) 日付ごとに夜勤は1以上(❸) 看護師ごとに、日勤は4日以下(❹) 看護師ごとに、夜勤は2日以下(❺) 夜勤と『翌日が休み以外』はどちらかだけ(❻) 4連続勤務のうち休みが1日以上(❼)

　「看護師の佐藤さんがある日(D1とします)に日勤をするかどうか」が1つの変数になります。変数の値は0か1のどちらかとします。値が0.5などになることは禁止します。前述の0-1変数です。

- **この変数の値を1としたとき、「佐藤さんのD1は日勤」である**
- **この変数の値を0としたとき、「佐藤さんのD1は日勤以外」である**
  - このとき「佐藤さんのD1は夜勤」の変数か「佐藤さんのD1は休み」の変数のどちらかは1になる
- **「佐藤さんのD1は日勤」と「佐藤さんのD1は夜勤」と「佐藤さんのD1は休み」のいずれか1つの変数の値が1で、ほかの2つの変数の値が0である**
  - これは「『看護師と日付』の組み合わせごとにシフトは1つ(❶)」という制約条件に対応する
  - この❶の特定の「看護師と日付」の制約条件は、「これらの3変数の和が1

第17章 Pythonで始める数理最適化
看護師のスケジュール作成で基本をマスター

になる」という数式で表現できる

変数は全部で96個あります（看護師数 * 日付数 * シフト数 = 4 * 8 * 3）。

すべての看護師の希望をかなえられない可能性があるので、希望を満たす数を目的関数にします。

必ず満たさないといけないものは、制約条件とします。

希望シフトのデータの準備と変数表の作成

ここから具体的なデータをもとにソースコードを説明します。完成したソースコードは17.4節「StreamlitによるWebアプリケーション化」、または本書サポートサイトのダウンロードサービス[注22]をご覧ください。

最初に、モデル作成に使うための希望シフトのデータを加工します。

希望シフトの元データ

看護師の希望シフトは次のようなCSV（*Comma-Separated Values*、カンマ区切り）ファイル（`wish.csv`）で用意されているものとします。ヘッダのD1は1日目を表します。

```
Name,D1,D2,D3,D4,D5,D6,D7,D8
佐藤,休,,,,,,,
田中,,休,,,,,,
鈴木,,,休,,,,,
高橋,,,,,,,,休
```

佐藤さんのD1が休なので、この日は休みにしたいことを意味します。空欄は希望がないことを意味します。

雑然データを整然データに変換

希望シフトのCSVファイルをもとにして、「モデルで使う希望シフト」のデータを作成します。

```python
from itertools import pairwise, product
import pandas as pd
from mip import Model, maximize, xsum
from more_itertools import windowed
```

注22 https://gihyo.jp/book/2024/978-4-297-14401-2/support

数理最適化で看護師のスケジュールを作成　**17.3**

```
shifts = ["日", "夜", "休"]  # シフトリスト
dfws = pd.read_csv("wish.csv")  # 希望シフト (ⓐ)
days = dfws.columns[1:]  # 日付リスト
dffx = dfws.melt("Name", days, "Day", "Shift").dropna()  # ⓑ
print(dffx)  # 表17-3-2
```

　wish.csv を pandas.DataFrame[注23] として変数 dfws に読み込みます（ⓐ）。

　行に看護師が、列に日付が並ぶ形式は、人にとってわかりやすいですが、分析には向いていません。このようなデータを雑然データといいます。そこで、pandas で扱いやすいようにデータを変換しましょう。melt メソッドを使い、上記のように dffx に「モデルで使う希望シフト」を入れます（ⓑ）。このようなデータを整然データといいます。

　その結果、**表17-3-2**[注24]のデータが得られます。

表17-3-2　モデルで使う希望シフト

	Name	Day	Shift
0	佐藤	D1	休
5	田中	D2	休
10	鈴木	D3	休
31	高橋	D8	休

数理モデルで使う変数表の作成

　モデルで使う変数表を作成します。

```
d = product(dfws.Name, days, shifts)
df = pd.DataFrame(d, columns=dffx.columns)
print(df)  # 表17-3-3
```

　上記のように表を作成し、df に代入します（**表17-3-3**）。この df に、のちほど変数の列を追加します。そして「表の1行」が、「1つの0-1変数[注25]」に対応します。この df を変数表と呼ぶことにします。

注23　pandas は、データ分析で広く使われるライブラリです。表は DataFrame で扱います。
注24　表の一番左の列の数字はインデックスです。
注25　モデルで使う変数は、**看護師が日付にシフトをするかどうかの0-1変数**でした。

355

第**17**章 **Pythonで始める数理最適化**
看護師のスケジュール作成で基本をマスター

表17-3-3　変数表df（初期状態）

	Name	Day	Shift
0	佐藤	D1	日
1	佐藤	D1	夜
2	佐藤	D1	休
3	佐藤	D2	日
4	佐藤	D2	夜
⋮	⋮	⋮	⋮
91	高橋	D7	夜
92	高橋	D7	休
93	高橋	D8	日
94	高橋	D8	夜
95	高橋	D8	休

　変数表は96行（看護師数 * 日付数 * シフト数 = 4 * 8 * 3）あります。変数の値が1のとき、対応する看護師が、その日付、シフトに割り当てられます。スケジュールは4人×8日のサイズなので、値が1になる変数は32個です。したがって、残りの64個の変数の値は0になります。

Pythonによる数理モデルの作成

準備が整ったので、モデルを作成していきましょう。

空のモデルの作成

空のモデルを作成します。

```
m = Model()
```

変数

1次元の0-1変数xを作成します。

```
x = m.add_var_tensor((len(df),), "x", var_type="B")
```

　変数の個数はdfの行数と同じです。var_type="B"としているので0-1変数になります。

　変数表dfに、変数の列としてVar列を追加します。

356

```
df["Var"] = x
```

追加後は**表17-3-4**のようになります。

表17-3-4　変数表df（Var列追加後）

	Name	Day	Shift	Var
0	佐藤	D1	日	x_0
⋮	⋮	⋮	⋮	⋮

目的関数

目的関数は、`m.objective`に代入します。

```
m.objective = maximize(xsum(dffx.merge(df).Var))
```

`dffx.merge(df)`は、`dffx`に対応する変数を追加した表です。その`Var`は「希望が指定された変数」です。この変数が1になると希望が満たされます。

`xsum(...)`は、引数の和です[注26]。このことから、目的関数は、満たされた希望の総数になります。

目的関数は最大化なので、`maximize(...)`を使います。

`xsum`のよくある使い方を少し補足しておきましょう。一般に、`var_ary`を変数の1次元配列としたとき、変数の和を`xsum(var_ary)`と書けます。また、一般に、`coe_ary`を数値の1次元配列としたとき、変数と数値の内積[注27]を`xsum(coe_ary * var_ary)`と書けます。

制約条件

次のように`m +=`制約条件として、モデルに制約条件を追加します。コメントの番号が表17-3-1の番号と対応しています。

```
for _, gr in df.groupby(["Name", "Day"]):
    m += xsum(gr.Var) == 1  # ❶
for _, gr in df.groupby("Day"):
    m += xsum(gr[gr.Shift == "日"].Var) >= 2  # ❷
    m += xsum(gr[gr.Shift == "夜"].Var) >= 1  # ❸
q1 = "(Day == @d1 & Shift == '夜') | "
q2 = "(Day == @d2 & Shift != '休')"
```

注26　xsumはsumと同じように使えますが、sumより効率的です。
注27　要素どうしの積の和です。

第17章 Pythonで始める数理最適化
看護師のスケジュール作成で基本をマスター

```
q3 = "Day in @dd & Shift == '休'"
for _, gr in df.groupby("Name"):
    m += xsum(gr[gr.Shift == "日"].Var) <= 4  # ❹
    m += xsum(gr[gr.Shift == "夜"].Var) <= 2  # ❺
    for d1, d2 in pairwise(days):
        m += xsum(gr.query(q1 + q2).Var) <= 1  # ❻
    for dd in windowed(days, 4):
        m += xsum(gr.query(q3).Var) >= 1  # ❼
```

　`m += xsum(gr.Var) == 1`は、「『看護師と日付』の組み合わせごとにシフトは1つ（❶）」を表しています。`for _, gr in df.groupby(["Name", "Day"])`でループしているので、`gr`には特定の看護師の特定の日付の変数表の一部が入ります。すなわち、`gr.Var`は、3種類のシフトに対する3つの変数です。

　3つの変数は、前述のとおりそれぞれ0または1にしかなりません。「これらの和（`xsum`）が1である」とは、`(0, 0, 1)`, `(0, 1, 0)`, `(1, 0, 0)`のいずれかのパターンになるということです。これは、「特定の看護師の特定の日付」に「3つのシフトの中のどれか」が割り当たることを強制しています[注28]。

　`m += xsum(gr[gr.Shift == "日"].Var) >= 2`は、「日付ごとに日勤は2以上（❷）」を表しています。`for _, gr in df.groupby("Day")`でループしているので、`gr`には特定の日付の変数表の一部が入ります。`gr[gr.Shift == "日"].Var`は、シフトが日勤の変数です。この`xsum`を取ることで「その日に日勤をする人数」になります。

　以降の制約条件も確認してみてください。「夜勤と『翌日が休み以外』はどちらかだけ（❻）」や「4連続勤務のうち休みが1日以上（❼）」といった要件が簡潔に記述できています。このように変数表を使って pandas の機能を活用することで、制約条件をシンプルにわかりやすく記述できます。なお、紙幅の都合上、残りの制約条件については説明を省略します。

ソルバーの実行

　ソルバーを実行します。

```
m.optimize()
```

注28 0-1変数を使うと、このような制約条件が頻出します。

358

数理最適化で看護師のスケジュールを作成　17.3

結果の作成

変数表 df に、変数の値の列として Val 列を追加します。追加後は**表17-3-5**のようになります。

```
df["Val"] = df.Var.astype(float)
res = df[df.Val > 0]
res = res.pivot_table("Shift", "Name", "Day", "first")
```

表17-3-5　変数表df（Val列追加後）

	Name	Day	Shift	Var	Val
0	佐藤	D1	日	x_0	0.0
⋮	⋮	⋮	⋮	⋮	⋮

df["Val"] = df.Var.astype(float) で、結果の列 Val を作成します[注29]。

res = df[df.Val > 0] で、「変数の値が1」の行[注30]だけを取り出して res に入れます。

res = res.pivot_table("Shift", "Name", "Day", "first") とすることで、行が看護師で列が日付の表にします[注31]。

結果の表示

ステータスと、目的関数の値、結果のスケジュールを表示します。ステータスは、最適となる解が求められたかなどの状態です。目的関数の値は、希望をかなえた数です。

```
print(f"ステータス : {m.status}")
print(f"希望をかなえた数 : {m.objective.x}")
print(res)
```

実行結果は次のとおりです。

```
ステータス : OptimizationStatus.OPTIMAL
希望をかなえた数 : 4.0
Day     D1  D2  D3  D4  D5  D6  D7  D8
```

注29　実務では、m.statusを確認してから実行してください。

注30　割り当てられたシフトに対応します。

注31　そのままではresは看護師の数×日付の数の行があり、見にくいです。pivot_tableを使うことで、結果を見やすくします。

Name							
佐藤	休	日	日	夜	休	日	夜
田中	夜	休	日	日	夜	休	日	日
鈴木	日	夜	休	日	日	夜	休	日
高橋	日	日	夜	休	日	日	夜	休

　ここでは、すべての希望がかなっています。4連続勤務もありませんし、夜勤の次は休みになっています。いかがでしょうか？　数理最適化を使うと、それなりに複雑な問題もシンプルに解くことができました。

　今回のコードのようにpandasを使った数理モデルについては、書籍『Pythonで学ぶ数理最適化による問題解決入門』[注32]で紹介しています。

17.4

StreamlitによるWebアプリケーション化

　ここまでで看護師のスケジュールを作成できました。最後に、多くの人にこのスケジュールを確認してもらえるように簡単なWebアプリケーションを作成します。

Streamlitとは

　Streamlitは、Streamlit社が開発したWebアプリケーションのラピッドプロトタイピングのためのツールです。Streamlitを使うと、データ分析やAI（*Artificial Intelligence*、人工知能）処理などのコードを簡単にWebアプリケーションにして、ほかの人に利用してもらえます。

Streamlitを組み込む

　先ほど作成したコードにStreamlitを組み込むと次ページのようになります。コードを `sched.py` に保存して `streamlit run sched.py` と実行すると、前掲の図17-3-1のように表示されます。

注32　㈱ビープラウドほか著『Pythonで学ぶ数理最適化による問題解決入門』翔泳社、2024年

```python
from itertools import pairwise, product
import pandas as pd
import streamlit as st
from mip import Model, maximize, xsum
from more_itertools import windowed

shifts = ["日", "夜", "休"]  # シフトリスト
wish = st.sidebar.file_uploader("希望シフト")  # ⓐ
dfws = pd.read_csv(wish or "wish.csv")  # 希望データ
days = dfws.columns[1:]  # 日付リスト
dffx = dfws.melt("Name", days, "Day", "Shift").dropna()
st.sidebar.dataframe(dffx)  # ⓑ

d = product(dfws.Name, days, shifts)
df = pd.DataFrame(d, columns=dffx.columns)
m = Model()
x = m.add_var_tensor((len(df),), "x", var_type="B")
df["Var"] = x
m.objective = maximize(xsum(dffx.merge(df).Var))
for _, gr in df.groupby(["Name", "Day"]):
    m += xsum(gr.Var) == 1  # ❶
for _, gr in df.groupby("Day"):
    m += xsum(gr[gr.Shift == "日"].Var) >= 2  # ❷
    m += xsum(gr[gr.Shift == "夜"].Var) >= 1  # ❸
q1 = "(Day == @d1 & Shift == '夜') | "
q2 = "(Day == @d2 & Shift != '休')"
q3 = "Day in @dd & Shift == '休'"
for _, gr in df.groupby("Name"):
    m += xsum(gr[gr.Shift == "日"].Var) <= 4  # ❹
    m += xsum(gr[gr.Shift == "夜"].Var) <= 2  # ❺
    for d1, d2 in pairwise(days):
        m += xsum(gr.query(q1 + q2).Var) <= 1  # ❻
    for dd in windowed(days, 4):
        m += xsum(gr.query(q3).Var) >= 1  # ❼
m.optimize()
df["Val"] = df.Var.astype(float)
res = df[df.Val > 0]
res = res.pivot_table("Shift", "Name", "Day", "first")

f"""
# 看護師のスケジュール作成
## 実行結果
- ステータス : {m.status}
- 希望をかなえた数 : {m.objective.x}
"""  # ⓒ
f = lambda s: f"color: {'red' * (s == '休')}"
st.dataframe(res.style.map(f))  # ⓓ
```

第**17**章 **Pythonで始める数理最適化**
看護師のスケジュール作成で基本をマスター

Streamlit用に修正した記述は、主に次の4箇所です。

❶の`wish = st.sidebar.file_uploader("希望シフト")`は、サイドバー[33]にファイルアップロードを表示します。ファイルアップローダに希望シフトのCSVファイルをドラッグ＆ドロップすると、ファイルをアップロードして変数wishに入ります[34]。ファイルをアップロードすると、再計算します。

❷の`st.sidebar.dataframe(dffx)`は、希望シフトをサイドバーに出力します。

❸の`f"""..."""`のようにPythonファイルに文字列リテラルを記述するとMarkdownとして解釈して出力します。

❹の`st.dataframe(res.style.map(f))`は、計算結果を出力します。「休」を赤くするスタイルを設定しています。

最低限の修正で、Webアプリケーション化できました。Streamlitの詳しい使い方については、「Streamlit documentation」[35]を参照ください。

※

やや難しい内容でしたが、数理最適化の魅力を感じていただけたでしょうか？ PyQ[36]では、「Pythonで学ぶ数理最適化による問題解決入門」[37]というコンテンツを用意しています。さらに学習を深めたい方はぜひ活用してください。

注33 画面の左側部分です。表示のオン／オフができます。
注34 アップロードしていなければwishはNoneです。
注35 https://docs.streamlit.io/
注36 PyQは、㈱ビープラウドが提供するPythonのオンライン学習サービスです。
注37 https://pyq.jp/courses/math_opt_intro/

362

索引

記号・数字

%%time	286
%%timeit	286
@pytest.fixture	57
3Aパターン	46

A

add_var	349
add_var_tensor	349
API	127,179
API仕様	183
APIビュー	139
apply	272
applyメソッド	285
assert_allclose()	338
assert_array_equal()	336
assert_frame_equal()	331
assert_series_equal()	335
Assertion Roulette	48
assert文	327
astype	351
AWS	80

B

black	12
bulk_create	216

C

CBC	347
Changelog	86,102
CloudWatch Logs	79
CPU	294
CRUD	183,192
CSV	299

D

Dependency	183,191
Development Containers	6
Django	107,127,201
Django ORM	221
Django REST framework	127
django-structlog	74
Docker	5
doctest	311
DRF	127

F

factory-boy	120
FastAPI	179
fixture	114
flake8	14
freezegun	119

363

G

GitHub 95
GitHub Actions 95
GraphQL 127,147
groupby 292

H

HTTPステータスコード 168

I

inplace=True 291
ipadic 307
isort 14
iterrowsメソッド 282
itertuplesメソッド 284

J

Janome 303
JupyterLab 261,281

L

Line Profiler 251
loggingモジュール 67

M

map 272
maximize 350
Memory Profiler 251
minimize 350
Model 348

N

N+1問題 162
Notebook 242
numpy.testingモジュール 336

O

O/Rマッパ 201
objective 350
OpenAPI Specification 180
openpyxl 274
optimize 348

P

pandarallel 296
pandas 261,281,355
pandas.testingモジュール 330
Parameterizedテスト 54
parametrize 54
path operation関数 181
PEP 12
PEP 8 12
PEP585 32
pip 8
Plotly 261
Plotly Express 275
PoC 241
Poetry 9
prefetch_related 214
Proof of Concept 241
Pull Request 103
PyCharm 29
pytest 46,114,116,339

pytest-snapshot 248
Python-MIP 347

R

requirements.txt 8
REST API 128
ruff 14

S

select_related 212
Sentry 123
Silk 208
sqlparse 233
status 350
Strawberry 147
Streamlit 360
structlog 71
Styler 266
sudachi.json 315
SudachiDict 309
SudachiPy 308
sudachipy ubuild コマンド 314

T

towncrier 89, 95
Type Hinting 17
typeshed 39

V

venv 4, 71

W

workflow 95

X

xsum 357

あ

アノテーションの遅延評価 37
アルゴリズム 292
アンダーフェッチ 148

い

依存関係逆転の原則 230
インストール 3

え

エラー 168

お

オーバーフェッチ 147

か

回帰テスト 246
仮想環境 4, 71
型ヒント 25, 179
合併型 32
カテゴリ型 294
可読性 255
環境構築 3

く

クエリ 153

け

形態素 301
形態素解析 301
原形 301

こ

構造化ログ 65
コードの可読性 255
コードの保守性 258
コードファースト 151
コンテナ 5

し

ジェネリックAPIビュー 142
ジェネリック型 31
自然言語処理 301
実行可能領域 348
実行計画 237
実行速度改善のテクニック 254
循環参照 38
循環的複雑度 15
シリアライザ 131
シリアライズ 138

す

数理最適化 345
数理モデル 345
スキーマ 149,183,185
スキーマファースト 151

せ

性能 205,221
制約条件の追加 350
漸進的型付け 17

た

単体テスト 107

ち

遅延実行 210

て

データクラス 230
データ構造 292
データサイエンスにおけるテスト . 325
データ転送オブジェクト 226
データローダパターン 163
テキストログ 66
デシリアライズ 133
テストケースの書き方 47
テストケースの基本形 47
テストの品質 45

と

トークン 304

は

パフォーマンス 209
パフォーマンス対策 251
パフォーマンスチューニング 281
バリエーション 168
バリデーション 134

索引

ひ

品詞 301
品質の良いコード 241

ふ

フィクスチャ 57
プロファイラ 251

へ

並列化 296
冪等性 6
変数の作成 349

ほ

保守性 258

ま

マイグレーション 203
マルチコアCPU 294

み

ミューテーション 157

も

目的関数の設定 350
モック 117
モデル 203

ゆ

ユニットテスト 172
ユニバーサル関数 286

よ

読み 301

り

リゾルバ関数 159
リゾルバチェインズ 159
リリース管理 85
リリースノート 86

る

ルータ 183,185

ろ

ロギング 65,107
ログ 65,206,223

367

PyQトライアル（7日間無料体験）のご案内

オンラインPython学習サービス「PyQ（パイキュー）」の一部機能を、7日間無料で体験できます。
Jupyter Notebookの使い方、pandasを使ったデータ処理の基本や分析の演習、Matplotlibを使ったグラフ描画、Streamlitを使ったインタラクティブな可視化、NumPyによる数値計算など、データサイエンス分野で使われるPythonのライブラリを学べるコンテンツを用意しています。
ぜひチャレンジしてください。

無料体験の開始方法
以下のURLにアクセスし、画面の案内に従って開始してください。

https://pyq.jp/trial/?trial_code=trial_webdb

体験するにはクレジットカードの登録またはAmazon Payの利用が必要です。

オンラインPython学習サービス「PyQ」について
PyQは、ブラウザのみでPython言語を学習できる、オンラインプラットフォームです。環境構築不要で手を動かして学べます。1,500問を超えるカリキュラムで、幅広いレベルのPython学習をサポート。Python基礎の学習のみならず、実務でPythonを活用しているエンジニアにも活用いただいています。

※ 無料体験は予告なく終了する場合があります。あらかじめご了承ください。
※ PyQは、株式会社ビープラウドの登録商標です

監修者略歴

株式会社ビープラウド

2008年にPythonを主言語として採用し、Pythonを中核にインターネットプラットフォームを活用したシステムの自社開発・受託開発を行う。優秀なPythonエンジニアがより力を発揮できる環境作りに努め、Pythonに特化したオンライン学習サービス「PyQ」、システム開発者向けクラウドドキュメントサービス「TRACERY」、研修事業などを通して技術・ノウハウを発信する。また、IT勉強会支援プラットフォーム「connpass」の開発・運営や勉強会「BPStudy」の主催など、コミュニティ活動にも積極的に取り組む。著書・監修書に『いちばんやさしいPythonの教本 第2版』（インプレス、2020年）、『徹底攻略Python 3 エンジニア認定［基礎試験］問題集』（インプレス、2023年）、『Pythonプロフェッショナルプログラミング 第4版』（秀和システム、2024年）、『pandasデータ処理ドリル』（翔泳社、2023年）『Pythonで学ぶ数理最適化による問題解決入門』（翔泳社、2024年）、『自走プログラマー』（技術評論社、2020年）など。
https://www.beproud.jp/

著者略歴

altnight （あるとないと）

ビープラウド所属。Web 2.0 でなんやかんやした結果、現在は業
務で Web アプリケーションを開発している。

X（旧 Twitter）：@altnight

第1章、第2章、第4章、第5章後半、第6章を担当。

石上 晋 （いしがみ すすむ）

ビープラウド所属。System Creator。業務では Web 案件、データ
サイエンス案件の要件定義、開発、ディレクションを担当。

共著書に『Python でチャレンジするプログラミング入門──もう
挫折しない！ 10 の壁を越えてプログラマーになろう』（技術評論
社、2023 年）がある。

メイドさんが好き。趣味は歩き旅。

X（旧 Twitter）：@susumuis

第3章、第9章、第12章、第14章、第16章を担当。

delhi09 （でりーぜろきゅう）

2020 年からビープラウド所属。バックエンドエンジニア。前職で
Java の大規模システムに関わった後、現職では Python × Django
で中小規模の開発案件に複数関わる。設計の話が好き。

第7章、第8章、第10章、第11章を担当。

鈴木 たかのり （すずき たかのり）

2012 年 3 月よりビープラウド所属。前職で部内のサイトを作るた
めに Zope/Plone と出会い、その後、必要にかられて Python を使
い始める。現在の主な活動は一般社団法人 PyCon JP Association
代表理事、PyCon JP 2024 共同座長、Python ボルダリング部
（#kabepy）部長、Python mini Hack-a-thon（#pyhack）主催など。

共著書に『Python プロフェッショナルプログラミング 第4版』(秀和システム、2024年)、『いちばんやさしい Python 機械学習の教本 第2版』(インプレス、2023年)、『Python によるあたらしいデータ分析の教科書 第2版』(翔泳社、2022年)、『Python 実践レシピ』(技術評論社、2022年)などがある。

フェレットとビールとレゴが好き。趣味は吹奏楽(トランペット)とボルダリング。

X(旧 Twitter)：@takanory

https://slides.takanory.net

第5章前半、第15章を担当。

斎藤 努 (さいとう つとむ)

東京工業大学大学院理工学研究科情報科学専攻修士課程修了。

2024年現在、ビープラウドにて PyQ や数理最適化案件などを担当。

技術士(情報工学)。

第13章、第17章を担当。

連載時の執筆者

本書は、小社刊『WEB+DB PRESS』での連載「現場の Python」に加筆・修正・更新を行い、書籍化したものです。連載は『WEB+DB PRESS』Vol.117(2020年6月刊行)〜Vol.136(2023年8月刊行)に掲載されました。連載時の執筆者は以下のとおりです。

altnight、石上 晋、斎藤 努、James Van Dyne、清水川 貴之、鈴木 たかのり、delhi09、田中 文枝、降簱 洋行、古木 友子、横山 直敬、吉田 花春(敬称略)

装丁・本文デザイン	·················	西岡 裕二
図版作成	························	スタジオ・キャロット
レイアウト	························	酒徳 葉子（技術評論社）
編集アシスタント	·················	小川 里子（技術評論社）、北川 香織（技術評論社）
編集	·····························	久保田 祐真（技術評論社）

WEB+DB PRESS plusシリーズ

現場のPython
Webシステム開発から、機械学習・データ分析まで

2024年9月25日　初版　第1刷発行

監修	···············	株式会社ビープラウド
著者	···············	altnight、石上 晋、delhi09、鈴木 たかのり、斎藤 努
発行者	·············	片岡 巌
発行所	·············	株式会社技術評論社
		東京都新宿区市谷左内町21-13
		電話　03-3513-6150　販売促進部
		03-3513-6177　第5編集部
印刷／製本	······	日経印刷株式会社

●定価はカバーに表示してあります。

●本書の一部または全部を著作権法の定める範囲を超え、無断で複写、複製、転載、あるいはファイルに落とすことを禁じます。

●造本には細心の注意を払っておりますが、万一、乱丁（ページの乱れ）や落丁（ページの抜け）がございましたら、小社販売促進部までお送りください。送料小社負担にてお取り替えいたします。

●お問い合わせ

本書に関するご質問は記載内容についてのみとさせていただきます。本書の内容以外のご質問には一切応じられませんので、あらかじめご了承ください。
なお、お電話でのご質問は受け付けておりませんので、書面または小社Webサイトのお問い合わせフォームをご利用ください。

〒162-0846
東京都新宿区市谷左内町21-13
株式会社技術評論社
『現場のPython』係
URL https://gihyo.jp/book/2024/978-4-297-14401-2

ご質問の際にご記載いただいた個人情報は回答以外の目的に使用することはありません。使用後は速やかに個人情報を廃棄します。

Ⓒ2024　株式会社ビープラウド
ISBN978-4-297-14401-2 C3055
Printed in Japan